基礎數學

Basic Mathematics

林雲海 著

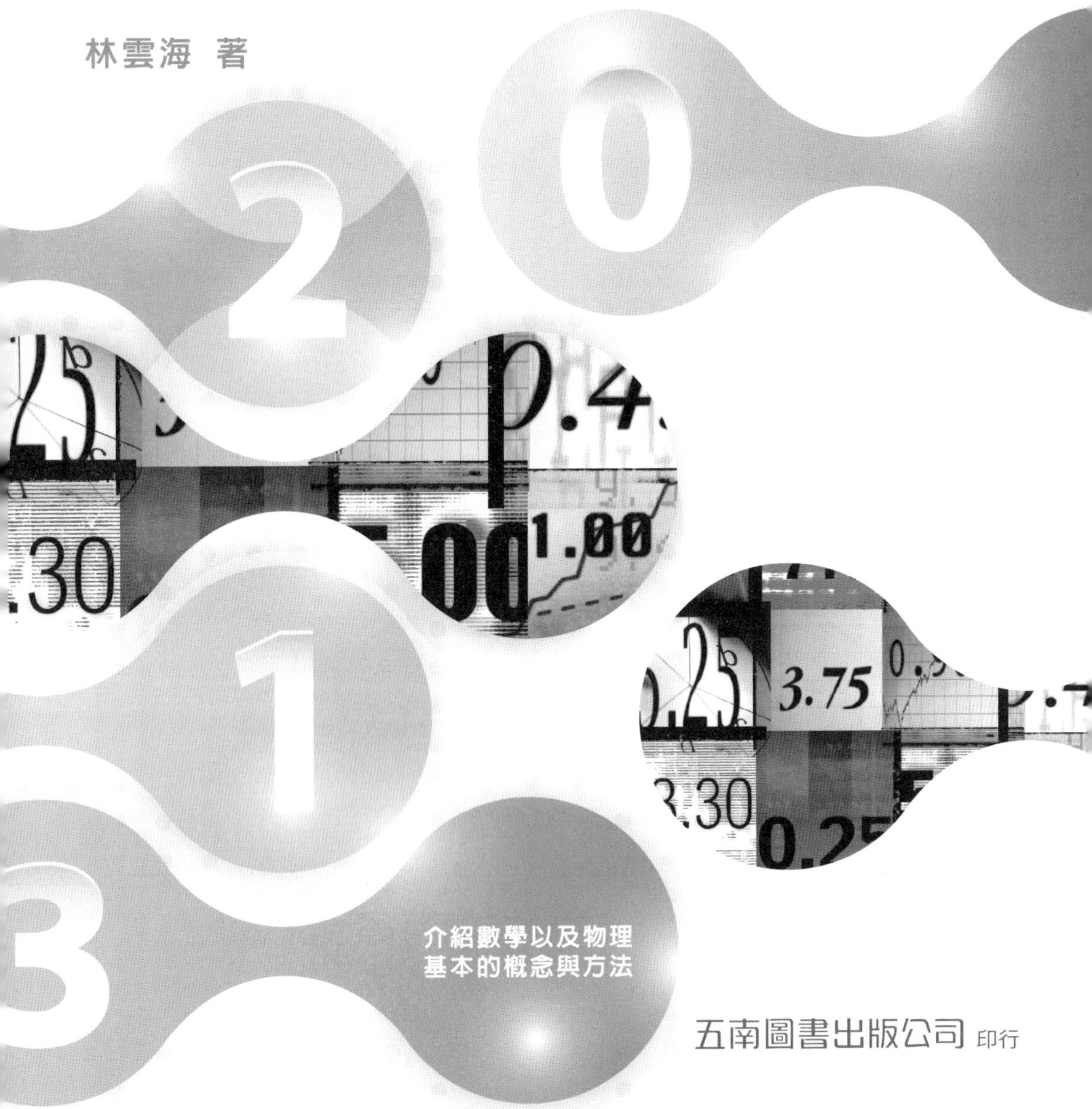

介紹數學以及物理
基本的概念與方法

五南圖書出版公司 印行

序　言

數學本身不但是一種學問，同時也是科學上的工具，如果沒有數學，我們實在很難想像出目前的科學會是怎樣的一種樣子。因此研讀自然科學的同學莫不需有良好的數學基礎，就是社會科學來說也愈來愈需要數學了，在各大專院校「微積分」大概除了文學院以外都列入了必修課程。

就理工學院的同學來說，有一些基本課程如普通物理、普通化學，一開始就在使用微積分的觀念和技巧，而正規的微積分課程可能還在起步，使得在學習上發生很大的困難，有些學校還特別開一門「基礎數學」的課，先給同學一些基本的概念與方法，即使沒有開課，老師也會輔導同學自己看一點這方面的書籍。

由於大一的同學對原文書使用尚不習慣，語文的的困難阻礙了內容的吸收，筆者特地編著本書提供給大一的同學作為先修課程，本書前三章為函數及微積分基本觀念及技巧，中間三章是有關向量的運算，後面是曲線座標及簡易微分方程，對非數學系的同學來說只要能真正的了解本書以及熟練這些技巧，大概已有足夠的數學基礎來研讀各專業科目了。當然在一些比較高深的課程中可能還會遇到一些比較特別的數學，但是那些數學常常可以在那時候再學習的。

目 錄

第一章

函數觀念和函數的一些複習

認識函數的基本定義，以及什麼是自變數與因變數。因此衍生函數圖的意義。同時也介紹一些基礎的函數——一般函數，三角函數，反三角函數，指數函數與自然對數。

1-1　函數的定義

1-2　函數的圖形表示

1-3　三角、反三角函數、自然對數和指數函數

1-1 函數的定義

函數是一個非常基本而且重要的觀念，不但在純數學上是重要的，在許多科學領域上更是重要而有用。

其實，所謂的函數用比較通俗的話來說，就是一種關係或關聯，比如在一天中，每個鐘頭各有它的氣溫，這樣在「時間」和「溫度」間就有關係存在，這種關係便是函數。比較一般的來說，在兩組「集合」間的關聯就是函數，通常我們最常用的函數是兩組「數量」間的關聯。

這種關聯還有一些限制才能真正叫函數，這兒我們把函數的正式定義寫下來：

有 A 和 B 的集合，假如對於 A 集合的每一個元素，都可以在 B 集合中找到一個，而且只有一個元素和它相關聯，那麼，這個關聯就叫做 A 到 B 的函數。A 集合就稱為這函數的**定義域**。B 集合則稱為這函數的**值域**。

注意到對應 A 集合中的一個元素，只能有一個 B 集合的元素，不能有兩個以上，但非有一個不可。反過來說，B 集合中的一個元素可能和 A 集合中兩個以上元素相關聯，所以我們不能把函數的定義域和值域換過來。換句話說，光只兩集合間的關聯本身不能就一定符合函數的定義，還需要規定那個是定義域，那個是值域，而且這個關聯也必須符合那個單一值的規定才行。

比如說 $\sin x$ 是個三角函數，它的定義域是所有實數，它的值域是 -1 到 $+1$ 間的所有實數，你給任何實數 x，就有在 -1 到 $+1$ 間的某一定值和 x 對應，所以 sin 這個關聯確實是個函數，但是如果你問當 $\sin x$

是某個實數時，x 是多少，則答案就不只一個，所以當你把原來值域當作定義域，把原來定義域當作值域時，sin 雖然也是這兩組間的關聯，但不符合單一值的規定，所以不符合函數的定義。（大家可以注意到定義反三角函數時，對值域有特別的規定，否則就不能算函數。）

現在我們知道要定義一個函數，必須要有兩個集合 A 和 B，其中一個（A）叫定義域，另一個（B）叫值域，然後有個一定的關聯在，通常為了容易表示起見，在定義域 A 中的一個元素，我們用字母 x 表示，這個 x 就稱為**自變數**，對於這個自變數 x，根據這函數的關聯一定可以在 B 集合找到一個元素 y，y 就稱為是**因變數**。其實自變數和因變數的命名是很自然而且合理，因為 x 可以先在 A 集合中「自」由選取，然後通過函數關係，y 就「因」x 而在 B 集合中被選中了。

在氣溫和時間的關聯函數中，時間是定義域，氣溫是值域，假如把 h 當一天的某一時刻，T 表示氣溫，那麼 h 就是自變數，T 就是因變數。

現在讓我們來看怎麼表示一個函數，換句話說你怎麼告訴別人一個函數，最直接的辦法是，把兩個集合的每一個元素通通對應的列出來。這雖是直接了當，但常常元素太多了，列起來很麻煩，所以另一種常有的表示法，就是告訴你一個從自變數找因變數的法則，如果你能明確的表示這法則就行了，在我們所處理的函數，通常兩個集合都是實數，也就是定義域是實數，值域也是實數，而函數則是表示兩堆實數間的關係，在這種情形下，這由自變數找因變數的法則可以用方程式來表示，比如自變數 x 和因變數 y 間有

$$y = 2x^2 + 4x \qquad (1\text{-}1)$$

的關聯存在，則這關聯就是一個函數。

其實，通常在表示這法則之外，還要明白的告訴自變數所有可能變化的範圍（也就是函數的定義域）才算完整，像上述那個函數，我們可以讓它的自變數是任意實數，其實也可以要求自變數一定要在 −1 到+1 範圍內。有的時候，由於關聯法則本身的天然限制，也會使定義域不可能定義在任意範圍之內，比方說，對於所有正自變數，我們都可以得出

$$y = \sqrt{x} \qquad (1\text{-}2)$$

的因變數來，所以 $y = \sqrt{x}$ 這法則是一個函數，它的定義域是正實數，但不能是所有實數，因為當自變數是負時，根據這個負自變數，我們找不到對應的實數 y 出來。

在數學的習慣用法上，常用 f 表示函數，也就是關聯，x 表示自變數，y 表示因變數，而寫成

$$y = f(x) \qquad (1\text{-}3)$$

的表示法，顯然 f(x) 表示的就是那個關聯的法則。當然，有時也常常把其他英文字母拿來當自變數、因變數、函數的代表，這要看當時問題的規定，比如在時間和氣溫的關係中，我們把 h 做自變數，T 當因變數。

1-2　函數的圖形表示

對於一個函數，我們已經知道可以用列表，也可以用方程式的方法表示，但是要對它的概況有最直覺的了解，說不定最便利的方法就

是畫它的圖形。

首先，要在紙上畫兩條正交的直線，一條是鉛直方向，一條是水平方向，一般把水平線叫橫軸或 x **軸**，鉛直線叫縱軸或 y **軸**，兩軸的交點則叫原點。這整個結構就稱為**坐標軸**。

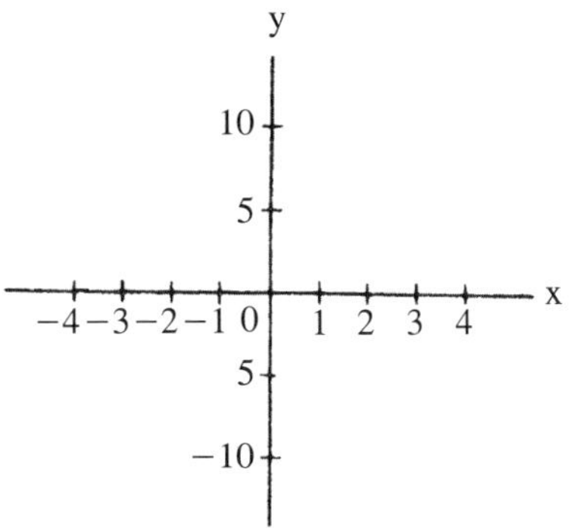

圖 1-1

其次，選一個單位長度，以原點做為 0 開始度量，在 x 軸上向右為正，向左為負，可以再另選個單位，在y軸上，向上為正，向下為負，這兩個單位長度可以選一樣大小，也可以不選一樣大小。其實在很多應用上，自變數有單位，因變數也有單位，而且常常是不同的，所以x軸上和 y 軸上的長度常用來表示不同單位，比如時間和溫度。

現在，讓我們來看看怎樣表示一對自變數和因變數對應值，假定a是自變數x的值，b是從函數關聯法則上（或函數列表上）找到的對應因變數 y 的值，即 $b = f(a)$，於是我們可以在 x 軸上距原點為 a 倍單位長度的地方標出一點，即圖 1-2 上 A 點。同樣的，在 y 軸上離原點 b 倍於單位長度的地方標個 B 點。過 A 點畫一條垂直於 x 軸的線，過 B 點畫一條垂直於 y 軸的線，兩條線交點用 P 標出。P 點就是用來代表 a 和 b 這對應數值。

我們把 a 值稱為 P 點的 x 坐標或橫座標，把 b 值稱為 P 點的 y 坐標，或稱縱座標。通常在圖上的一點可以用二個數字來表示，也就是它的x坐標和y坐標，在習慣上我們把這兩個的字按x，y的次序編下來 (a, b) 來表示。比如 (1, 2) 就是圖 1-3 上的 A 點，(−2, 3) 是 B 點。

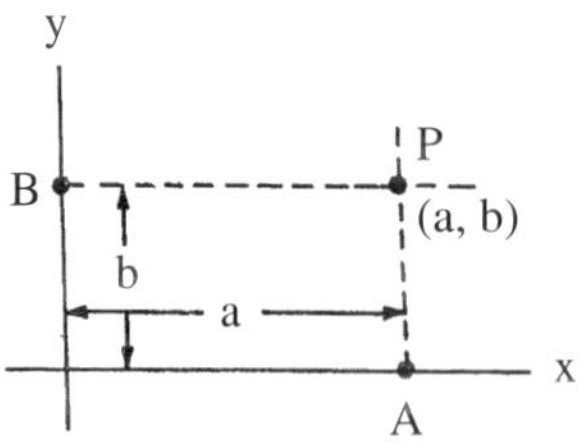

圖 1-2

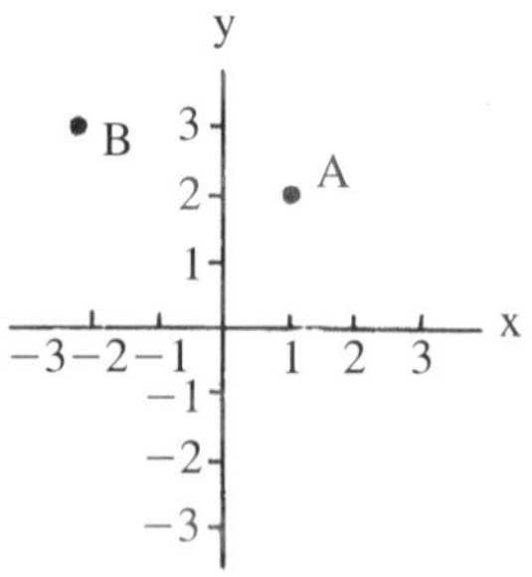

圖 1-3

現在，我們可以來看怎麼畫函數圖了。比如說想畫一個函數是 $y = 3x^2$ 的圖，首先，我們把自變數和因變數關聯用列表法列出來。

x	y
−3	27
−2	12
−1	3
0	0
1	3
2	12
3	27

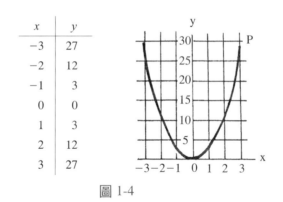

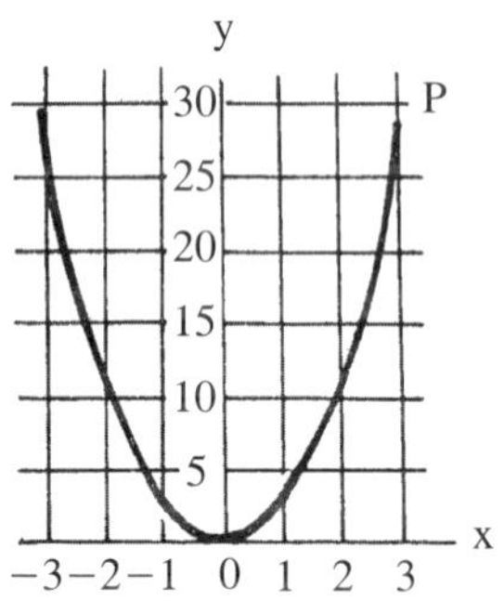

圖 1-4

對於每一對的數值 (−3, 27)，(−2, 12)，(−1, 3)，(0, 0)，(1, 3)，(2, 12) 和 (3, 27) 你都可以在坐標軸上畫上一點，然後將這些點用平滑的曲線連起來，當然，這樣的畫法得到的只是曲線的大概形狀。假如要畫得精確些，那麼更要找出許多對數值，並且在圖上的點儘量點得正確。其實，在大多數的問題中，所需要作的函數圖，通常都只是概略的草圖罷了，如圖 1-4 所示。

現在，再讓我們看一個非常簡單但卻很特殊的函數曲線，這個函數叫**常數函數**，這函數是對所有自變數 x，都只對應一個常數 C，也就是說 f(x) = C。這個函數的特殊是自變數的值有很多，甚至無窮個，但是因變數的值只有一個，雖是如此，它還是合於函數的定義，因為給任何一個固定的 x 值，一定有一個，也僅只有這個 C 和它對應，所以這確實符合函數的定義。這兒我們畫一個 y = f(x) = 3 的函數曲線，如圖 1-5 所示。

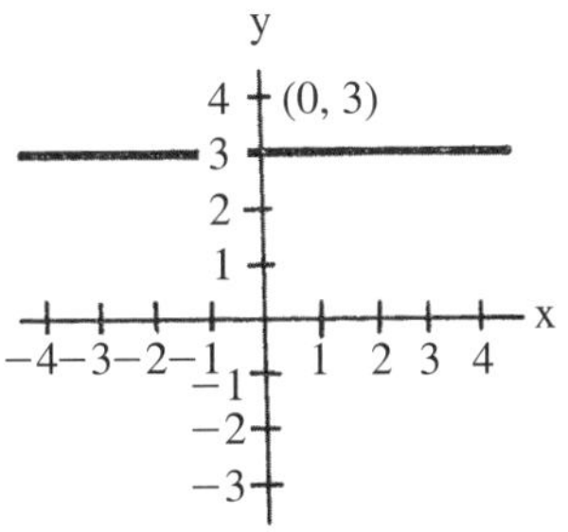

圖 1-5

x	y = |x|
−4	+4
−2	+2
0	0
+2	+2
+4	+4

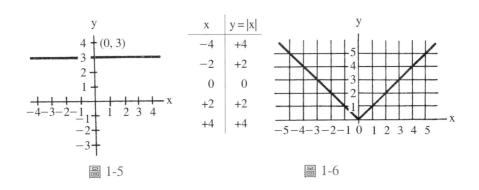

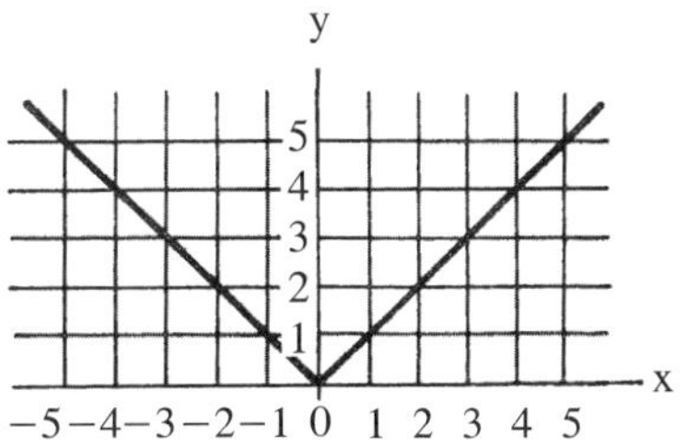

圖 1-6

再畫一個有趣的函救，如下式

$$y = f(x) = |x| \qquad (1\text{-}4)$$

首先把這函數用列表列出來，把它們在坐標上的點連起來，則有圖 1-6 所示的樣子。

在應用上，更常出現的函數是一次和二次函數，所謂一次函數意思說 f(x) 可寫成 f(x) = mx + b，m 和 b 都是固定實數，一次是表示函數上最高次方是 x 的一次方，這函數也稱為**線性函數**，因為它的函數圖形是條直線，你可以畫一個 y = f(x) = 3x − 3 的圖形，如圖 1-7 所示。

x	y
2	−9
−1	−6
0	−3
1	0
2	3

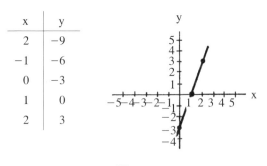

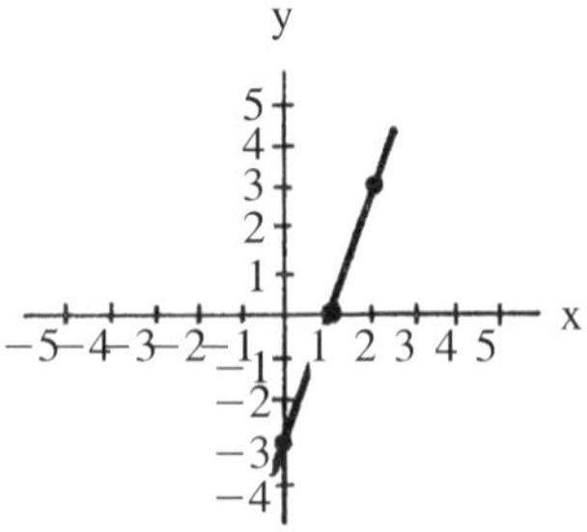

圖 1-7

二次函數也是一天到晚都會看到的函數，它的關聯法則可以寫成 $y=f(x)=ax^2+bx+c$ 的形式，a，b 和 c 都是固定的實數，二次當然指的是方程式 x 最高的次方是 2。這種函數在圖上畫出來的是個錐線的形式，它的樣子如圖 1-4 所畫的。你自己畫一個 $y=2x^2-3x+1$ 的圖看看。

1-3　三角、反三角函數、自然對數和指數函數

在很多的應用上，角度的表示都是用弧度比較方便，所以本書以後大部分引用的都以弧度為角度單位。$f(x)=\sin x$ 是一個函數，它在各地方都常出現，所以對它的瞭解也非常重要，我們可以把它的函數圖形畫出來。

首先我們先列一個表，選一些連續的 x 值，再拿來三角函數表，把對應的 $\sin x$ 值查出來，照這樣一對對把它在坐標軸上的對應點標出來，把這些點連接起來，你可以看到你的圖大概如圖 1-8(a) 所示。其實你也可以畫 $\cos x$，$\tan x$ 的圖。(b) 與 (c) 即分別為 $\cos x$，$\tan x$ 的草圖。

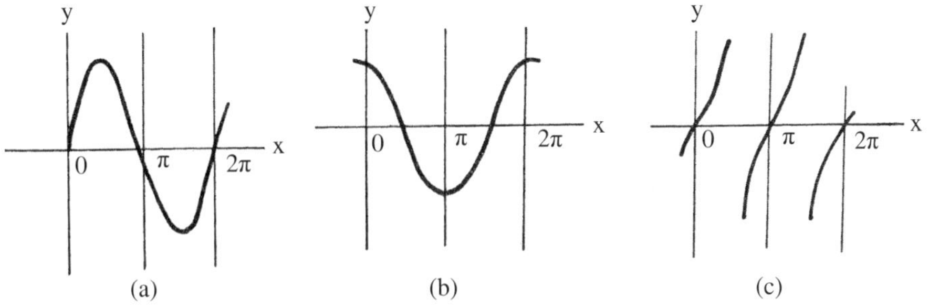

圖 1-8

反三角函數，也是常常見到的，它只是將三角函數的自變數和因變數反過來。就以 sin x 例子來說，即 $y=\sin x$，那我們可以說若在+1 到 −1 間隨便找一個數值，問什麼樣的 x 值可以使得 sin x 正好是這個值。如此，把 y 當成了自變數，x 當成因變數，這種尋找的規則我們就稱為是反 sin 函數，為成 $x=\sin^{-1} y$。唯一有點麻煩的是對一個實數，比如說，$y=\frac{1}{\sqrt{2}}$，即 sin x 中的 x 不是只有一個值，而有著很多個，它是 $x=\frac{\pi}{4}$，$\frac{3\pi}{4}$，$\frac{9\pi}{4}$，……等等，這樣子對一個固定的自變數有很多因變數對應的話，就不符合函數的定義了，因此，在規定反三角函數時，必須限制它只有單一值才是個真正標準的函數，通常用的辦法是對這函數的值域加以限制，比如說我們規定函數 $\sin^{-1} y$ 的定義域是在 −1 到+1 之間，值域是在 $-\frac{\pi}{2}$ 到 $\frac{\pi}{2}$ 之間，那麼對於任何+1 到 −1 間的自變數，就只有一個，而且也一定有一個在 $-\frac{\pi}{2}$ 到 $\frac{\pi}{2}$ 的實數對應。比如說對應於 $y=\frac{1}{\sqrt{2}}$ 就只有 $x=\frac{\pi}{4}$。

同樣的，我們也可以定義 $\cos^{-1} y$ 和 $\tan^{-1} y$，定義它們的時候，也要小心的規定它的定義城和值域，$\cos^{-1} y$ 的定義域是在 −1 到+1，值域則是在 0 到π。$\tan^{-1}y$ 的定義域是整個實數，而值域是在 $-\frac{\pi}{2}$ 到 $\frac{\pi}{2}$。

有關反三角函數 $\sin^{-1}y$，$\cos^{-1}y$ 與 $\tan^{-1}y$ 的函數如圖 1-9 所示。

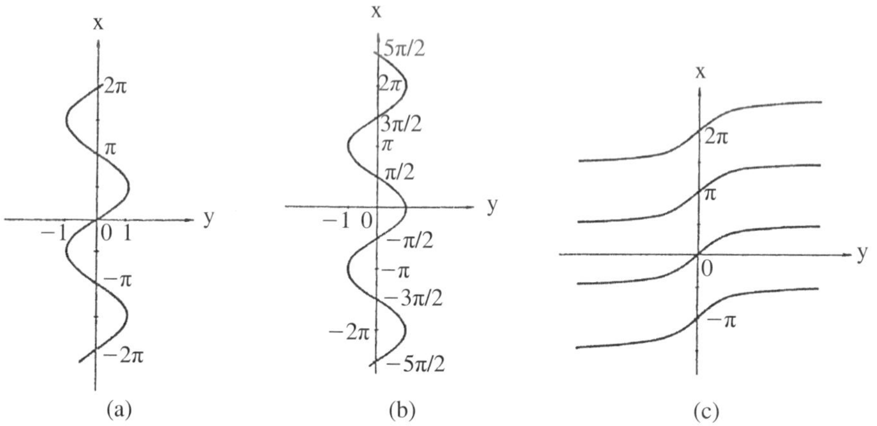

圖 1-9 (a)$x=\sin^{-1}y$，(b)$x=\cos^{-1}y$，(c)$x=\tan^{-1}y$

還有另一對函數也是常見而有用的，那就是**指數函數**和**對數函數**。通常的指數和對數大家都應該相當熟悉，不過在科學上比較有用的，常常是一個以特殊的數 e 的指數，以及以它為底的對數。e 是一個實數，它的數值你乍看下一定覺得奇怪，它是 e＝2.71828……後面還有一堆為不完的小數，你一定會奇怪，我們為什麼會對這麼一個莫名其妙的數有那麼大的興趣，這在我們談到微分時，你就可以瞭解為什麼，其實這個數的重要性，稍可比擬於圓周率π，π也是個寫不完小數點的無理數，但它卻是大家都知道的一個重要數值。

$f(x)=e^x$ 是常見的一種函數，它的函數圖形我們在圖 1-10 畫下來。大家可以看到此函數的定義域是整個實數，而值域則是所有的正實數。我們知道對這個 $y=e^x$ 的函數，如果把定義域和值域反過來，也

就是寫成 $x = \log_e y$，這當然就是大家都知道的**對數函數**，幸運的是這兒對應任一個正實數 y，一定有一個而且只有一個實數對應，所以是個標準的函數，在各種對數函數中，這個以 e 為底的對數是個非重要而且「**自然**」，所以它被稱為自然對數，而且還特別用ln符號來代表 $\log_e$。我們把它的函數圖畫在圖 1-11。

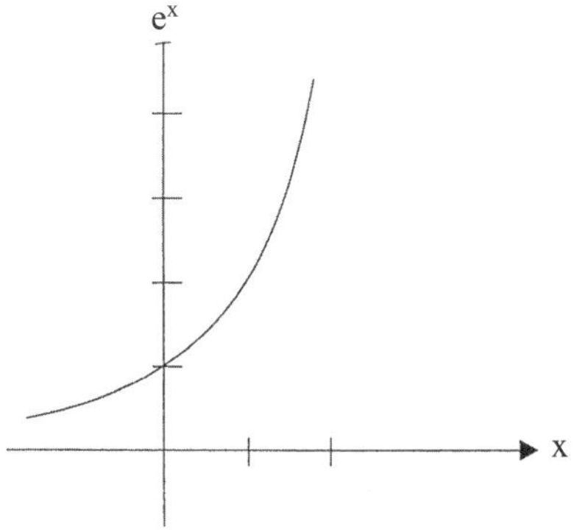

圖 1-10

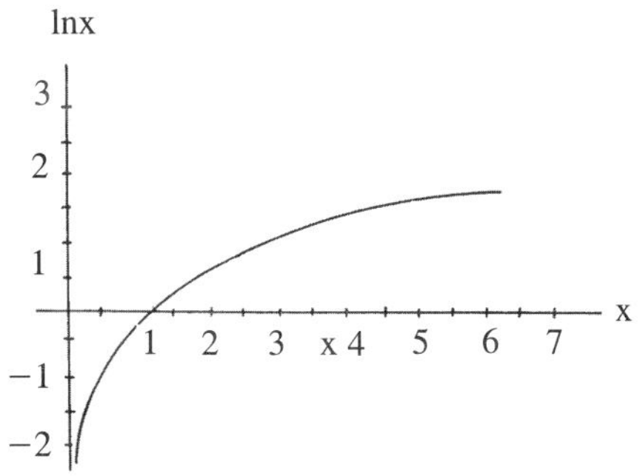

圖 1-11

在物理上指數函數常出現虛數或複數的自變數，這時候，它的意義是什麼呢？首先談到虛數，我們先問 e^{ix}（其中 x 為實數）是什麼樣的數，我們定義它是

$$e^{ix} = \cos x + i \sin x \tag{1-5}$$

這個定義使得此函數原來俱有的性質能保存，比如說，$x = 0$ 時

$$e^{ix} = e^0 = \cos 0 + i \sin 0 = 1 \tag{1-6}$$

而且

$$\begin{aligned} e^{i(x+y)} &= \cos(x+y) + i \sin(x+y) \\ &= (\cos x + i \sin x)(\cos y + i \sin y) \end{aligned} \tag{1-7}$$

$$
\begin{aligned}
(e^{ix})^n &= (\cos x + i\sin x)^n \\
&= \cos(nx) + i\sin(nx) \qquad (1\text{-}8)
\end{aligned}
$$

所以這樣的定義，以前所熟悉的運算方法都成立。有一點值得提出來說的是，e^{ix} 不論 x 是什麼實數，它的絕對值都是 1。

至於自變數是複數的，只需遵照指數函數的法則就可以知道它的定義了：

$$e^{a+bi} = e^a e^{bi} = e^a(\cos b + i\sin b) \qquad (1\text{-}9)$$

我們之所以特別提出指數函數的自變數為複數的情形，而不提起別的函數，主要的原因是有些函數能很直接就擴充到複數的自變數，比如多項式那就不用再提，另外有些函數雖然相當麻煩，而在我們初等的運算中不常出現，此如三角函數等，我們也不需要在這兒提，把一些函數合理而適當的擴充自變數的領域，這在比較高深的數學上是很有用，而且重要的一門學門。

習　題 1

1. 試求下列函數的定義域

(1) $y = \sqrt{x^2 - 5x + 4}$　　(2) $y = \sqrt{x^2 - 1}$

(3) $y = \dfrac{1}{x-2}$　　(4) $y = \sqrt{9 - x^2}$

2. 試求下列函數的反函數

(1) $y = x + 4$　　(2) $y = x^2 + 1$

(3) $y = \sqrt{9 - x^2}$　　(4) $y = \dfrac{x+2}{x+1}$

第二章 微　分

先從函數的極限觀念進入所謂的連續函數的基本認識，進而推展這種觀念到所謂導數，再來介紹導數的求法與運算法則，導數是極限演義的結果，即 $\frac{dy}{dx} = \lim_{\Delta x \to \Delta} \frac{\Delta y}{\Delta x}$，因此我們可將這兩個量dy和dx看成商的結果。這兩個量可視為是 y 與 x 的微分量 dy 與 dx，因此這兩個量與導數的關係是什麼結果。

微分的計算與運算如同導數的處理，利用微分的幾何意義可直接瞭解一個函數的極大值與極小值。

2-1 極限

在學習微分觀念和方法之前，我們要先懂得極限，極限的觀念可以說是整個微積分的核心，如果你能清楚瞭解極限的意義，那麼要懂得微積分的概念就不難了。

我們想討論的極限情形是要看看當自變數向某個定數靠近時，因變數的行為是怎麼的，這兒以 $y=f(x)=x^2$ 的函數來做例子，以 $x=3$ 做為選擇的定數，先看看在和 $x=3$ 相差 ± 2 的範圍內，是怎麼樣的情形，為了更清楚起見，把這函數圖形先畫出來，我們也把這定數 $x=3$ 所對應的那點 (3, 9) 也畫出來，注意的是，我們並不是想看 $x=3$ 時 y 是多少，所以對這點本身的興趣不大。和 $x=3$ 點相差 ± 2 的點，都是在 $x=1$ 到 $x=5$ 之間，或是可以寫成數學公式 $|x-3|<2$。這區間在圖 2-1 上是以 A 表示，在這段區間內，各 x 值所對應的 y 值都是在 $y=1$ 到 $y=25$ 之間，也就是圖 2-1 上的 A′。

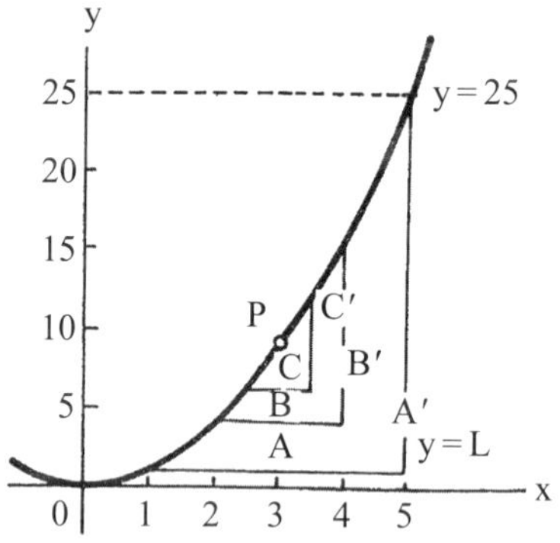

圖 2-1

再繼續看，在 $x=3$ 附近範圍之內的情形，也就是 $|x-3|<1$ 的，圖 2-1 上是 B 段，y 值是在 4 到 16 之間，圖上以 B′ 表示。

範圍再縮至 $|x-3|<0.5$ 以內，則對應的 y 值是在 6.25 到 12.25 之間，圖上為 C 和 C′ 來表示 x 值和 y 值。

讓 $|x-3|<0.1$，則對應值是在 8.41 到 9.61 之間，這時因圖 2-1 太

小了不好畫，我們另畫個放大的圖 2-2，讓 $|x-3|<0.05$，則 y 值在 8.70 到 9.30 之間，若 $|x-3|<0.01$，則 y 值在 8.94 到 9.06。最後還有一個 $|x-3|<0.001$，則圖上沒畫出，但 y 值可以計算得出在 8.994 到 9.006。為了清楚比較起見，我們把這些列成表 2-1。

表 2-1

x 區間	y 的對應區間
1-5	1-25
2-4	4-16
2.5-3.5	6.25-12.25
2.9-3.1	8.41-9.61
2.95-3.05	8.70-9.30
2.99-3.01	8.94-9.06
2.999-3.001	8.994-9.006

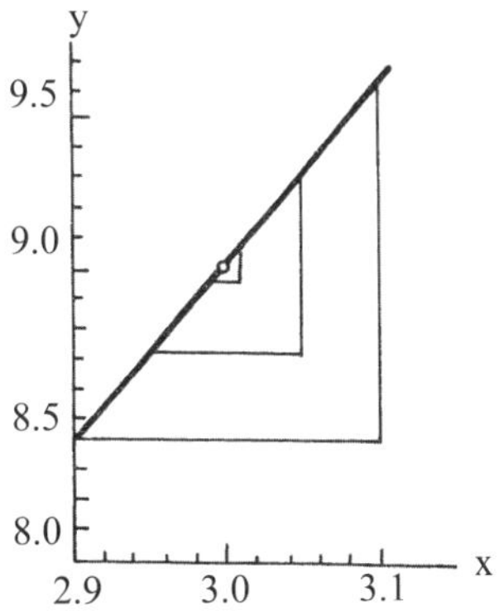

圖 2-2

從表上我們可很清楚的看出來，把值以 $x=3$ 為中心，x 值在 $x=1$ 與 $x=5$ 區間逐漸縮小到 $x=3$ 中心處，y 的值漸漸向 9 接近。事實上，我們可以使對應的 y 值和 9 隨我們的意思隨意接近，只要把 x 的值約束在 $x=3$ 夠小的區間之內，這是我們一定可以辦得到的，像這樣子，我們就說，在 x 接近 3 時，x^2 的極限是 9，用數學符號來代表這句話，就是 $\lim_{x \to 3} x^2 = 9$。

現在，這個例子我們是懂了，我們把它寫成一個比較普遍的形式，我們說如果有一個函數 f(x)，在一個定數 $x=a$ 附近，都有定值，對 $x=a$ 為中心的 x 值，我們來看 f(x) 值的對應變化，假使以 $x=a$ 為中心的自變數區間不斷縮小時，它所對應的 f(x) 區間也不斷向某一個

定數 L 接近，那麼我們就說當 x 趨近於 a 時，f(x) 的極限是 L，或寫成

$$\lim_{x \to a} f(x) = L$$

很顯然，在上述的例子中 $f(x)=x^2$，$a=3$，$L=9$。

再提醒大家注意的是，其實我們不關心 $x=3$ 時，y 值是多少，我們關心的是 x 很接近 3 時，y 會很接近什麼值，在我們的例子中，由於 $x=3$ 時，y 正好是 9 而已。一個函數它在某點的值是多少，和此函數在這點的極限值是多少可以不一樣，單從以上的例子，也許你會覺得，我們為什麼在這麼一個簡單的問題上大作文章，$x=3$ 時 $y=9$，當 x 接近 3 時，y 就接近 9，不就什麼都了結了嗎？

不是這樣的，讓我們看一個函數 $f(x)=\frac{\sin x}{x}$，這個函數在 $x=0$ 的地方是 $\frac{0}{0}$，所以是沒意義的，也就是說 f(x) 在 $x=0$ 處是沒有定義的，它也沒有值，但是當 x 甚小不論是正是負，只要不是零，$\frac{\sin x}{x}$ 都有個值，你可以畫下 $f(x)=\frac{\sin x}{x}$ 的圖來，如圖 2-3 所示。當然 $x=0$ 那點不能算，在 $x=0$ 的附近，你可以如同做 $f(x)=x^2$ 的例子一樣，讓區間越來越小，你一定可以得到 $-\frac{\sin x}{x}$ 越來越近於 1，也就是

$$\lim_{x \to 0} \frac{\sin x}{x} = 1$$

其實，從圖 2-3 上，你就已經得出這個結果了。

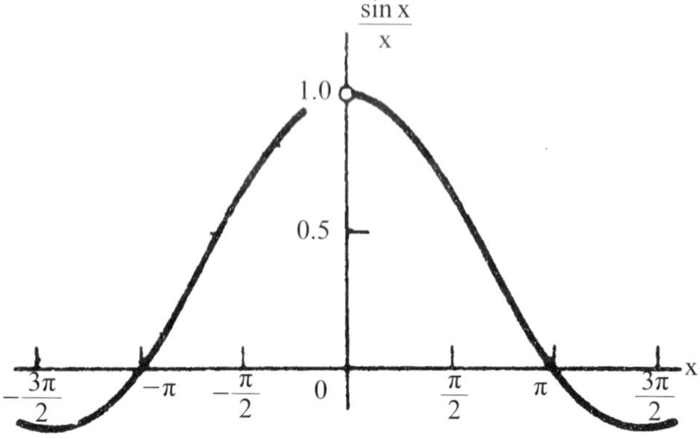

圖 2-3

有很多這樣的例子，比如$f(x)=\frac{x^2-1}{x-1}$，這函數在x = 1處是沒有定義的，可是只要在x ≠ 1的地方，無論多近1，分數上下的x − 1因數總是可以消約去的，所以在x ≠ 1的地方

$$f(x)=\frac{x^2-1}{x-1}=\frac{(x+1)(x-1)}{x-1}=x+1$$

因此x雖然f(1)沒有定義，但是，在x趨近於1時，其極限值是可存在，即

$$\lim_{x\to 1} f(x)=\lim_{x\to 1}(x+1)=2$$

因為x接近1時，不包含x = 1那點，所以$\frac{x^2-1}{x-1}$是等於x + 1的。同樣地，

$$\lim_{x\to 0}\frac{(1+x)^2-1}{x}=\lim_{x\to 0}\frac{x^2+2x}{x}=\lim_{x\to 0}(x+2)=2$$

有一個非常有趣的如$f(x)=(1+x)^{1/x}$的極限。很顯然地，x = 0時它並沒有值，但你可以畫出這函數的圖出來，發現這函數在x = 0處的極限是有一個值的，這個值是2.718……，也就是我們拿來當自然對數的底的那個數字。

在我們瞭解這極限的意思以後，我們可以看看正式的微積分書裡，其所下的極限定義為：

設f(x)在x = a爲中心的一區間內都有定義（但在x = a處可以不必有定義），設有一數L，對於每一正數ε，都對應有另一正數δ，它可以使凡合於$0<|x-a|<\delta$區間內的x值，都有$|f(x)|-L|<\varepsilon$的成立，那麼我們就說L是當x趨近於a時的極限，寫成

$$\lim_{x \to a} f(x) = L \quad (2\text{-}1)$$

我們可以把上式的定義拿來做爭辯，一個函數的極限是不是存在的基礎，假定你看了 f(x) 的函數後，認為這函數在 $x = a$ 處有個極限是 L，你的對手不相信，於是就需要展開一場辯論，怎麼開始呢？第一步，你的對手可以提出某一個任意小的正數 ε，這可以是 0.001，也可以是 10^{-3} 等，要求你提出個 δ，並且證明在 $|x - a| < \delta$ 的範圍內，f(x) 的值和 L 的相差必須在 ε 之內，這個 δ 只要你找得到，再小也算你贏了，假如不論你的對手提出什麼樣的 ε，你都可以應付得了，那麼 f(x) 就有極限 L。要是你的對手提出某個 ε，你應付不了，只要有那麼一個ε，你就輸了，f(x) 就沒有極限 L。

試試自己和自己爭辯一次，你就會明瞭這段定義的意義了。

再看一個函數，它的定義是

$$f(x) = 1 \quad x \neq 2$$
$$f(x) = 2 \quad x = 2$$

這個寫法是把函數列舉出來，它是符合函數的定義，在這個例子中，$f(2) = 3$，但 $\lim_{x \to 2} f(x) = 1$，它的極限值和它在那兒的值是不一樣的。

定理：

若 $\lim_{x \to a} f(x) = p$，$\lim_{x \to a} g(x) = q$，此處 p 與 q 為定值常數，則下列式可成立，即

(1) $\lim_{x \to a} [f(x) \pm g(x)] = p \pm q$

(2) $\lim_{x \to a} [f(x)g(x)] = pq \quad (2\text{-}2)$

(3) $\lim_{x\to a}\frac{f(x)}{g(x)}=\frac{p}{q}$，（$q\neq 0$）

若$p\neq 0$，$q=0$，$\lim_{x\to a}\frac{f(x)}{g(x)}$是無限值；又若$p=q=0$，則極限值無意義。

例 2-1 $\lim_{x\to 2}x^2=4$

$\lim_{x\to 0}\frac{1}{x^2}=\infty$，　$\lim_{x\to\infty}\frac{1}{x^2}=0$

例 2-2 $\lim_{x\to 3}\frac{x^2-9}{x-3}=\lim_{x\to 3}\frac{(x+3)(x-3)}{(x-3)}$

$=\lim_{x\to 3}(x+3)=6$

例 2-3 $\lim_{x\to\infty}\frac{x+1}{x-1}=\lim_{x\to\infty}\frac{x\left(1+\frac{1}{x}\right)}{x\left(1-\frac{1}{x}\right)}$

$=\lim_{x\to\infty}\frac{1+\frac{1}{x}}{1-\frac{1}{x}}=\frac{1+0}{1-0}=1$

例 2-4 $\lim_{x\to 0}\frac{x^2+x}{x^2-x}=\lim_{x\to 0}\frac{x(x+1)}{x(x-1)}=\lim_{x\to 0}\frac{x+1}{x-1}=\frac{0+1}{0-1}=-1$

2-2　連續

在上一節的討論中，我們已經很清楚看到一個函數在某一點的值，和它趨近於某一點的極限值是兩回事，它們可能一樣，也可能不一樣，甚至可能其中一個不存在。

在這兩個值同時存在，而且又是相同時，我們就說該函數在這點是連續的，用數學的形式寫下來就是

$$\lim_{x \to a} f(x) = f(a) \qquad (2\text{-}3)$$

因此，當我們說一個函數在某點是連續的，那就包括了三件事：(1) 函數在這一點的值是存在的；(2) 函數在這點的極限是存在的；(3) 這兩個值一樣。

基本上而言，若一函數 $f(x)$ 是個連續函數，則這個 $y = f(x)$ 方程式之曲線 c 不能有忽然跳躍的現象，就是說若以一枝鉛筆從曲線 c 上，任何點 P 開始移動，沿曲線 c 到達曲線另一點 Q，而始終沒有離開紙上，這個曲線可稱為**連續曲線**，如圖 2-4 所示

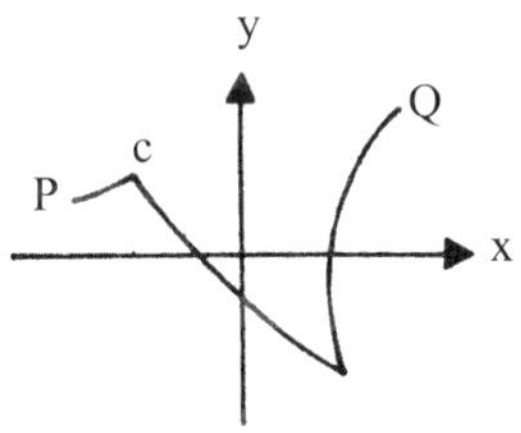

圖 2-4

例 2-5　$f(x) = \dfrac{x^2+3}{x^2-9}$ 在 $x = 3$ 處是不是連續？

解　由於 $x = 3$ 處 $x^2 - 9 = 0$，所以 $f(3) = \dfrac{12}{0}$，沒有意義，因此這點 $x = 3$ 的函數值不存在，此函數在 $x = 3$ 處，不是連續的。

例 2-6 $f(x)=\begin{cases}1 & x\geqq 0\\ 0 & x<0\end{cases}$ 在 x = 0 處，是不是連續？

解 由於 f(0) = 1，但是 f(x) 在 x = 0 處，並沒有極限值為 1 的存在，因你無論讓自變數多接近 0，它不會和 1 越來越接近。事實上，f(x) 在這一點根本沒有任何極限值存在，理由很容易看到，因 f(x) 在 x = 0 附近，它們的值不會互相接近，大家看到圖 2-5 所示的函數圖，就可以明瞭了。本例題的函數稱為 Heaviside **單位函數**（unit function）

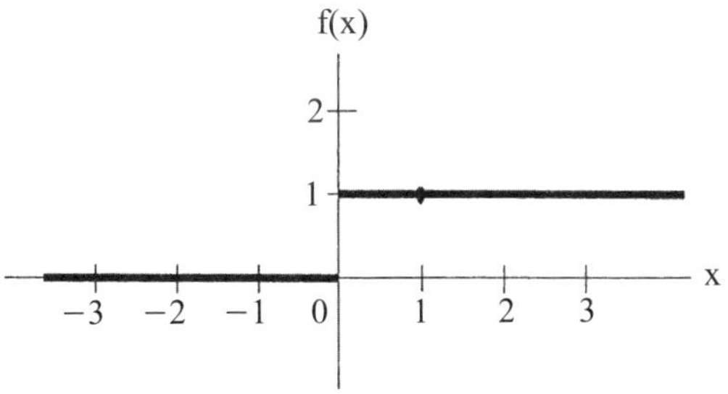

圖 2-5

例 2-7 f(x) = |x|，在 x = 0 處，是不是連續？

解 f(0) = |0| = 0，在這點的值是存在的，它的極限我們也可以證明出來 $\lim_{x\to 0}|x|=0$，也是存在的，而且這兩個值是一樣的。所以 f(x) 在 x = 0 處是連續的。

例 2-8　在兩火車站間一列火車的速度如下：

$v=a(t^3-3t^2)$ 米／秒　　　$0\le t<2$

$v=4$ 米／秒，　　　$2\le t<4$

$v=b(2t^3-27t^2+120t-175)$，$4\le t<5$

火車速度是連續性的。試求 a 及 b 值。

解　由於火車從 0 秒靜止開始出發到 $t=5$ 秒間，其速度一直是連續性的變化，因此在 $t=2$ 秒及 4 秒時，其前後兩階段的速度應相等，則

$t=2$ 秒　$a(2^3-3\times2^2)=4$

$\therefore a=-1$

$t=4$ 秒　$b(2\times4^3-27\times4^2+120\times4-175)=4$

$\therefore b=4$

2-3　瞬時速度的觀念

牛頓發明微積分的觀念，是由探討物體運動而來的，其實速度的觀念，正是微分觀念最好的例子。

一列火車從台北開到台南，假如它開了 8 小時，設台北站到高雄站間共 400 公里，那麼，我們就常說，這火車的速度率是每小時 50 公里。但是，這列火車真的每小時一直跑 50 公里嗎？大家都知道不見得，於是為了更正確的知道這列火車到底跑得多快，我們可以查一下，比方說台北到新竹跑了 1 小時又 40 分鐘，而後新竹到台中跑了 2

小時又 30 分鐘，從台中到嘉義又跑了多久等等，然後，我們可以比較仔細的說，這列火車在台北—新竹間速率多少，新竹—台中間速率又多少，它們可能都是不同的。

其實，這兒所說的都是所謂的平均速率，但是，你可以求仔細一些的平均速率，也可以求粗略一些的平均速率。真正說來，我們所觀察到的事，應該是位置和時間的關係，這個關係當然是一個函數，自變數是時間，因變數是位置。位置可以用離開某個指定位置（比如說台北站）的距離來表示，這樣我們的函數就是兩組實數間（各帶有一定的單位，可能是長度用公里，時間用小時）的關係，我們以 t 表時間，S 表位置，則有函數 S(t) 均存在。那麼所謂的平均速率是什麼呢？比方說，我們想知道在 t_1 到 t_2 間的平均速率 V，那麼

$$V = \frac{S(t_2) - S(t_1)}{t_2 - t_1} \qquad (2\text{-}4)$$

這平均速率是多少，要看你 t_2 取在那兒，t_1 取在那兒而言，這速率既不是 t_1 時的，也不是 t_2 時，而是在這段時間內的平均，它可能在這段時間內有時快，有時慢，所以由 V 不可能知道這些仔細的情形。當然若 t_2 到 t_1 間取的區間越小，你就得到越仔細的情形。原則上，我們可以隨意使 t_2 接近 t_1，所以我們可以使平均速率仔細到讓我們滿意為止的程度。那麼，什麼時候才可以說我們已經完全滿意了呢？

比方說，我們對 1 小時的平均速率不滿意，可以求每分鐘的，或是每秒鐘的，可以再下去問 0.1 秒之內的，那麼到底要多小呢？我們可以這樣說，假如在某一時刻附近的 1 秒內平均速率，和這一秒內的每個 0.1 秒的平均速率，和每個 0.01 秒的平均速率，都是差不多一樣的話，那麼我們就相信它在這 1 秒內的速率是均勻的，這樣子，速率

精細到這種程度，我們就可以滿意了。原則上來說，我們可以說這速率就是在那一時刻的真正速率，或是叫**瞬時速率**。

其實，它是一個極限值，我們說在 t_1 時的瞬時速率，可以這樣定義：

$$V_{t_1} = \lim_{t_2 \to t_1} \frac{S(t_2) - S(t_1)}{t_2 - t_1} \qquad (2\text{-}5)$$

$\frac{S(t_2) - S(t_1)}{t_2 - t_1}$ 在 $t_2 = t_1$ 時是沒有意義的，因為是 $\frac{0}{0}$，但是由第一節中極限的觀念，我們曉得在 t_2 和 t_1 有一些差別時，若 $\frac{S(t_2) - S(t_1)}{t_2 - t_1}$ 是有值的，這個值如果有個極限的存在，換句話說，若你能使 $\frac{S(t_2) - S(t_1)}{t_2 - t_1}$，和某個值 L 的差，小到任人要求的程度，只要使 $|t_2 - t_1|$ 小至某個區間之內，就可以辦到的話，那麼這個極限值 L，就是 t_1 的瞬時速率了。

常常為了簡寫起見，我們以 $t_1 + \Delta t$ 表示 t_2，S_1 表示 $S(t_1)$，$S_1 + \Delta s$ 表示 $S(t_2)$，那麼 V_{t_1} 也何以寫成

$$V_{t_1} = \lim_{\Delta t \to 0} \frac{\Delta s}{\Delta t} \qquad (2\text{-}6)$$

由於 t_1 是任選的，所以對任何 t 都可以

$$V = \lim_{\Delta t \to 0} \frac{\Delta s}{\Delta t} \qquad (2\text{-}7)$$

就成了一般瞬時速率的代表公式了。

例 2-9 設 $S(t) = 60t + 300$，t 以小時表示，S 以公里表示，那麼它在各時間的速率是多少？

解 在任何 t_1 與 t_2 時，$S(t_1)=60t_1+300$，$S(t_2)=60t_2+300$，所以

$$\frac{S(t_2)-S(t_1)}{t_2-t_1}=\frac{60t_2-60t_1}{t_2-t_1}=60$$

$$\lim_{t_2\to t_1}\frac{S(t_2)-S(t_1)}{t_2-t_1}=60$$

在這個例子中 $\frac{S(t_2)-S(t_1)}{t_2-t_1}$ 根本和時間 t_2、t_1 無關，所以你無論怎麼變，都是 60，因此任何時間它的瞬時速率都是 60 公里／小時。其實 $\frac{S(t_2)-S(t_1)}{t_2-t_1}$ 也是這段時間的平均速率，它也是 60 公里／小時。像這樣子的運動，我們就說它是**等速運動**。很顯然的，這種函數是一次函數，也就是**直線函數**。

例 2-10 設 $S=t^2$，求各時間的瞬時速率。

解 讓我們看

$$\frac{S(t_2)-S(t_1)}{t_2-t_1}=\frac{t_2^2-t_1^2}{t_2-t_1}=t_2+t_1$$

而

$$\lim_{t_2\to t_1}\frac{S(t_2)-S(t_1)}{t_2-t_1}=\lim_{t_2\to t_1}(t_2+t_1)=2t_1$$

所以在 t 時的速率應該是 2t，不同時間有不同時間的速率。

為了使大家能對瞬時速率有更直接的印象起見，我們特別對這 $t=1$ 時的瞬時速率，以圖形和數值的極限加予討論。圖 2-6 中的函數圖形，P 點表示 $t=1$，$S=1$ 的函數位置。在 $t=1$ 到 $t=2$ 之間，它的平均速率是 $\frac{S(2)-S(1)}{2-1}=\frac{4-1}{1}=3$，而在 $t=1.5$，到 $t=1$ 之間，則為：

$$\frac{S(1.5)-S(1)}{1.5-1}=2.5$$

我們把一連串越來越接近 $t=1$ 的時間到 $t=1$ 時間內的平均速度，以表 2-2 列下來：

表 2-2

t_2	t_1	V
2	1	3
1.5	1	2.5
1.1	1	2.1
1.01	1	2.01
1.001	1	2.001
1.0001	1	2.0001

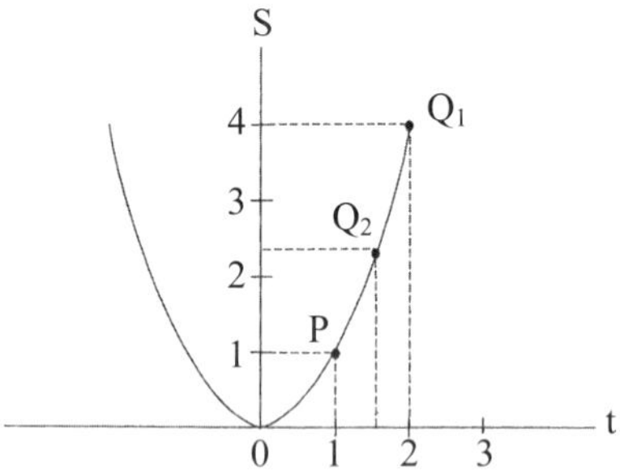

圖 2-6

當 t_2 越近 t_1 時，V 就越接近 2。事實上，你如果要求平均速率和 2 差任何一個任意小的數，我們可以找到個 $t_2 \neq t_1$，來符合你的要求。的確，2 就是時刻在 $t=1$ 時的瞬時速率。

例 2-11 $S(t)=At^3+Bt^2+Ct+D$，求各時間的瞬時速率

解

$$\frac{S(t+\Delta t)-S(t)}{\Delta t}$$

$$=\frac{A(t+\Delta t)^3+B(t+\Delta t)^2+C(t+\Delta t)+D-(At^3+Bt^2+Ct+D)}{\Delta t}$$

$$=3At^2+2Bt+C+(3At+B)(\Delta t)+A(\Delta t)^2$$

$$\lim_{\Delta t \to 0} \frac{S(t+\Delta t) - S(t)}{\Delta t}$$

$$= \lim_{\Delta t \to 0} [3At^2 + 2Bt + C + (3At + B)\Delta t + A(\Delta t)^2]$$

$$= 3At^2 + 2Bt + C$$

這就是在 t 時刻的瞬時速率了。

2-4 導數

在討論過速度之後，我們將速度這種極限的觀念，推展到比較一般的函數，這觀念就是導數的觀念。對一個函數 $y = f(x)$，我們定義在 x 處的**導數**是：

$$\lim_{\Delta x \to 0} \frac{f(x+\Delta x) - f(x)}{\Delta x} \qquad (2\text{-}8)$$

如果自變數 x 是時間，因變數 $y = f(x)$ 是位置，那麼這樣的定義就是瞬時速度。換句話說，一函數的導數就是因變數對自變數的變化率。

當然，導數定義的寫法也有其他的形式，常見的有 $\lim\limits_{\Delta x \to 0} \dfrac{\Delta y}{\Delta x}$，或 $\lim\limits_{x_2 \to x_1} \dfrac{y_2 - y_1}{x_2 - x_1}$，或 $\lim\limits_{x_2 \to x_1} \dfrac{f(x_2) - f(x_1)}{x_2 - x_1}$，它們所表示的都是同樣的意思。由於導數的應用實在太廣了，所以為了簡寫起見，一般都再給予一個特別的名稱和記法，我們把導數寫成

$$\frac{dy}{dx} = \lim_{\Delta x \to 0} \frac{\Delta y}{\Delta x} \qquad (2\text{-}9)$$

$\dfrac{dy}{dx}$ 也可寫為 $\dfrac{d}{dx}y$，有時甚至用 y' 表示。式（2-9）稱為 y 對 x 的導數。求此導數的過程叫做**微分**。

現在，再讓我們來看導數在我們的函數圖形上，具有怎樣的幾何意義。看一個函數如圖 2-7 所示，我們要看 A 點 (x_1, y_1) 的導數，由於導數的定義是極限的觀念，所以我們先在 A 點附近選個 B 點 (x_2, y_2)，這時 $\dfrac{\Delta y}{\Delta x}$ 當然就是 $\dfrac{y_2 - y_1}{x_2 - x_1}$，顯然就是 AB 連線的斜率，在 (x_2, y_2) 更近 (x_1, y_1) 點時，AB 連線就越來越接近曲線在 A 點的切線 ℓ，那我們可以知道，一個函數在某一點的導數正就是那點**切線的斜率**。

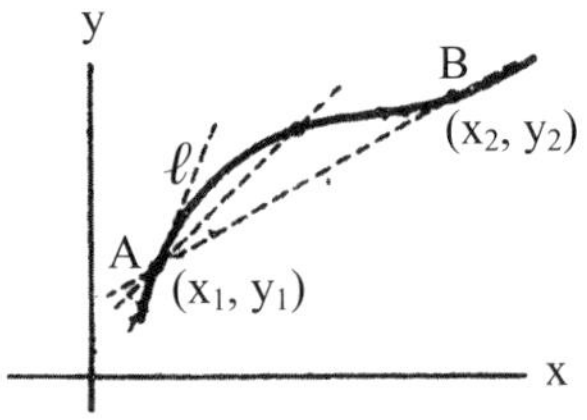

圖 2-7

其實，一個函數如果在一個區域上都有導數存在，那麼這導數的本身也就是定義在這區域上的另一個函數了，所以通常我們也可以把導數的函數圖形畫出來，要以作圖方法畫出導數的函數圖形也很簡單。首先把原函數圖形畫出來，然後選一些自變數，把對應的函數點的斜率找出來，以列表方法把這些自變數和斜率一對對列起來，在座標軸上，把斜率當因變數，原來的自變數當自變數，畫上這個曲線就是了。

導數的函數圖通常也很有用，在位置時間關係圖上，導數就是速度，所以畫導數函數圖，就等於是畫速度時間關係圖，就一般來說導數的函數圖就直接的表示了原來函數在那一點的變化率。

有一點還需注意的是：並不是函數的各點，一定都非有導數存在不可；大家都已看到導數的定義，其實是一種極限過程，那個極限有時不一定會存在的。一個函數在某點的導數存在的話，我們就說它是可微分的，這個函數在那點至少是連續函數，才可能有導數的存在，其實函數光只具有連續性，有時都還不能構成有導數的存在。

例 2-12 求 $f(x)=|x|$的導數。

解 我們可以把 $f(x)=|x|$的函數圖形畫出來，當 $x>0$ 時，$y=|x|=x$，所以 $\frac{dy}{dx}=\lim\limits_{\Delta x\to 0}\frac{\Delta y}{\Delta x}=\lim\limits_{\Delta x\to 0}\frac{\Delta x}{\Delta x}=1$，其實從圖上的斜率，你也立刻可以得到這個結果。當 $x<0$ 時，$y=|x|=-x$ 所以 $\frac{dy}{dx}=\lim\limits_{\Delta x\to 0}\frac{\Delta y}{\Delta x}=\lim\limits_{\Delta x\to 0}\frac{-\Delta x}{\Delta x}=-1$。但是在 $x=0$ 處，$|x|=x=0$，我們沒法得到這點的導數，因為，$\frac{|x+\Delta x|-|x|}{\Delta x}$ 在 $x=0$ 處可以是 1，也可以是 -1，不論$|\Delta x|$取得多小，所以你無法得到這個極限，於是我們說在那一點導數，是不存在的，雖然函數在那一點是連續的，在圖 2-8 上右邊，我們畫出它的導數函數圖，注意在$x=0$點，此導數是不連續的。

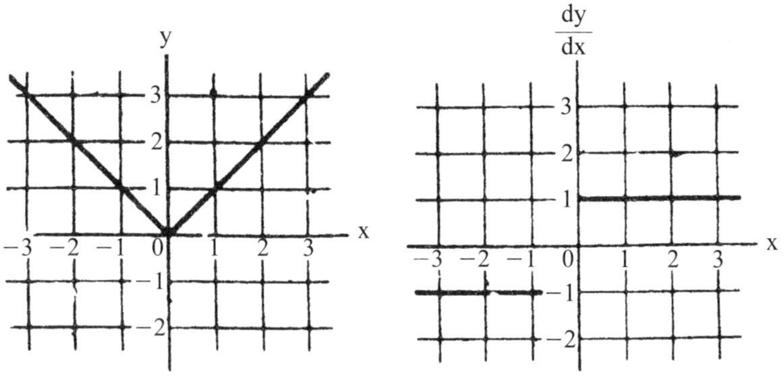

圖 2-8

例 2-13 圖 2-9(a) 為某函數的圖形，(b) 為此函數的導數函數圖

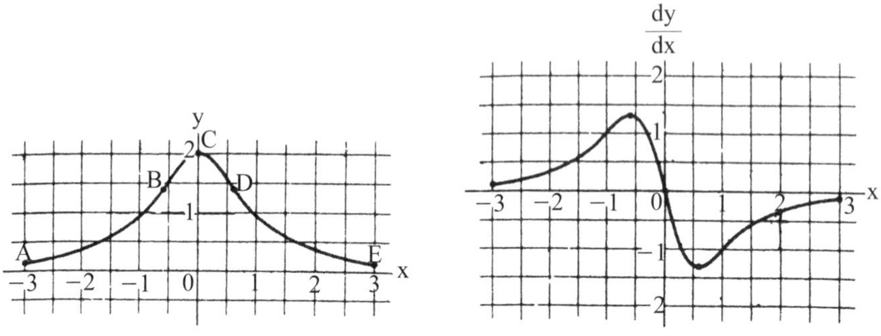

(a) (b)

圖 2-9

又圖 2-10(a) 為半圓函數圖，(b) 為該函數的導數函數圖。

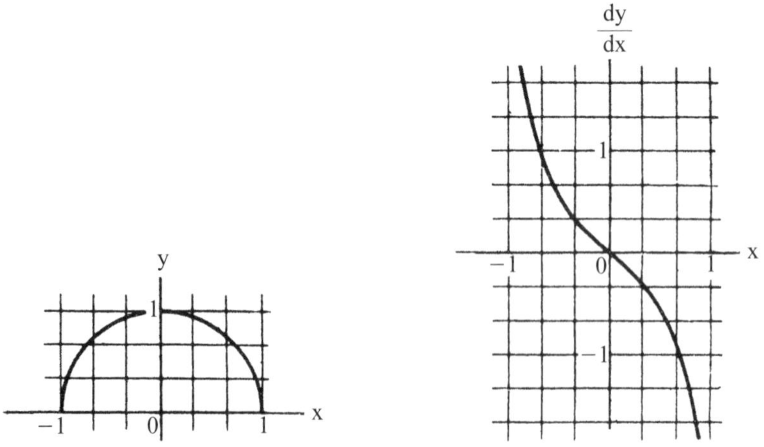

(a) (b)

圖 2-10

於此注意，在圖 2-9 與圖 2-10 中，導數何時為零，何時為正，何時為負，和原來函數有關係。

2-5 一般函數的導數

1. 常數函數 $y=f(x)=c$，c 為常數

依式（2-8），（2-9）

$$\frac{dy}{dx}=\frac{df(x)}{dx}=\lim_{\Delta x\to 0}\frac{f(x+\Delta x)-f(x)}{\Delta x}=\lim_{\Delta x\to 0}\frac{c-c}{\Delta x}$$
$$=0$$

所以在任何點 $\frac{dy}{dx}=0$

2. 一次函數 $y=f(x)=ax$，a 為常數

$$\frac{dy}{dx}=\frac{df(x)}{dx}=\lim_{\Delta x\to 0}\frac{f(x+\Delta x)-f(x)}{\Delta x}$$
$$=\lim_{\Delta x\to 0}\frac{a(x+\Delta x)-ax}{\Delta x}$$
$$=a$$

ax 的導數變為常數函數。

3. 二次函數 $y=f(x)=ax^2$，a 為常數

$$\frac{dy}{dx}=\frac{df(x)}{dx}=\lim_{\Delta x\to 0}\frac{f(x+\Delta x)-f(x)}{\Delta x}$$
$$=\lim_{\Delta x\to 0}\frac{a(x+\Delta x)^2-ax^2}{\Delta x}$$
$$=\lim_{\Delta x\to 0}(2ax+a(\Delta x))$$
$$=2ax$$

ax^2 的導數變為一次函數。

4. 三次函數 $y=f(x)=ax^3$，a 為常數

$$\frac{dy}{dx}=\frac{df(x)}{dx}=\lim_{\Delta x\to 0}\frac{f(x+\Delta x)-f(x)}{\Delta x}$$

$$=\lim_{\Delta x\to 0}\frac{a(x+\Delta x)^3-ax^3}{\Delta x}$$

$$=\lim_{\Delta x\to 0}(3ax^2+3ax(\Delta x)+a(\Delta x)^2)$$

$$=3ax^2$$

ax^3 的導數變為二次函數。

依此方法，可求得高次函數的導數。就以 n 次函數為例，$y=ax^n$，則其導數如下求之：

$$\frac{dy}{dx}=\frac{d}{dx}(ax^n)$$

$$=\lim_{\Delta x\to 0}\frac{a(x+\Delta x)^n-ax^n}{\Delta x}$$

$$=\lim_{\Delta x\to 0}\left\{a\left[x^n+n(\Delta x)x^{n-1}+\frac{1}{2}n(n-1)(\Delta x)^2x^{n-2}\right.\right.$$

$$\left.\left.+\cdots\cdots+n(\Delta x)^{n-1}x+(\Delta x)^n\right]-ax^n\right\}/\Delta x$$

$$=\lim_{\Delta x\to 0}a\left[nx^{n-1}+\frac{1}{2}n(n-1)(\Delta x)x^{n-2}+\cdots\cdots+(\Delta x)^{n-1}\right]$$

$$=anx^{n-1} \qquad (2\text{-}10)$$

這是一個對任何次方函數，都可以用得上的公式；其實，這公式在 n 不是整數時仍然成立。

2-6　導數運算法則

1. 函數和差的導數

如果一函數 $y(x)$ 可寫成兩函數 $u(x)$ 和 $v(x)$ 的和，即 $y(x)=u(x)+v(x)$。那麼，如果 $u(x)$ 和 $v(x)$ 的函數各有導數 $\frac{du}{dx}$ 和 $\frac{dv}{dx}$ 存在，則函數的 $\frac{dy}{dx}=\frac{du}{dx}+\frac{dv}{dx}$。一個很直覺的證明可以這樣寫：

$$\begin{aligned}\frac{dy}{dx} &= \lim_{\Delta x\to 0}\frac{[u(x+\Delta x)+v(x+\Delta x)-u(x)-v(x)]}{\Delta x}\\ &= \lim_{\Delta x\to 0}\frac{[u(x+\Delta x)-u(x)]}{\Delta x}+\lim_{\Delta x\to 0}\frac{[v(x+\Delta x)-v(x)]}{\Delta x}\\ &= \frac{du}{dx}+\frac{dv}{dx}\end{aligned}$$

所以

$$\frac{d}{dx}[u+v]=\frac{du}{dx}+\frac{dv}{dx} \qquad (2\text{-}11)$$

這兒，我們沒有證明兩個函數和的極限，就等於是它們的極限和，由於本書目的，在給讀者能很快的運用這些基本的數學，來當做其他學科的工具，所以在證明上都不求嚴謹，但求讀者看了之後，能自己相信這些結果而能拿來運用。所以除非你在步驟中間加入必要的敘述和證明，否則你正式學微積分時，照本書的證明，包準你吃個鴨蛋。

現在一個多項式函數，我們可以把它拆開，一項一項求導數，然後整個多項式的導數，就是這些分別的導數和。例如

$$\frac{d}{dx}\left(\sum_{n=1}^{n}a_n x^n\right)=\sum_{n=1}^{n}n\,a_n x^{n-1}$$

2. 函數相乘的導數

若函數 u 和 v 為 x 的函數，其相乘積的函救為 y＝uv，則此函數 y(x) 的導數為

$$\frac{dy}{dx}=\frac{d}{dx}(uv)=u\frac{dv}{dx}+v\frac{du}{dx} \qquad (2\text{-}12)$$

我們也將可直覺的推導寫下來：

$$\begin{aligned}\frac{d}{dx}(uv) &= \lim_{\Delta x\to 0}\frac{(u+\Delta u)(v+\Delta v)-uv}{\Delta x}\\ &= \lim_{\Delta x\to 0}\frac{uv+u\Delta v+v\Delta u+\Delta u\Delta v-uv}{\Delta x}\\ &= \lim_{\Delta x\to 0}\left[u\frac{\Delta v}{\Delta x}+v\frac{\Delta u}{\Delta x}+\Delta u\frac{\Delta v}{\Delta x}\right]\\ &= u\frac{dv}{dx}+v\frac{du}{dx}\end{aligned}$$

例 2-14　求 $\frac{d}{dx}[(3x+7)(4x^2+6x)]$

解　$\frac{d}{dx}[(3x+7)(4x^2+6x)]$

$$\begin{aligned}&=(3x+7)\frac{d}{dx}(4x^2+6x)+(4x^2+6x)\frac{d}{dx}(3x+7)\\ &=(3x+7)(8x+6)+(4x^2+6x)\times 3\\ &=36x^2+92x+42\end{aligned}$$

例 2-15　求 $\frac{d}{dx}[(2x+3)(x^5)]$

解　$\frac{d}{dx}[(2x+3)(x^5)]$

$$= (2x+3)\frac{d}{dx}x^5 + x^5\frac{d}{dx}(2x+3)$$

$$= 5x^4(2x+3) + x^5 \times 2 = 12x^5 + 15x^4$$

3. 函數相除的導數

兩函數u、v的相除之結果，函數為$y=\frac{u}{v}$時，即分數函數，因此其導數為

$$\frac{dy}{dx} = \frac{d}{dx}\left(\frac{u}{v}\right) = \frac{v\frac{du}{dx} - u\frac{dv}{dx}}{v^2} \qquad (2\text{-}13)$$

證明很容易，你可以依導數定義

$$\frac{dy}{dx} = \frac{d}{dx}\left(\frac{u}{v}\right) = \lim_{\Delta x \to 0} \frac{\frac{u+\Delta u}{v+\Delta v} - \frac{u}{v}}{\Delta x}$$

$$= \lim_{\Delta x \to 0} \frac{\frac{v\Delta u - u\Delta v}{v(v+\Delta v)}}{\Delta x}$$

$$= \lim_{\Delta x \to 0} \frac{v\frac{\Delta u}{\Delta x} - u\frac{\Delta v}{\Delta x}}{v(v+\Delta v)}$$

在一般上，$\Delta x \to 0$ 時，函數 v 的變量Δv 亦趨近於 0，因此上式的極限結果為

$$\frac{dy}{dx} = \frac{d}{dx}\left(\frac{u}{v}\right) = \frac{v\frac{du}{dx} - u\frac{dv}{dx}}{v^2}$$

例 2-16 求$\frac{d}{dx}\left(\frac{1+x}{x^2}\right)$

解 $$\frac{d}{dx}\left(\frac{1+x}{x^2}\right)=\frac{x^2\frac{d}{dx}(1+x)-(1+x)\frac{d}{dx}x^2}{x^4}$$

$$=\frac{-2}{x^3}-\frac{1}{x^2}$$

例 2-17 求 $\frac{d}{dx}\frac{1+x}{1-x}$

解 $$\frac{d}{dx}\frac{1+x}{1-x}=\frac{(1-x)\frac{d}{dx}(1+x)-(1+x)\frac{d}{dx}(1-x)}{(1-x)^2}$$

$$=\frac{(1-x)(1)-(1+x)(-1)}{(1-x)^2}$$

$$=\frac{2}{(1-x)^2}$$

4. 導數的鏈鎖法則

假設 w 是決定於 u 的變數，而 u 又決定於 x，於是 w 最終應是決定於 x 的函數，這時，w 的決定於 x 的函數導數可以寫成

$$\frac{dw}{dx}=\frac{dw}{du}\frac{du}{dx} \tag{2-14}$$

此式的推演如下：

$$\frac{dw}{dx}=\lim_{\Delta x\to 0}\frac{\Delta w}{\Delta x}=\lim_{\Delta x\to 0}\frac{\Delta w}{\Delta u}\frac{\Delta u}{\Delta x}$$

其中 Δu 當然是 $u(x+\Delta x)-u(x)$。因

$$\lim_{\Delta x\to 0}\frac{\Delta w}{\Delta u}\frac{\Delta u}{\Delta x}=\lim_{\Delta x\to 0}\frac{\Delta w}{\Delta u}\lim_{\Delta x\to 0}\frac{\Delta u}{\Delta x}$$

（此定理我們沒證明，但卻是成立的），而且 $\Delta x\to 0$ 時，Δu 也趨近於零，所以

$$\frac{dw}{dx} = \lim_{\Delta x \to 0} \frac{\Delta w}{\Delta u} \lim_{\Delta x \to 0} \frac{\Delta u}{\Delta x} = \frac{dw}{du}\frac{du}{dx}$$

這個鏈鎖法則對許多函數的求導數，非常有幫助。

我們可以以上面的方法，進行更多數鏈鎖變數的一般導數之計算。例如 y 是一個 u 變數的函數，即 $y = f(u)$，而 u 又是另一個變數 v 的函數，即 $u = g(v)$，但是 v 亦是 x 變數之函數，因此 y 對於 x 的導數可寫為

$$\frac{dy}{dx} = \frac{dy}{du}\frac{du}{dv}\frac{dv}{dx} \tag{2-15}$$

例 2-18 求 $w = (x + x^2)^2$ 的導數。

解　當然你可以把 $(x + x^2)^2$ 展開，它是個多項式，於是就可以一項項求導數，但是，有了鏈鎖法則，我們可更簡單的求得。

首先把 $x^2 + x$ 叫成 $u(x)$，那麼 $w = u^2$，所以 $\frac{dw}{du} = 2u$，而且

$\frac{du}{dx} = 2x + 1$，於是

$$\frac{dw}{dx} = \frac{dw}{du}\frac{du}{dx} = 2u(2x + 1) = 2(x^2 + x)(2x + 1)$$

例 2-19 求 $\frac{d}{dx}\sqrt{1 + x^2}$

解　這函數就非用鏈鎖法則不可了，讓 $u = 1 + x^2$，於是

$$\frac{d}{dx}\sqrt{1 + x^2} = \frac{du^{\frac{1}{2}}}{du}\frac{d(1 + x^2)}{dx}$$

$$= \frac{1}{2}u^{-\frac{1}{2}}(2x) = \frac{x}{\sqrt{1+x^2}}$$

例 2-20 求 $\frac{d}{dx}(x^2+4)^6$

解 設 $u = x^2 + 4$，依鏈鎖法則

$$\frac{d}{dx}(x^2+4)^6 = \frac{du^6}{dx} = \frac{du^6}{du}\frac{du}{dx}$$

$$= 6u^5(2x)$$

$$= 12x(x^2+4)^5$$

例 2-21 求 $\frac{d}{dx}(2x+7x^2)^{-2}$

解 設 $w(x) = (2x+7x^2)^{-2} = u^{-2}$，$u(x) = 2x + 7x^2$

$\frac{dw}{du} = -2u^{-3}$，$\frac{du}{dx} = 2 + 14x$，

所以 $\frac{dw}{dx} = -2(2x+7x^2)^{-3}(2+14x)$

其實式（2-13）的分數函數的導數求法，亦可利用鏈鎖法則處理。證明很容易，你是須讓 $p = \frac{1}{v}$，於是

$$\frac{d}{dx}\left(\frac{u}{v}\right) = \frac{d}{dx}(up) = u\frac{dp}{dx} + p\frac{du}{dx}$$

但是

$$\frac{dp}{dx} = \frac{dp}{dv}\frac{dv}{dx} = -v^{-2}\frac{dv}{dx}$$

所以

$$\frac{d}{dx}\left(\frac{u}{v}\right)=\frac{-u\dfrac{dv}{dx}}{v^2}+\frac{1}{v}\frac{du}{dx}=\frac{v\dfrac{du}{dx}-u\dfrac{dv}{dx}}{v^2}$$

在這一節中，我們學到了怎樣求多次方的導數，也學到了一些基本的法則，利用這些法則，我們可以將多次方函數的導數求法，拿來求得多項式的導數、分數函數的導數、開方函數的導數等等，其實所用到的公式並不多，你只要記得：

(1) $\frac{d}{dx}ax^n=nax^{n-1}$

(2) $\frac{d}{dx}(u+v)=\frac{du}{dx}+\frac{dv}{dx}$

(3) $\frac{d}{dx}(uv)=u\frac{dv}{dx}+v\frac{du}{dx}$

(4) $\frac{d}{dx}w(u)=\frac{dw}{du}\frac{du}{dx}$

就夠了。

5. 參數函數的導數

假設一函數中的自變數 x，與因變數 y 皆為另一參數 t 的函數，即 $y=f(x)$，又 $x=x(t)$，$y=y(t)$，則函數的導數為

$$\frac{dy}{dx}=\frac{dy/dt}{dx/dt} \qquad (2\text{-}16)$$

我們可直接證明如下：

$$\frac{dy}{dx}=\lim_{\Delta x\to 0}\frac{\Delta y}{\Delta x}=\lim_{\Delta x\to 0}\frac{\Delta y/\Delta t}{\Delta x/\Delta t}$$

$$=\frac{\lim\limits_{\Delta t\to 0}\dfrac{\Delta y}{\Delta t}}{\lim\limits_{\Delta t\to 0}\dfrac{\Delta x}{\Delta t}}=\frac{dy/dt}{dx/dt}$$

例 2-22 已知 $x=at^2$，$y=2at$，則

$$\frac{dy}{dx}=\frac{dy/dt}{dx/dt}=\frac{2a}{2at}=\frac{1}{t}$$

例 2-23 已知 $x=ct$，$y=\frac{c}{t}$，則

$$\frac{dy}{dx}=\frac{dy/dt}{dx/dt}=\frac{-\frac{c}{t^2}}{c}=-\frac{1}{t^2}$$

2-7　三角函數、對數函數和指數函數的導數

三角函數、對數函數和指數函數都是一些常用的函數，所以求它們的導數在數學上，或其他學科的應用上都是常常需要的，所以這兒我們就來看它們的導數。

1. 三角函數的導數

①正弦函數的導數 $\frac{d}{dx}\sin x$

首先，先看三角函數的 $\sin x$，它的導數 $\frac{d}{dx}\sin x$ 是什麼。由定義

$$\frac{d}{dx}\sin x=\lim_{\Delta x\to 0}\frac{\sin(x+\Delta x)-\sin x}{\Delta x}$$

再依三角函數和差轉乘積公式，得

$$\frac{d}{dx}\sin x=\lim_{\Delta x\to 0}\frac{2\cos\left(x+\frac{1}{2}\Delta x\right)\sin\left(\frac{1}{2}\Delta x\right)}{\Delta x}$$

$$= \left\{ \lim_{\Delta x \to 0} \cos\left(x + \frac{1}{2}\Delta x\right) \right\} \left\{ \lim_{\Delta x \to 0} \frac{\sin\left(\frac{1}{2}\Delta x\right)}{\frac{1}{2}\Delta x} \right\}$$

$$= (\cos x) \cdot 1 = \cos x \qquad (2\text{-}17)$$

所以我們知道 $\frac{d}{dx}\sin x = \cos x$

②餘弦函數的導數 $\frac{d}{dx}\cos x$

由定義和三角函數和差轉乘積公式

$$\frac{d}{dx}\cos x = \lim_{\Delta x \to 0} \frac{\cos(x + \Delta x) - \cos x}{\Delta x}$$

$$= \lim_{\Delta x \to 0} \frac{-2\sin\left(x + \frac{1}{2}\Delta x\right)\sin\left(\frac{1}{2}\Delta x\right)}{\Delta x}$$

$$= -\left\{ \lim_{\Delta x \to 0} \sin\left(x + \frac{1}{2}\Delta x\right) \right\} \left\{ \lim_{\Delta x \to 0} \frac{\left(\sin\frac{1}{2}\Delta x\right)}{\frac{1}{2}\Delta x} \right\}$$

$$= -(\sin x) \cdot 1 = -\sin x \qquad (2\text{-}18)$$

有了這兩個基本的公式後，其他三角公式就可以根據上述的法則來求得。

$$③\ \frac{d}{dx}\tan x = \frac{d}{dx}\frac{\sin x}{\cos x} = \frac{\cos x \frac{d}{dx}\sin x - \sin x \frac{d}{dx}\cos x}{\cos^2 x}$$

$$= \frac{\cos^2 x + \sin^2 x}{\cos^2 x} = \sec^2 x \qquad (2\text{-}19)$$

$$④\ \frac{d}{dx}\cot x = \frac{d}{dx}\frac{\cos x}{\sin x} = \frac{\sin x \frac{d}{dx}\cos x - \cos x \frac{d}{dx}\sin x}{\sin^2 x}$$

$$= \frac{-\sin^2 x - \cos^2 x}{\sin^2 x} = -\csc^2 x \qquad (2\text{-}20)$$

$$⑤\frac{d}{dx}\sec x = \frac{d}{dx}\frac{1}{\cos x} = \frac{-\frac{d\cos x}{dx}}{\cos^2 x} = \frac{\sin x}{\cos^2 x} = \sec x \tan x \qquad (2\text{-}21)$$

$$⑥\frac{d}{dx}\csc x = \frac{d}{dx}\frac{1}{\sin x} = \frac{-\frac{d\sin x}{dx}}{\sin^2 x} = \frac{-\cos x}{\sin^2 x} = -\csc x \cot x \qquad (2\text{-}22)$$

例 2-24 求$\frac{d}{dx}\sin kx$

解 設 $u=kx$

$$\frac{d}{dx}\sin kx = \frac{d}{dx}\sin u = \frac{d}{du}\sin u\frac{du}{dx}$$

$$= \cos u(k) = k\cos kx$$

例 2-25 求$\frac{d}{dx}\sin^2 x$

解 設 $u=\sin x$

$$\frac{d}{dx}\sin^2 x = \frac{du^2}{dx} = \frac{du^2}{du}\frac{du}{dx} = 2u\cos x = 2\sin x\cos x$$

上式求法利用了鏈鎖法則，不過，本題亦可將 $\sin^2 x$ 寫為

$$\sin^2 x = \frac{1}{2}(1-\cos 2x)$$

因此

$$\frac{d}{dx}\sin^2 x = \frac{d}{dx}\left[\frac{1}{2}(1-\cos 2x)\right] = -\frac{1}{2}\frac{d}{dx}\cos 2x$$

$$= \frac{1}{2}\sin 2x \cdot 2 = \sin 2x = 2\sin x\cos x$$

結果一樣。

例 2-26 求 $\frac{d}{dx}\cos(x^3)$

解 設 $u=x^3$

$$\frac{d}{dx}\cos(x^3)=\frac{d}{dx}\cos u=\frac{d\cos u}{du}\frac{du}{dx}$$

$$=-\sin u(3x^2)=-3x^2\sin(x^3)$$

例 2-27 求 $\frac{d}{dx}\frac{\sin x}{1-\sin x}$

解 設 $u=\sin x$，則

$$\frac{d}{dx}\frac{\sin x}{1-\sin x}=\frac{d}{du}\left(\frac{u}{1-u}\right)\frac{du}{dx}$$

$$=\frac{(1-u)\frac{du}{du}-u\frac{d}{du}(1-u)}{(1-u)^2}\frac{du}{dx}$$

$$=\frac{(1-\sin x)-(-1)\sin x}{(1-\sin x)^2}\cos x$$

$$=\frac{\cos x}{(1-\sin x)^2}$$

2. 對數函數的導數

現在，讓我們來看對數函數的導數 $\frac{d}{dx}\ln x$。首先，仔細把 $\ln x$ 的函數畫出來，如圖（2-11）所示。我們已經知道 $\frac{d}{dx}\ln x$ 在 x 處的值，即是在該處函數的切線的斜率，讓我們選 $x=\frac{1}{2}$，2，5，10 等處把斜

率畫出來，或是你可以用導數的定義 $\lim_{\Delta x \to 0} \frac{\Delta y}{\Delta x}$，而以繼續不斷縮小的 Δx 區間，來用數值求得這些點的這個導數值。讓我們把這些點的斜率（或導數值）用表列下來，從這個表 2-3 上，我們可以得出來。

$$\frac{d}{dx} \ln x = \frac{1}{x} \qquad (2\text{-}23)$$

表 2-3

x	導數值
$\frac{1}{2}$	2
2	$\frac{1}{2}$
5	$\frac{1}{5}$
10	$\frac{1}{10}$

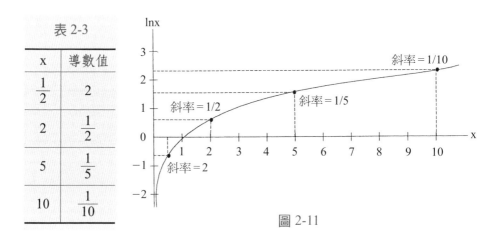

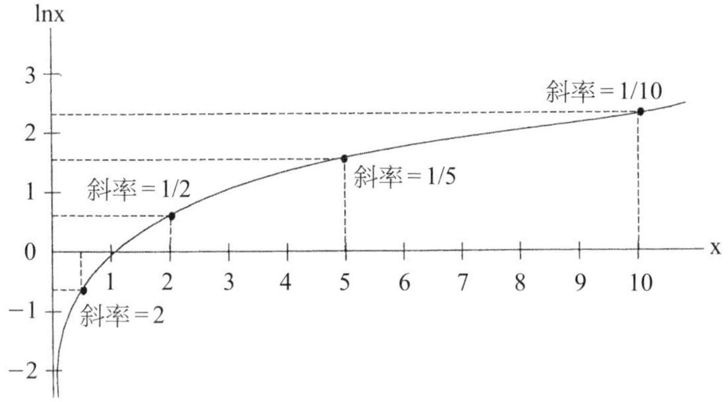

圖 2-11

其實，只有以 e 為底的對數才會有這麼簡單的導數形式，這也是為什麼我們常用的原因，平常以 10 為底的對數導數是

$$\frac{d}{dx} \log_{10} x = \frac{d}{dx} (\log_{10} e \log_e x) = \frac{d}{dx} (\log_{10} e \ln x)$$

$$= \log_{10} e \frac{1}{x} = \frac{\log_{10} 2.71828}{x} = \frac{0.4343}{x}$$

以任意正數 a 為底的則為

$$\frac{d}{dx} \log_a x = (\log_a e) \frac{1}{x} \qquad (2\text{-}24)$$

大家可以看到對數函數的導數，都是和 $\frac{1}{x}$ 成正比，以 e 為底的選擇使

得這比例常數正好是 1。

一般對數函數的導數，可寫為下式：

$$\frac{d}{dx}[\ln f(x)] = \frac{1}{f(x)}\frac{d}{dx}f(x) \tag{2-25}$$

例 2-28 求 $\frac{d}{dx}\ln x^2$

解 設 $u=x^2$，則

$$\frac{d}{dx}\ln x^2=\frac{d}{du}\ln u\,\frac{du}{dx}=\frac{1}{u}(2x)=\frac{1}{x^2}(2x)=\frac{2}{x}$$

其實 $\ln x^2=2\ln x$，所以很簡單

$$\frac{d}{dx}2\ln x=\frac{2}{x}$$

或依式（2-25）

$$\frac{d}{dx}\ln x^2=\frac{1}{x^2}\frac{dx^2}{dx}=\frac{2x}{x^2}=\frac{2}{x}$$

例 2-29 求 $\frac{d}{dx}(\ln x)^2$

解 設 $u=\ln x$，則

$$\frac{d}{dx}(\ln x)^2=\frac{du^2}{du}\frac{du}{dx}=2u\frac{1}{x}=2\frac{\ln x}{x}$$

或

$$\frac{d}{dx}(\ln x)^2=\frac{du^2}{dx}=2u\frac{du}{dx}=2\ln x\frac{d}{dx}\ln x=\frac{2}{x}\ln x$$

例 2-30 求 $\frac{d}{dx}\ln\frac{x+a}{x-a}$

解 $\frac{d}{dx}\ln\frac{x+a}{x-a}=\frac{1}{\frac{x+a}{x-a}}\frac{d}{dx}\left(\frac{x+a}{x-a}\right)$

$=\frac{x-a}{x+a}\frac{(x-a)(1)-(x+a)(1)}{(x-a)^2}$

$=-\frac{2a}{x^2-a^2}$

其實，原式可簡化為

$\frac{d}{dx}\ln\frac{x+a}{x-a}=\frac{d}{dx}[\ln(x+a)-\ln(x-a)]$

$=\frac{1}{x+a}-\frac{1}{x-a}=-\frac{2a}{x^2-a^2}$

3. 指數函數的導數

讓我們再看指數函數，由於對數函數的導數已經知道，我們可利用它來求指數函數的導數，如果 $y=e^x$，那麼 $\ln y=x$，對兩邊求導數

$$\frac{d}{dx}\ln y=\frac{d}{dx}x=1$$

所以 $\frac{1}{y}\frac{dy}{dx}=1$

也就是

$$\frac{dy}{dx}=y \quad 或 \quad \frac{de^x}{dx}=e^x \tag{2-26}$$

很巧的 e^x 這個函數導數正是它自己，這也是 e 這個數值之所以那麼特殊的道理。

平常的指數函數 a^x 的導數，我們可以算得如下：

$$\frac{d}{dx}a^x = \frac{d}{dx}(e^{x\ln a})$$

設 $(x\ln a)=u$，則

$$\frac{d}{dx}(e^{x\ln a}) = \frac{de^u}{du}\frac{du}{dx} = e^u(\ln a) = (\ln a)a^x$$

對於以 e 為底的指數函數 $e^{f(x)}$ 的導數可寫為下式：

$$\frac{d}{dx}(e^{f(x)}) = e^{f(x)}\frac{df(x)}{dx} \tag{2-27}$$

例 2-31　求 $\frac{d}{dx}e^{-x}$

解　設 $u=-x$，則

$$\frac{d}{dx}e^{-x}=\frac{de^u}{du}\frac{du}{dx}=e^u\ (-1)=-e^{-x}$$

或依式（2-27）

$$\frac{de^{-x}}{dx}=e^{-x}\frac{d}{dx}(-x)=-e^{-x}$$

例 2-32　求 $\frac{d}{dx}e^{2x^2+3}$

解　設 $u=2x^2+3$

$$\frac{d}{dx}e^{2x^2+3}=\frac{de^u}{dx}\frac{du}{dx}=e^u(4x)=4x\ e^{2x^2+3}$$

或依（2-27）

$$e^{2x^2+3}=e^{2x^2+3}\frac{d}{dx}(2x^2+3)=4x\ e^{2x^2+3}$$

2-8　高階導數

2-4 節所介紹的函數導數 $\frac{dy}{dx}$ 是屬於一階導數。若導數 $\frac{dy}{dx}$ 仍然是自變數 x 的函數，我們又可以繼續求得其導數，即 $\frac{d}{dx}\left(\frac{dy}{dx}\right)$，此時稱為函數 $y=f(x)$ 的二階導數，寫為 $\frac{d^2y}{dx^2}$，或 $y''=f''(x)$。大部分物理有關的函數能微分好幾次而產生高階導數。例如三階導數 $\frac{d^3y}{dx^3}$，四階導數 $\frac{d^4y}{dx^4}$，……，n 階導數 $\frac{d^ny}{dx^n}=f^{(n)}(x)$ 等等。

例 2-33　求 $\frac{d^2}{dx^2}(3x^3+2x+1)$

解　設 $y=3x^3+2x+1$

$$\frac{dy}{dx}=\frac{d}{dx}(3x^3+2x+1)=9x^2+2$$

$$\frac{d^2y}{dx^2}=\frac{d}{dx}\left(\frac{dy}{dx}\right)=\frac{d}{dx}(9x^2+2)=18x$$

因此

$$\frac{d^2}{dx^2}(3x^3+2x+1)=18x$$

例 2-34　求 $\frac{d^3}{dx^3}(\cos x)$

解　$\frac{dy}{dx}=\frac{d}{dx}(\cos x)=-\sin x$

$$\frac{d^2y}{dx^2}=\frac{d}{dx}\left(\frac{dy}{dx}\right)=\frac{d}{dx}(-\sin x)=-\cos x$$

$$\frac{d^3y}{dx^3}=\frac{d}{dx}\left(\frac{d^2y}{dx^2}\right)=\frac{d}{dx}(-\cos x)=\sin x$$

因此

$$\frac{d^3}{dx^3}(\cos x)=\sin x$$

2-9 微分

我們一直把 $\frac{dy}{dx}$ 看成是一個整個的符號，它所代表的是 $\lim_{\Delta x\to 0}\frac{\Delta y}{\Delta x}$，但是這個寫法是因為在適當的定義下，我們是可以把它看成兩個量 dy 和 dx 的商，我們怎麼定義 dy 和 dx 呢？

設 x 是自變數，函數 $y=f(x)$，我們定義 x 的微分 dx 是自變數 x 在某點的任意變量。也就是它以此點為基礎的自變數，它可以正，可以負，可以很大，可以很小，總之它只是以某點為基準算出去的自變數就是了，而 y 的微分 dy 呢？那就是在基準點上本來就有著 $\frac{dy}{dx}$（也就是 $\lim_{\Delta x\to 0}\frac{\Delta y}{\Delta x}$）的存在，我們就定義

$$dy=\left[\frac{dy}{dx}\right]dx \qquad (2\text{-}28)$$

我們把 $\frac{dy}{dx}$ 括號的原因是在定義 dy 當時，$\frac{dy}{dx}$ 本身只是個導數，不能看成是兩個量的商，但上述的 dy 定義寫了之後，我們曉得

$$\frac{dy}{dx}=\left[\frac{dy}{dx}\right] \qquad (2\text{-}29)$$

於是 $\frac{dy}{dx}$ 既可以看成是導數，也可以看成是兩個微分量的商。

千萬要把 Δy 和 dy 的意義分辨清楚。圖 2-12 粗黑線是畫出函數圖，(x_1, y_1) 為我們的基準點，選一個 x 的變量 Δx，和 x 的微分 dx 一樣，因為它們都是自變數的變量，但根據定義，Δy 是 $y(x+\Delta x)-y(x)$，就是 (x_1, y_1) 和 (x_2, y_2) 間的因變數差 y_2-y_1，另一面 dy 所對應的卻不是，因 $dy=\left[\frac{dy}{dx}\right]dx$，它是以這點切線對應這個 $dx=\Delta x$ 的變量的 y 軸方向變量，所以對應同樣的自變數變量 $\Delta x=dx$，Δy 為函數值的對應變量，而 dy 為切線的對應變量，兩者是不同的。

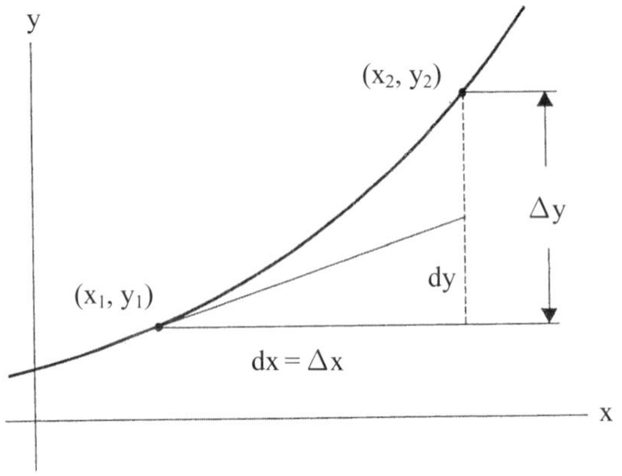

圖 2-12

但在 $dx=\Delta x\to 0$ 的極限下，dy 和 Δy 是趨近於一樣的，這可以寫成

$$\lim_{dx=\Delta x\to 0}\frac{dy}{\Delta y}=1$$

在應用上，當 $dx=\Delta x$ 甚小時，我們可以用 $dy\simeq\Delta y$ 的近似。另外，

如果對一個數學式，我們將要取它的 $dx = \Delta x \to 0$ 的極限值時，dy 和 Δy 也可以互相代替使用。

現在我們可以把一些函數的微分為下來，如

① $y = x^n$，　$dy = \left[\dfrac{dy}{dx}\right]dx = nx^{n-1}dx$

② $y = \sin x$，$dy = \left[\dfrac{dy}{dx}\right]dx = \cos x\, dx$

③ $y = \dfrac{1}{x}$，　$dy = \left[\dfrac{dy}{dx}\right]dx = -\dfrac{1}{x^2}dx$

④ $y = e^x$，　$dy = \left[\dfrac{dy}{dx}\right]dx = e^x\, dx$

反函數的微分

若函數 $y = f(x)$ 於任何處的導數 $\dfrac{dy}{dx}$ 能存在，那麼，它的微分結果如同式（2-28）。因此於式（2-28）中我們把導數可以寫成是兩個微分量的商，即 $\dfrac{dy}{dx}$。假設函數 $y = f(x)$ 的反函義 $x = f^{-1}(y)$ 能被定義，那麼其導數 $\dfrac{dx}{dy}$ 是否可寫成下式：

$$\frac{dx}{dy} = \frac{1}{\dfrac{dy}{dx}} \qquad (2\text{-}30)$$

答案是可以的。因為於 $y = f(x)$ 中，$\Delta x \sim 0$ 時，其對應 Δy 亦趨近於零；而於反函數中，$\Delta y \to 0$ 時，其對應的 Δx 亦趨近於零。因此

$$\Delta y = f(x + \Delta x) - f(x)$$

$$\Delta x = f^{-1}(y + \Delta y) - f^{-1}(y)$$

所以

$$\frac{\Delta x}{\Delta y}=\frac{f^{-1}(y+\Delta y)-f^{-1}(y)}{f(x+\Delta x)-f(x)}$$

$$=\frac{1}{\dfrac{f(x+\Delta x)-f(x)}{f^{-1}(y+\Delta y)-f^{-1}(y)}}=\frac{1}{\dfrac{\Delta y}{\Delta x}}$$

依導數定義

$$\frac{dx}{dy}=\lim_{\Delta y\to 0}\frac{\Delta x}{\Delta y}=\frac{1}{\lim\limits_{\Delta y\to 0}\dfrac{\Delta y}{\Delta x}}=\frac{1}{\lim\limits_{\Delta x\to 0}\dfrac{\Delta y}{\Delta x}}$$

結果

$$\frac{dx}{dy}=\frac{1}{\dfrac{dy}{dx}}$$

例 2-35 求 $\frac{d}{dx}\sin^{-1}x$

解 設 $y=\sin x$，則 $\frac{dy}{dx}=\cos x$

因而 $\frac{dx}{dy}=\frac{1}{\cos x}$

而 $\cos x=\sqrt{1-y^2}$，若將 y 當自變數，x 為因變數，則 $x=\sin^{-1}y$

因此 $\frac{dx}{dy}=\frac{d\sin^{-1}y}{dy}=\frac{1}{\sqrt{1-y^2}}$

也就是 $\frac{d}{dx}\sin^{-1}x=\frac{1}{\sqrt{1-x^2}}$

最後，還要提醒大家的是，無論是變數 Δy、Δx 或微分量 dy，dx，它們都不必是很小的數，Δy 是函數本身的變量，對應於自變數的任何變量Δx，而 dy 則是切線上 y 軸的變量對應於自變數的任意變量 dx，它們不必是很小，只是這兩個量$\frac{\Delta y}{\Delta x}$，或$\frac{dy}{dx}$，在$\Delta x = dx$很小時，兩者會重在一起，而在應用上有用的是可以用$\frac{dy}{dx}$代替$\frac{\Delta y}{\Delta x}$時，所以大家會常常看到，通常它們都是被取得很小。

例 2-36　求一圓盤，設使半徑 r 增加一點點Δr，面積增加多少？

解　由於面積 $A = \pi r^2$，我們知道

$$\frac{dA}{dr} = \frac{d}{dr}(\pi r^2) = 2\pi r$$

若半徑的增加量Δr 很小，則近似的說

$$\frac{\Delta A}{\Delta r} \simeq \frac{dA}{dr} = 2\pi r$$

所以　$\Delta A \simeq 2\pi r\Delta r$

其實，我們從ΔA 的本身定義上也可以知道，

$$\begin{aligned}\Delta A &= A(r+\Delta r) - A(r)\\ &= \pi(r+\Delta r)^2 - \pi r^2\\ &= \pi r^2 + 2\pi r\Delta r + \pi(\Delta r)^2 - \pi r^2\\ &= 2\pi r\Delta r + \pi(\Delta r)^2\end{aligned}$$

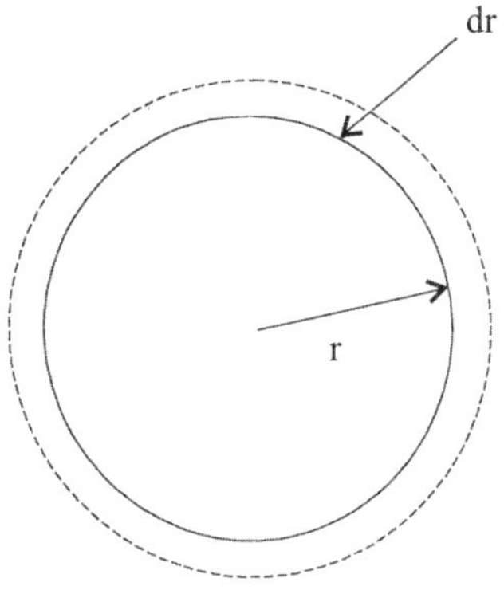

圖 2-13

若Δr 很小，則$\Delta A \simeq 2\pi r\Delta r$

更直覺的看法，是如圖 2-13 上，圓盤由於增加了$\Delta r \simeq dr$的半徑，它多了圓盤外緣的環形面積出來，由於這環形很窄，它的面積大約是等於它的長度 $2\pi r$ 乘它的寬度 dr。

例 2-37 若一圓球的半徑 r 增加一點點 Δr，則其體積增加多少？

解 由於圓球的體積為 $V=\frac{4}{3}\pi r^3$，因此

$$\frac{dV}{dr}=\frac{d}{dr}\left(\frac{4}{3}\pi r^3\right)=4\pi r^2$$

因為題意所言，其半徑增加量為 Δr 很小，則近似的說

$$\frac{\Delta V}{\Delta r}\simeq\frac{dV}{dr}=4\pi r^2$$

所以體積的增加量為 $\Delta V\simeq 4\pi r^2\Delta r$

若由圖 2-13 就體積言之，其體積的增加量應為

$$\begin{aligned}\Delta V&=V(r+\Delta r)-V(r)\\&=\frac{4}{3}\pi(r+\Delta r)^3-\frac{4}{3}\pi r^3\\&=4\pi r^2\Delta r+4\pi r(\Delta r)^2+\frac{4}{3}\pi(\Delta r)^3\end{aligned}$$

因此 Δr 很小時，上式的體積增加量為

$$\Delta V\simeq 4\pi r^2\Delta r$$

其結果與上面微分法一致。我們可以說圓球的半徑增加 $\Delta r\simeq dr$，其體積的增加量，可視為它的球面面積 $4\pi r^2$ 乘以半徑的增加量 dr，就是以 dr 為厚度的圓球殼的體積。

我們之所以不厭其煩的把幾種方法都講出來，目的不在這題目很重要，希望你多知道幾個解法，我們希望的是，你能瞭解這幾個解法互相的關係。而能使你的極限觀念、微分觀念和幾何觀念能結合在一起。

2-10　方程式的微分

一般方程式為 $f(x, y)=0$，其中 x 為自變數，y 為因變數，同時 y 是 x 的隱函數，而其 dy/dx 的定義也如同前面所敘述之極限觀念，即 $\lim\limits_{\Delta x\to 0}\dfrac{\Delta y}{\Delta x}=\dfrac{dy}{dx}$。不過 y 要求以 x 的顯函數來表示實在有困難，甚至不可能寫出，因此我們要求得 $\dfrac{dy}{dx}$ 必須微分其方程式 $f(x, y)=0$，所得的 $\dfrac{dy}{dx}$ 是另一個含有 x、y 的函數 $g(x, y)$。在微分的過程中對 x 微分時會遇到含有 y 項，可以以鏈鎖法則微分之。我們亦可以一再利用這種過程求得二階導數或更高階導數。

例 2-38　若 $xy=1$，求 $\dfrac{dy}{dx}$ 及 $\dfrac{d^2y}{dx^2}$

解　兩邊微分得

$$\frac{d}{dx}(xy)=0 \quad 或 \quad y+x\frac{dy}{dx}=0$$

$$\therefore \frac{dy}{dx}=-\frac{y}{x}$$

又

$$\frac{d^2y}{dx^2}=\frac{d}{dx}\left(\frac{dy}{dx}\right)=\frac{d}{dx}\left(-\frac{y}{x}\right)$$

$$=-\frac{x\dfrac{dy}{dx}-y}{x^2}=\frac{y-x\left(-\dfrac{y}{x}\right)}{x^2}=\frac{2y}{x^2}$$

例 2-39 $xy^2 - \ln y = x + \sin x$，求 $\dfrac{dy}{dx}$

解 兩邊微分得

$$\frac{d}{dx}(xy^2 - \ln y) = \frac{d}{dx}(x + \sin x)$$

$$\therefore y^2 + 2xy\frac{dy}{dx} - \frac{1}{y}\frac{dy}{dx} = 1 + \cos x$$

$$\therefore \frac{dy}{dx}\left(2xy - \frac{1}{y}\right) = 1 + \cos x - y^2$$

$$\therefore \frac{dy}{dx} = \frac{y(1 - y^2) + y\cos x}{2xy^2 - 1}$$

例 2-40 若 $x - y = \frac{1}{2}x^2 + \ln y$，求 $\dfrac{dy}{dx}$

解 兩邊微分得

$$\frac{d}{dx}(x - y) = \frac{d}{dx}\left(\frac{1}{2}x^2 + \ln y\right)$$

$$\therefore 1 - \frac{dy}{dx} = x + \frac{1}{y}\frac{dy}{dx}$$

$$\therefore \frac{dy}{dx} = \frac{y(1 - x)}{y + 1}$$

2-11 極大和極小

導數的最直接應用，就是看一個函數的極大或極小。求極大處和極小處，如果用導數的方法來演算，會是一件非常簡單而直接的過程。首先我們先以一個函數圖來看，若函數圖形，有如圖 2-14 所示，那麼這函數中那一點 y 是極大，那一點 y 是極小？從圖上我們立刻可以回答 C 點是極小，D 點是極大。

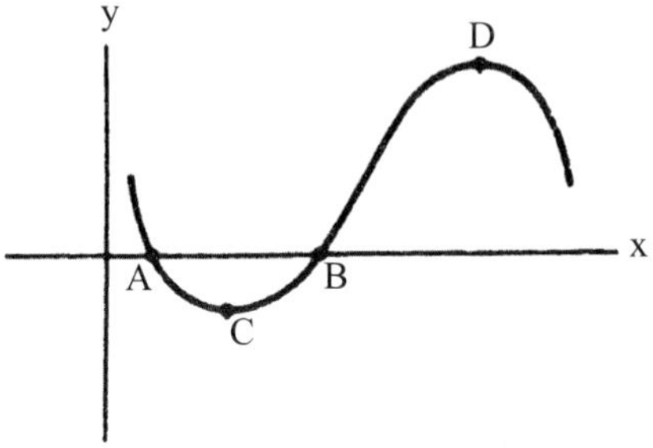

圖 2-14

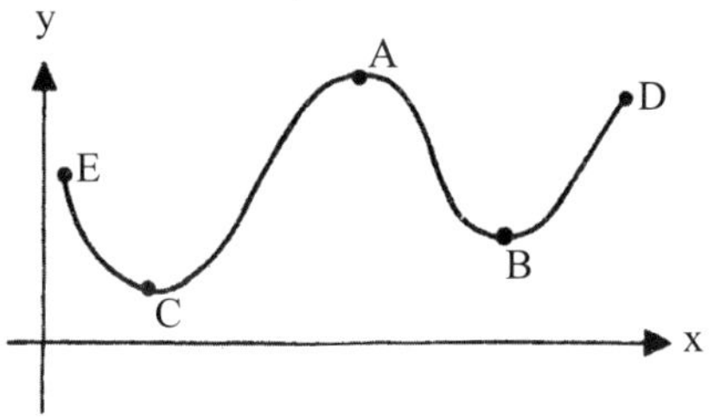

圖 2-15

我們再看看圖 2-15，這函數的極大是 A 點，而極小是 B 和 C 兩點。

從上面兩圖形來看，我們可略說一個函數在 $x=a$ 處有極大，就是在圖上那一點對其左右鄰近是局部極大；同理，在 $x=b$ 處有極小，則那一點對其左右鄰近是局部極小。在此我們又必須將最大值與極大，或是最小值與極小間的區別加以說明。如圖 2-15 所示，若函數在E、D 兩點間加以定義，則 D 點是此函數的最大值，而它並不是極大；C 點是最小值，同時它亦是極小。

從圖形的特性看，我們立刻可以發現，在這些極點上的切線都必須是水平，也就是這兩點的切線斜率一定為零，用導數來說，就是在函數值的極大和極小點，它的導數必須是零，所以求函數值的極大或極小點就是找它導數為零的地方。

例 2-41 求 $f(x)=x^2+6x$ 的極小值的 x 值。

解 在極小的地方必須符合

$$\frac{df(x)}{dx}=\frac{d}{dx}(x^2+6x)=2x+6=0$$

$$\therefore x=-3$$

當然這 $x=-3$ 處 y 可能是極大，也可能是極小，但只要比較一下，你就可以知道在這一點 $x=-3$ 的函數值是極大還是極小。

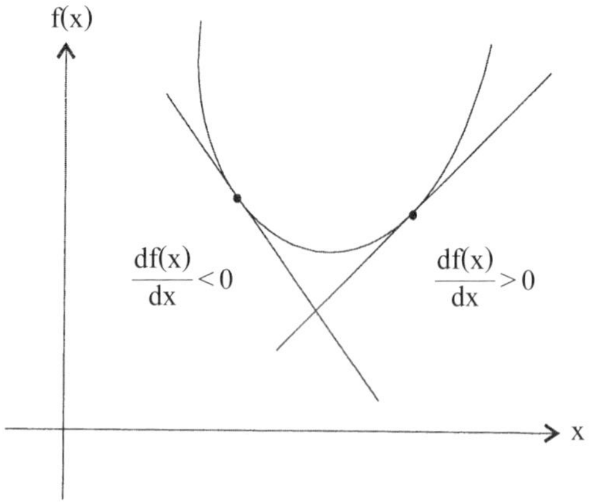

圖 2-16

其實，我們還有一個更直接的判斷極大或極小的方法，那就是再看導數函數的導數，我們的意思是如果 $\frac{df(x)}{dx}$ 本身也符合函數的定義，那麼對於這個函數，我們也可以求它的導數，這個導數存在的話，我們就說它是 f(x) 函數的二階導數，有時以 $\frac{d^2f(x)}{dx^2}$ 或 $f''(x)$ 表示。它是表示著導數 $\frac{df(x)}{dx}$ 的變化率，如果 $\frac{d^2f}{dx^2}>0$，那表示 $\frac{df(x)}{dx}$ 隨著 x 增加而增加，所以自變數 x 在那極點的左邊時，$\frac{df(x)}{dx}$ 是負的，而在極點右邊時 $\frac{df(x)}{dx}$ 是正的（因恰在極點時，$\frac{df(x)}{dx}=0$）。如果看切線的話，在極點左邊切線斜率是負的，切線方向往右下，右邊的斜率是正的，切線方向往左下。所以這點顯然是極小。相反的，當 $\frac{d^2f}{dx^2}<0$，$\frac{df}{dx}=0$ 時，它是極大值。

例 2-42 求 $f(x)=8x+\frac{2}{x}$ 的極大或極小值。

解 首先解

$$\frac{df(x)}{dx}=8-\frac{2}{x^2}=0$$

$$x=\pm\frac{1}{2}$$

再看這兩點是極大或極小

$$\frac{d^2f}{dx^2}=\frac{4}{x^3}$$

在 $x=\frac{1}{2}$ 處 $\frac{d^2f}{dx^2}>0$，所以是極小；在 $x=\frac{-1}{2}$ 處 $\frac{d^2f}{dx^2}<0$，所以是極大。

極小值為 $f\left(\frac{1}{2}\right)=8$，極大值為 $f\left(-\frac{1}{2}\right)=-8$ 我們可由函數圖 2-17 所示得知。

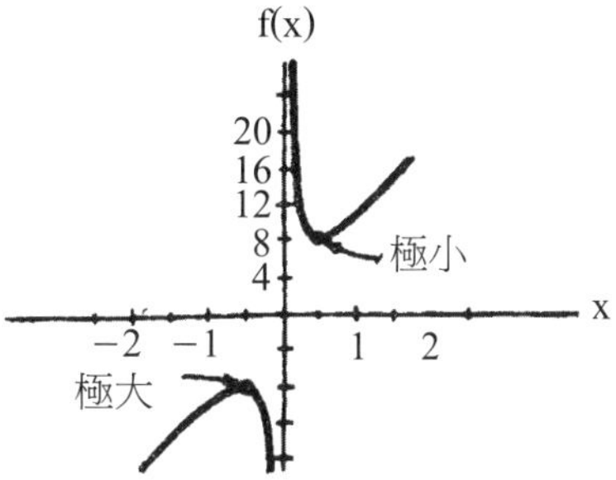

圖 2-17

例 2-43 求 $f(x)=e^{-x^2}$ 的極大或極小值。

解　首先讓 $u=-x^2$

$$\frac{df(x)}{dx}=\frac{de^{-x^2}}{dx}=\frac{de^u}{du}\frac{du}{dx}=e^u(-2x)=-2xe^{-x^2}$$

則極大或極小在

$$-2xe^{-x^2}=0$$

的解處，我們知道解為 $x=0$。又

$$\frac{d^2f(x)}{dx^2}=\frac{d}{dx}(-2xe^{-x^2})$$

$$=-2x\frac{de^{-x^2}}{dx}+e^{-x^2}\frac{d}{dx}(-2x)$$

$$=4x^2e^{-x^2}-2e^{-x^2}$$

在 $x=0$ 處，$\frac{d^2f}{dx^2}<0$，所以是極大。故極大值為 $f(0)=e^0=1$

有的時候，$\frac{d^2f}{dx^2}$ 也等於 0，這時我們就不能用它來判斷極大或極小，必須用其他辦法，這兒我們不再詳談，其實看更高階的導數可以討論出極大或極小。

例 2-44　半徑為 a 的圓球內接一圓柱，若此圓柱的體積為最大，則其長度 ℓ 應為何值？

解　如圖 2-18 所示，圓柱的半徑 r 為

$$r=\sqrt{a^2-\frac{1}{4}\ell^2}$$

圓柱體積為

$$V=\pi r^2\ell=\pi\ell\left(a^2-\frac{1}{4}\ell^2\right)$$

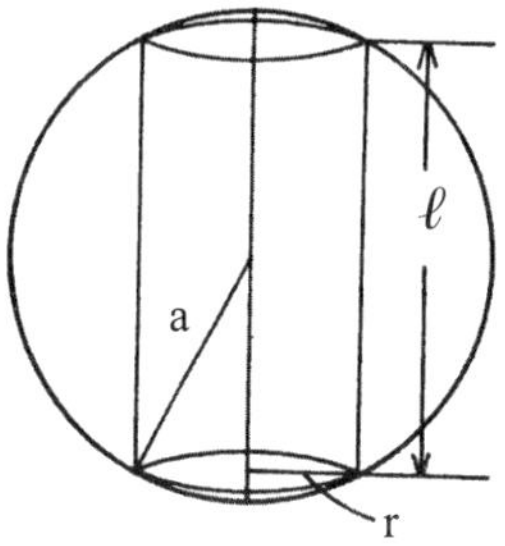

圖 2-18

若體積為最大時，則應有

$$\frac{dV}{d\ell}=\ell\left(a^2-\frac{3}{4}\ell^2\right)=0$$

$$\therefore \ell=\pm\frac{2a}{\sqrt{3}}$$

此處我們取正值，即$\ell=\frac{2a}{\sqrt{3}}$，而又

$$\left.\frac{d^2V}{d\ell^2}\right|_{\ell=\frac{2a}{\sqrt{3}}}=-\frac{3\pi}{2}\ell\Big|_{\ell=\frac{2a}{\sqrt{3}}}=-\sqrt{3}\pi a<0$$

所以在$\ell=\frac{2a}{\sqrt{3}}$時，圓柱體積為最大，其最大的體積為

$$V_{max}=\pi\left(a^2-\frac{1}{4}\ell^2\right)\ell=\frac{4\pi a^3}{3\sqrt{3}}$$

例 2-45 例 2-44 中，若圓柱的表曲面積最大時，長度如何？

解 圓柱的表曲面積為

$$S=2\pi r\ell=2\pi\ell\sqrt{a^2-\frac{1}{4}\ell^2}$$

$$\therefore \frac{dS}{d\ell}=\frac{2\pi\left(a^2-\frac{1}{2}\ell^2\right)}{\sqrt{a^2-\frac{1}{4}\ell^2}}=0$$

$\therefore \ell=\pm\sqrt{2}a$，取正值

又

$$\left.\frac{d^2S}{d\ell^2}\right|_{\ell=\sqrt{2}a}=\left.\frac{2\pi\left[\frac{1}{8}\ell^3-\frac{3}{4}\ell a^2\right]}{\left(a^2-\frac{1}{4}\ell^2\right)^{3/2}}\right|_{\ell=\sqrt{2}a}=-\sqrt{2}a<0$$

所以在$\ell=\sqrt{2}a$時，圓柱表曲面積為最大，其面積為

$$S_{max} = 2\pi\ell\sqrt{a^2 - \frac{1}{4}\ell^2} = 2\pi a^2$$

2-12　偏導數和全微分

1. 偏導數

以上所談的函數，都是一個自變數的函數，有時我們也會碰到有二個以上的自變數函數。舉一個例來說，一個矩形的面積是長ℓ乘寬 w，所以面積 A 是

$$A = \ell \times w$$

因而 A，就因ℓ和 w 的變化而有所變化，這樣我們說面積 A 是兩個自變數（ℓ和 w）的函數了。

假如我們把其中一個變數，比如說 w 看成常數，那麼 A 就是只有一個變數ℓ的函數了，這時一樣可以求其變化率 $\frac{dA}{d\ell}$。不過由於 A 實際是兩個變數的函數，所以為了要清楚表示這個變化率，我們必須稍為修改一下以前學過的導函數定義：

$$A\text{ 對於}\ell\text{的變化率} = \lim_{\Delta\ell\to 0}\frac{A(\ell+\Delta\ell, w) - A(\ell, w)}{\Delta\ell} \qquad (2\text{-}31)$$

在取極限時，w 一直是被認為常數看待，這個極限就被命名為 A 對於ℓ的偏導數，為成 $\frac{\partial A}{\partial \ell}$，換句話說，偏導數的定義就是

$$\frac{\partial A}{\partial \ell} = \lim_{\Delta\ell\to 0}\frac{A(\ell+\Delta\ell, w) - A(\ell, w)}{\Delta\ell} \qquad (2\text{-}32)$$

在這個例子，由於 $A = \ell w$，所以

$$\frac{\partial A}{\partial \ell} = \lim_{\Delta \ell \to 0} \frac{(\ell + \Delta \ell)w - \ell w}{\Delta \ell} = w$$

同理，A 對於 w 的偏導數 $\frac{\partial A}{\partial w}$ 的定義如下：

$$\frac{\partial A}{\partial w} = \lim_{\Delta w \to 0} \frac{A(\ell, w + \Delta w) - A(\ell, w)}{\Delta w} \qquad (2\text{-}33)$$

所以在這個例子，$A = \ell w$

$$\frac{\partial A}{\partial w} = \lim_{\Delta w \to 0} \frac{\ell(w + \Delta w) - \ell w}{\Delta w} = \ell$$

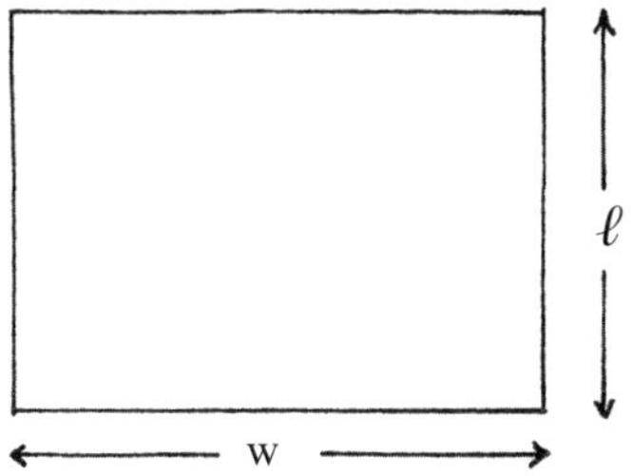

圖 2-19

由上面的例子，以極限觀念所定義的偏導數，我們可以將文字寫成一般形式。若一函數 f(x, y) 中的自變數 x 和 y 為兩不相關獨立變數，同時 f(x, y) 的極限又存在，則函數 f(x, y) 對於 x 或 y 的偏導數之定義分別為

$$\frac{\partial f}{\partial x} = \lim_{\Delta x \to 0} \frac{f(x + \Delta x, y) - f(x, y)}{\Delta x} \qquad (2\text{-}34)$$

及

$$\frac{\partial f}{\partial y} = \lim_{\Delta y \to 0} \frac{f(x, y + \Delta y) - f(x, y)}{\Delta y} \qquad (2\text{-}35)$$

其實求偏導數是一件非常容易的事，你就只要把函數中除了一個以外的自變數都當成常數，然後對此自變數求一般的導數就行了。

例 2-46 $f(x, y) = x^2 + y^2$ 求 $\frac{\partial f}{\partial x}$ 和 $\frac{\partial f}{\partial y}$。

解 $\frac{\partial f}{\partial x} = 2x \quad \frac{\partial f}{\partial y} = 2y$

例 2-47 $f(x, y)=\sqrt{x^2+y^2}$，求 $\dfrac{\partial f}{\partial x}$

解 $$\frac{\partial f}{\partial x}=\frac{1}{2}(x^2+y^2)^{-\frac{1}{2}}\cdot\frac{\partial(x^2+y^2)}{\partial x}$$
$$=x(x^2+y^2)^{-\frac{1}{2}}$$

例 2-48 $f(x, y, z)=x^2yz+xz$，求 $\dfrac{\partial f}{\partial z}$

解 $$\frac{\partial f}{\partial z}=x^2y+x$$

其他比較高階的偏導數，例如 $\dfrac{\partial^2 f}{\partial x\partial y}$，$\dfrac{\partial^2 f}{\partial x^2}$，$\dfrac{\partial^2 f}{\partial y^2}$……等，亦可以照前面一般微分法及偏導數定義處理之。

例 2-49 若 $f(x, y, z)=\dfrac{1}{r}$，$r^2=x^2+y^2+z^2$，試證 $f(x, y, z)$ 函數可符合於 $\dfrac{\partial^2 f}{\partial x^2}+\dfrac{\partial^2 f}{\partial y^2}+\dfrac{\partial^2 f}{\partial z^2}=0$

解 $$\frac{\partial f}{\partial x}=-\frac{1}{r^2}\frac{\partial r}{\partial x}=-\frac{1}{r^2}\left(\frac{1}{2}\right)\frac{1}{r}(2x)=-\frac{x}{r^3}$$
$$\frac{\partial^2 f}{\partial x^2}=\frac{\partial}{\partial x}\left(-\frac{x}{r^3}\right)=-\left[\frac{1}{r^3}+x(-3)\frac{1}{r^4}\frac{\partial r}{\partial x}\right]$$
$$=-\left[\frac{1}{r^3}-3x\frac{1}{r^4}\left(\frac{x}{r}\right)\right]=-\left[\frac{1}{r^3}-\frac{3x^2}{r^5}\right]$$

我們以同樣方法計算，也就是將上式計算中以 y 或 z 替代 x，其結果如下：

$$\frac{\partial^2 f}{\partial y^2} = -\left[\frac{1}{r^3} - \frac{3y^2}{r^5}\right], \qquad \frac{\partial^2 f}{\partial z^2} = -\left[\frac{1}{r^3} - \frac{3z^2}{r^5}\right]$$

因此

$$\begin{aligned}\frac{\partial^2 f}{\partial x^2} + \frac{\partial^2 f}{\partial y^2} + \frac{\partial^2 f}{\partial z^2} &= -\left[\frac{3}{r^3} - \frac{3(x^2+y^2+z^2)}{r^5}\right] \\ &= -\left[\frac{3}{r^3} - \frac{3r^2}{r^5}\right] \\ &= 0\end{aligned}$$

2. 全微分

現在，讓我們再來看看這樣情形下，第 2-9 節中的微分觀念如何來定義。就以 $A = \ell w$ 的面積例子來看，由於ℓ和 w 都是自變數，我們可以定義 $d\ell$和 dw 分別是ℓ和 w 在某點（也就是某個ℓ和 w）的任意變量，它可以大，可以小，可以正，可以負，其實它就是自變數ℓ和 w，只不過它是從那個「某點」為原點算出去。現在可以定義 dA，也就是 A 的微分量

$$dA = \frac{\partial A}{\partial \ell}d\ell + \frac{\partial A}{\partial w}dw \qquad (2\text{-}36)$$

由於有兩個自變數，所以通常 dA 也稱為**全微分**。

這樣規定下來的量是什麼呢？我們可以先看若ℓ與 w 有了$\Delta\ell = d\ell$，$\Delta w = dw$ 的變量後，A 的變量ΔA 為

$$\Delta A = A(\ell + \Delta\ell, w + \Delta w) - A(\ell, w)$$

我們可以改寫成

$$\Delta A = \frac{A(\ell + \Delta\ell, w + \Delta w) - A(\ell, w + \Delta w)}{\Delta\ell}\Delta\ell$$

$$+\frac{A(\ell, w+\Delta w)-A(\ell, w)}{\Delta w}\Delta w$$

很顯然的，在$\Delta\ell\to 0$，$\Delta w\to 0$時

$$\frac{A(\ell+\Delta\ell, w+\Delta w)-A(\ell, w+\Delta w)}{\Delta\ell}\to\frac{\partial A}{\partial\ell}$$

$$\frac{A(\ell, w+\Delta w)-A(\ell, w)}{\Delta w}\to\frac{\partial A}{\partial w}$$

所以在此種極限下$\Delta A\to dA$。我們可以知道定義這樣的 dA 目的，就是要使它能在$d\ell$、dw 很小時表示了 A 的變量。

在這個特殊例子中

$$\frac{\partial A}{\partial\ell}=w，\frac{\partial A}{\partial w}=\ell$$

所以　$dA=wd\ell+\ell dw$

把這個式子用圖 2-20 來表示，$wd\ell$表示上方斜線部分面積，ℓdw 表示右方斜線面積，所以dA表示這兩塊面積和，其實ℓ變成$\ell+d\ell$，w 變成 w+dw，所增的面積ΔA並非十分準確的，從圖中可看出差了一個右上角那一小矩形面積，但在$d\ell$，dw都非常小時，這塊面積和那兩斜線長塊面積比較起來是可以忽略不計的。

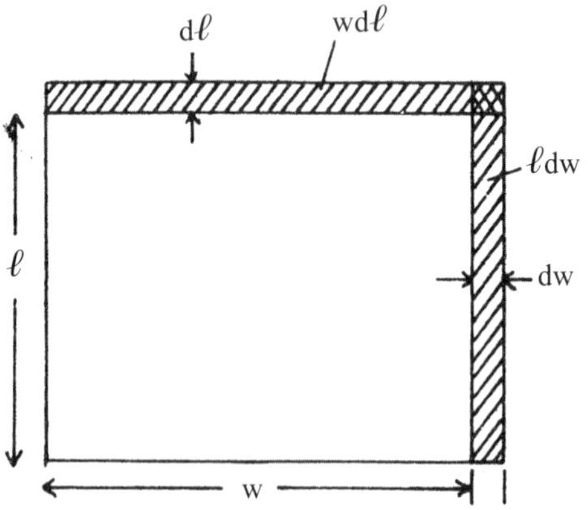

圖 2-20

在一般多自變數的函數中，這微分定義的推廣是容易寫下來的，若 f(x, y, z, ……) 則

$$df = \frac{\partial f}{\partial x}dx + \frac{\partial f}{\partial y}dy + \frac{\partial f}{\partial z}dz + \cdots\cdots \quad (2\text{-}37)$$

例 2-50 求 $f_1(x, y) = x^2 + y^2$，$f_2(x, y, z) = x^2yz$

$f_3(x, y, z) = \frac{yz}{x}$ 的全微分。

解 $df_1(x, y) = 2xdx + 2ydy$

$df_2(x, y, z) = 2xyzdx + x^2zdy + x^2ydz$

$df_3(x, y, z) = -\frac{yz}{x^2}dx + \frac{z}{x}dy + \frac{y}{z}dz$

例 2-51 考慮一半徑 r，長度ℓ的圓柱形體的體積變量。

解 由於 $V = \pi r^2\ell$

所以

$$dV = 2\pi r\ell dr + \pi r^2 d\ell$$

換句話說當半徑有 dr，長度有 $d\ell$的變化，而且又很小時，體積會有 $2\pi r\ell dr + \pi r^2 d\ell$的變化。

習 題 2

1. 求下列各極限（假如存在）

(1) $\lim_{x\to 2}\frac{x^2 - 4x + 4}{x - 2}$

(2) $\lim_{\theta\to \pi/2}\sin\theta$

(3) $\lim_{x\to 0}\frac{x^2 + x + 1}{x}$

(4) $\lim_{x\to 1}\left[1 + \frac{(x+1)^2}{x - 1}\right]$

(5) $\lim_{x\to 3}\left[(2+x)\dfrac{(x-3)^2}{x-3}+7\right]$ (6) $\lim_{x\to 1}\left[\dfrac{(x-1)^2}{x-1}\right]$

(7) $\lim_{x\to\infty}\left(\dfrac{1}{x}\right)$ (8) $\lim_{x\to 1}\log x$

(9) $\lim_{x\to 0}\dfrac{\sin ax}{x}$ (10) $\lim_{x\to 0}\dfrac{1-\cos x}{x^2}$

(11) $\lim_{x\to 0}\dfrac{1-\sqrt{1-x^2}}{x^2}$ (12) $\lim_{x\to 0}\sin\dfrac{1}{x}$

(13) $\lim_{x\to\infty}\dfrac{x+2}{x^2+x+1}$ (14) $\lim_{x\to 0}\dfrac{\tan\ ax}{x}$

(15) $\lim_{x\to\infty}(\sqrt{x+1}-\sqrt{x})$

2. 某質點運動時的位置 $S=S_0\sin 2\pi t$，S 的單位是米，t 的單位是時，求由 $t=0$ 到下列各時間內的平均速度？

(a) $t=\dfrac{1}{4}$ 時， (b) $t=\dfrac{1}{2}$ 時， (c) $t=\dfrac{3}{4}$ 時， (d) $t=1$ 時。

3. 某質點在 $t=0$ 時，由原點出發，位置 $S=at^3+bt$，a 和 b 都是常數，求自 $t=0$ 到 $t=t$ 的平均速度。

4. 某質點的位置 $S=bt^3$，b 是常救，求 $t=2$ 時的瞬時速度。

5. 求下列各函數對各自變數的導數（a 和 b 是常數）

(1) $y=x+x^2+x^3$ (2) $y=(3x^2+7x)^{-3}$

(3) $y=\dfrac{1}{\sqrt{a^2+x^2}}$ (4) $x^2\sin x=y$

(5) $y=\dfrac{\sin x}{x}$ (6) $y=\dfrac{1}{\sin\theta}$

(7) $y=\sin[\ln(x)]$

(8) $y=x^x$（先求 ln y，再用變數轉換的鏈鎖法求導數法）

(9) $y=e^{-x^2}$ (10) $y=\pi^x$

(11) $y=\sin(\sin x)$ (12) $y=e^{\ln x}$

(13) $y=\dfrac{1+x^2}{1-x^2}$　　(14) $y=x^2\left(x-\dfrac{1}{x}\right)^2$

(15) $y=x^m(1-x^n)$　　(16) $y=\dfrac{1-\cos x}{1+\cos x}$

(17) $y=\cos x\cos 3x$　　(18) $y=\sqrt{(a-x)(b+x)}$

(19) $y=\dfrac{1-x}{\sqrt{1+x^2}}$　　(20) $y=\sqrt{a\sin^2 x+b\cos^2 x}$

(21) $y=\ln\dfrac{1+\sqrt{x}}{1-\sqrt{x}}$　　(22) $y=\ln\dfrac{x-4}{\sqrt{2x+3}}$

(23) $y=\ln(x+\sqrt{x^2+1})$　　(24) $y=\dfrac{e^x+1}{e^x-1}$

(25) $y=\dfrac{e^{x^2}}{x^2}$　　(26) $y=e^x\sin x$

(27) $y=x^{x\ln x}$　　(28) $y=x^3e^{-x}\sin x$

6. 求下列方程式的導數：

(1) $\ln(x^2+y^2)=2\tan^{-1}\dfrac{y}{x}$，求 $\dfrac{dy}{dx}$ 及 $\dfrac{d^2y}{dx^2}$

(2) $y^n=x+\sqrt{1+x^2}$，求 $\dfrac{dy}{dx}$

(3) $y=\sin(\ln x)$，計算 $x^2\dfrac{d^2y}{dx^2}+x\dfrac{dy}{dx}+y$

(4) $y=x^y$，求 $\dfrac{dy}{dx}$　　(5) $y=\sin(x+y)^2$，求 $\dfrac{dy}{dx}$ 及 $\dfrac{d^2y}{dx^2}$

(6) $e^x+\ln\dfrac{y}{1-y}=c$，求 $\dfrac{dy}{dx}$　　(7) $\ln x+e^{-y/x}=c$，求 $\dfrac{dy}{dx}$

7. 求下列各函數有極大值或極小值時的x值或x所需滿足的方程式。

(1) $y=e^{-x^2}$　　(2) $y=\dfrac{\sin x}{x}$　　(3) $y=e^{-x}\sin x$

(4) $y=\dfrac{\ln x}{x}$　　(5) $y=\sin^2 x+\cos x$

(6) 問第 1.題中的 y 是極大，還是極小？

(7) $y=2x^3+3x^2-12x+8$

8. 在一高為 h 的三角圓錐內接一圓柱體。

(a) 若內接圓柱體的體積為極大時，其圓柱體的長度 ℓ 為 $\frac{1}{3}h$，試證之。

(b) 若圓柱體的曲表面積為極大時，其圓柱體的長度 ℓ 為 $\frac{1}{2}h$，試證之。

9. 求下列各函數的偏導數

(1) $f(x, y) = xe^y \ln(2x + 3y) + \sin(x^2 y)$，求 $\frac{\partial f}{\partial x}$ 及 $\frac{\partial f}{\partial y}$。

(2) $f(x, y) = e^{-\frac{x^2}{y}}$，求 $\frac{\partial f}{\partial x}$ 及 $\frac{\partial f}{\partial y}$。

(3) 若 $r^2 = x^2 + y^2$，試證

$$\frac{\partial r}{\partial x} = \frac{x}{r}, \quad \frac{\partial^2 r}{\partial x^2} = \frac{y^2}{r^3}$$

(4) $f(x, y) = (x^4 + y^4)^{1/2}$，求 $\frac{\partial f}{\partial x}$，$\frac{\partial f}{\partial y}$，$\frac{\partial^2 f}{\partial x^2}$，$\frac{\partial^2 f}{\partial x \partial y}$ 及 $\frac{\partial^2 f}{\partial y^2}$

10. 試證 $\phi = x^2 \sin(\ln y)$ 符合於下式

$$2y^2 \frac{\partial^2 \phi}{\partial y^2} + 2y \frac{\partial \phi}{\partial y} + x \frac{\partial \phi}{\partial x} = 0$$

11. 若 $\phi = \ln r$，而 $r^2 = x^2 + y^2$ 試證

$$\frac{\partial^2 \phi}{\partial x^2} + \frac{\partial^2 \phi}{\partial y^2} = 0$$

12. 求下列各函數的微分 df

(1) $f = x$

(2) $f = \sqrt{x}$

(3) $f = \sin(x^2)$

(4) $f = e^{\sin x}$（用鏈鎖法則）

(5) $f = x^2 + y^2$

(6) $f = e^{-xy}$

第三章 積　分

一般有很多項的「和」有它的結果，而這些項間必有它的規則關聯才可以，否則的話，這結果必然沒法存在。因此想要計算一個函數曲線下的面積，而用切割集合時會遭遇到有很多項的和，過程又煩且不確實。要直接應用與且有意義便是「積分法」，這也是一種極限的觀念。這種積分法可推廣到幾何方面「體積」與曲線長度，以及物理方面的作用力所作的「功」。

微積分有兩項內容，一為微分，另一為積分，而積分又可稱為「反導數」，但是有關定積分且不能使用反導數來進行，因為它是屬於一些適當項數的和。

在整個微積分使用中，積分是最難以著手，因此介紹積分的技巧與規則，同時也舉例說明與其應用。

3-1 曲線下的面積

積分的最直接應用和最直接的意義，就是求其曲線下所圍住的面積，所以讓我們從這兒開始來看。圖 3-1 為函數 f(x) 的曲線圖，斜線所佔面積即為 $y=f(x)$ 曲線之下，x 軸之上，而在兩條縱線 $x=a$ 和 $x=b$ 之間所圍的面積，這塊面積怎麼算呢？

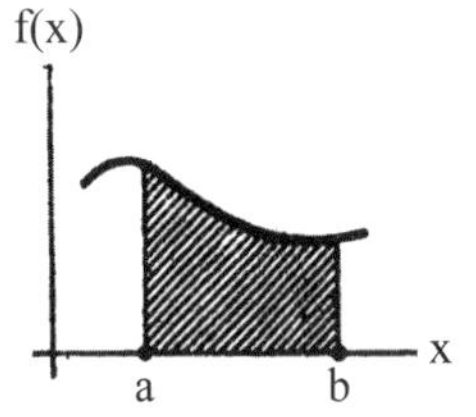

圖 3-1

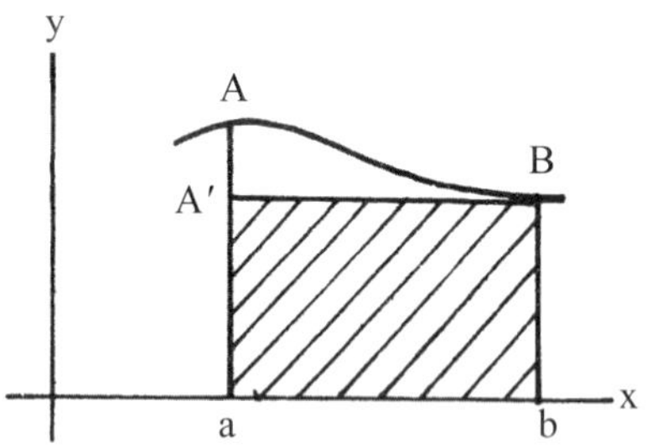

圖 3-2

對於這麼一個任意形狀，我們實在不知怎麼算它的面積，假如是個矩形的話，就沒問題了，是高乘寬就是了。如果，你想很粗略的估計一下這塊面積的大小，那我們可從 B 點畫一平行線 x 軸的直線，和左邊的垂直線交在 A′（見圖 3-2），則由 A′Bba 所構成的矩形面積和我們所想求的那塊差不多。也許你不滿意這種精確度，那麼，你可以如圖 3-3 一樣，把 ab 之間割成兩半，那麼，兩個矩形 A′Cca 和 C′Bbc 的面積和，就比 A′Bba 較接近真正的那塊面積。其實，圖 3-4，再把 ac 分開，cb 間又分開，則四塊矩形面積的和就一定更令你滿意一些。像這樣，你可以續絕把這圖分割下去，矩形越來越多，而它們的和也會越來越像那塊 ABba 的不規則形的面積，如果我們把矩形寬度叫

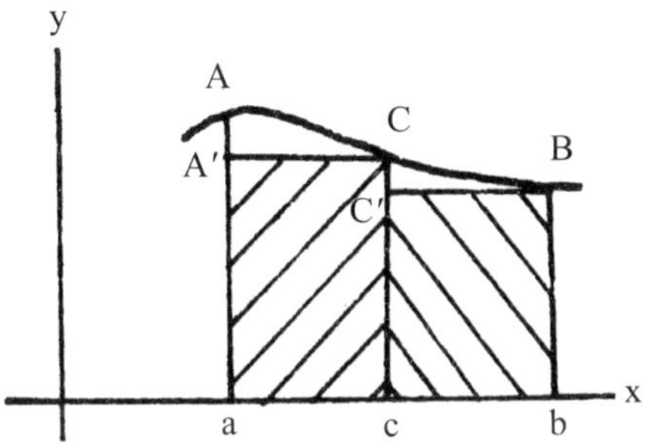

圖 3-3

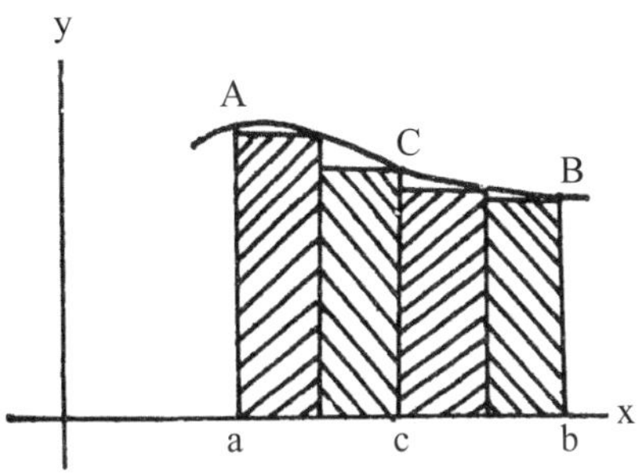

圖 3-4

Δx，每一階的高各為 y_1，y_2……等，那面積和

$$S = y_1\Delta x + y_2\Delta x + \cdots\cdots y_n\Delta x \qquad (3\text{-}1)$$

在分得越細之後，我們相信它就可以說是這塊面積，這句話的意思是

$$A = \lim_{\Delta x \to 0} \sum_i y_i \Delta x \qquad (3\text{-}2)$$

例 3-1　求 $y = 2x$ 曲線下 $x = 1$、$x = 2$ 界線內，和 x 軸上的面積有多大？

解　取 Δx 為寬，則在第 n 個格上 $x = 1 + n\Delta x$，$y = 2(1 + n\Delta x)$，而

$$A = \lim_{\Delta x \to 0} \sum_{n=1}^{N} 2(1 + n\Delta x)\Delta x$$

其中 $N = \dfrac{1}{\Delta x}$。

$$A = \lim_{\Delta x \to 0} \sum_{n=1}^{N} [2\Delta x + 2n(\Delta x)^2]$$

第一項 $\sum_{n=1}^{N} 2\Delta x$ 無論分得細與否，

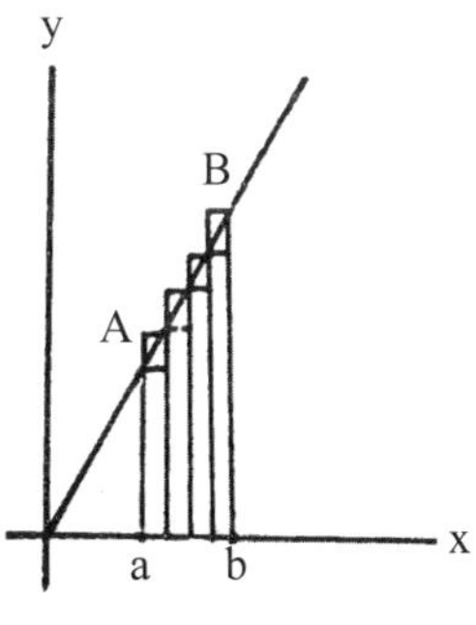

圖 3-5

$\sum_{n=1}^{N}\Delta x=\Delta x\sum_{n=1}^{N}1=\Delta xN=1$，因為是總寬。

第二項 $\sum_{n=1}^{N}2n(\Delta x)^2=2(\Delta x)^2\sum_{n=1}^{N}n=2(\Delta x)^2(1+2+\cdots\cdots N)$

$$=2(\Delta x)^2\frac{(N+1)N}{2}$$

在 $\Delta x\to 0$ 時 $N=\frac{1}{\Delta x}\to\infty$ 所以

$$\lim_{\Delta x\to 0}2(\Delta x)^2\frac{\frac{1}{\Delta x}\left(\frac{1}{\Delta x}+1\right)}{2}=\lim_{\Delta x\to 0}(1+\Delta x)=1$$

因此

$A=2+1=3$

事實上，這是個梯形面積，你只需用〔（上底＋下底）〕×高〕／2 的公式就行了。

例 3-2　球 $y=x^2$ 在 $x=1$、$x=2$ 界線內，x 軸上方的面積。

解　一樣的取 Δx 為寬，則在第 n 個格上，

$x=1+n\Delta x$，所以 $y=(1+n\Delta x)^2$ 而

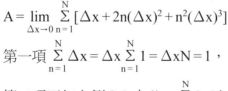

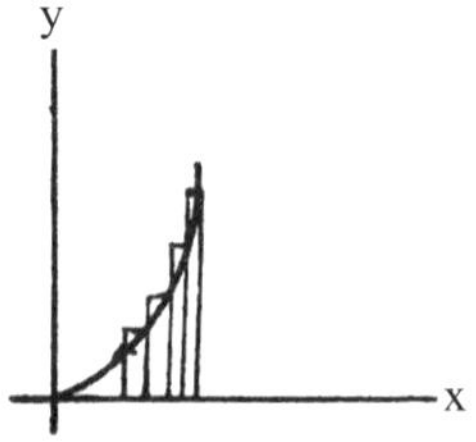

圖 3-6

$$A=\lim_{\Delta x\to 0}\sum_{n=1}^{N}(1+n\Delta x)^2\Delta x$$

當然 N 還是 $\frac{1}{\Delta x}$。

$$A=\lim_{\Delta x\to 0}\sum_{n=1}^{N}[\Delta x+2n(\Delta x)^2+n^2(\Delta x)^3]$$

第一項 $\sum_{n=1}^{N}\Delta x=\Delta x\sum_{n=1}^{N}1=\Delta xN=1$，

第二項正如上例 3-1 中 $\lim_{\Delta x\to 0}\sum_{n=1}^{N}2n(\Delta x)^2=1$

第三項 $\sum_{n=1}^{N} n^2(\Delta x)^3 = (\Delta x)^3 \sum_{n=1}^{N} n^2$

$$= (\Delta x)^3(1 + 2^2 + 3^2 + \cdots\cdots + N^2)$$

$$= (\Delta x)^3 \frac{1}{6} N(N+1)(2N+1)$$

$$= (\Delta x)^3 \frac{1}{6} \frac{1}{\Delta x}\left(\frac{1}{\Delta x} + 1\right)\left(\frac{2}{\Delta x} + 1\right)$$

$$\lim_{\Delta x \to 0} \sum_{n=1}^{N} n^2(\Delta x)^3 = \frac{1}{3}$$

所以這塊面積是 $1 + 1 + \frac{1}{3} = \frac{7}{3}$。

以上是以一次、二次函數為例子，來計算其曲線下的面積，如果函數不是簡單的一次、兩次，那麼有的時候就不那麼簡單的算了，不過你永遠可以把函數畫圖下來，然後以作圖的方法，慢慢的找出這個面積來。在本章的後面，還要給大家一個更簡單而方便的求面積方法。

再回來看，這面積的公式（3-2）

$$A = \lim_{\Delta x \to 0} \sum_i y_i \Delta x$$

為了簡單方便，一般數學上把它寫成

$$\int_a^b y dx = \lim_{\Delta x \to 0} \sum_i y_i \Delta x \qquad (3\text{-}3)$$

其中 a 和 b 表示我們求的面積是在 x＝a 到 x＝b 之間。顯然，我們以 $\int_a^b dx$ 來代替了 $\lim_{\Delta x \to 0} \Sigma \Delta x$，$\int$ 的符號也許你初見之下，會覺得頗不習慣，其實它是Σ的變形，而因 $\Delta x \to 0$，所以把 Δx 寫成 dx 對我們來說也頗為自然，總之，這只是為了方便的數學符號。

不過 $\int_a^b dx$ 的符號在數學上卻是非常常見的而且亦重要，我們把它稱為**定積分**，在$\int$上下一定要有兩個數字在，因為這整個符號是代表求面積的意思，沒有那兩個界限，就定義不了確定的面積，所以定積分可以說是一個代數和的極限。

3-2 反導數——不定積分

現在，讓我們先擱下求面積的問題，先看看一件好像沒有關係，但實際上卻非常有關係的事。

我們在上一章中已經學到了如何求一個函數的導數，我們也可以反過來問，如果知道了函數的導數是什麼，那麼原來的函數是不是可以反過來求呢？舉個例子來說，我們可以問什麼函數的導數會是x^2？從以前的求導數經驗，我們幾乎立刻可以回答這函數是了$\frac{1}{3}x^3$，其實答案並不是這一個，你可以加上任何常數，$\frac{1}{3}x^3+c$的導數，不論c是多少，一定是x^2。因為

$$\frac{d}{dx} = \left(\frac{1}{3}x^3+c\right) = x^2$$

由x^2求$\frac{1}{3}x^3+c$的過程在數學上常常見到，也很重要，所以也給了一個特殊的符號，它叫**不定積分**，其定義如下：如果

$$\frac{dF(x)}{dx} = f(x) \tag{3-4}$$

那麼$F(x)+c$就稱為$f(x)$的不定積分，寫成

$$\int f(x)dx = F(x)+c \tag{3-5}$$

$\int$的符號是和上節中的一樣，事實上它們確也代表同樣的意思，不過在這一節中，請你暫時把它們認為是完全沒有關聯的東西。

現在，在這兒先讓我們練習一下怎麼做不定積分。

例 3-3　求$\int x dx$

解　因$\frac{d}{dx}x^2 = 2x$

或$\frac{d}{dx}\frac{1}{2}x^2 = x$，我們可以知道

$\int x\, dx = \frac{1}{2}x^2 + c$

例 3-4　求$\int \cos x\, dx$

解　因$\frac{d}{dx}\sin x = \cos x$

所以　$\int \cos x\, dx = \sin x + c$

例 3-5　求$\int \frac{3\, dx}{6x+5}$

解　因$\frac{d}{dx}\ln(6x+5) = \frac{6}{6x+5}$

或$\frac{d}{dx}\frac{1}{2}\ln(6x+5) = \frac{3}{6x+5}$

因此　$\int \frac{3\, dx}{6x+5} = \frac{1}{2}\ln(6x+5) + c$

從以上的例子，大家可以知道，想求某個函數的不定積分，一定先要找到什麼函數的微分會剛好等於它。我們把一些簡單的不定積分寫下來：

① $\int a\,dx = ax + c$ （3-6）

② $\int x^n\,dx = \frac{1}{n+1}x^{n+1} + c$ （3-7）

③ $\int \frac{1}{x}\,dx = \ln x + c$ （3-8）

④ $\int e^{ax}\,dx = \frac{1}{a}e^{ax} + c$ （3-9）

⑤ $\int \sin x\,dx = -\cos x + c$ （3-10）

⑥ $\int \cos x\,dx = \sin x + c$ （3-11）

⑦ $\int \tan x\,dx = -\ln \cos x + c$ （3-12）

⑧ $\int \cot x\,dx = \ln \sin x + c$ （3-13）

⑨ $\int \sec x\,dx = \ln(\sec x + \tan x) + c$ （3-14）

⑩ $\int \csc x\,dx = -\ln(\csc x + \cot x) + c$ （3-15）

⑪ $\int \sin x \cos x\,dx = \frac{1}{2}\sin^2 x + c$ （3-16）

⑫ $\int \sec x \tan x\,dx = \sec x + c$ （3-17）

⑬ $\int \csc x \cot x\,dx = -\csc x + c$ （3-18）

⑭ $\int \sec^2 x\,dx = \tan x + c$ （3-19）

⑮ $\int \csc^2\,dx = -\cot x + c$ （3-20）

⑯ $\int \frac{dx}{a^2+x^2} = \frac{1}{a}\tan^{-1}\frac{x}{a} + c$ （3-21）

⑰ $\int \frac{dx}{a^2-x^2} = \frac{1}{2a}\ln\frac{a+x}{a-x} + c$ （3-22）

⑱ $\int \frac{dx}{\sqrt{a^2-x^2}} = \sin^{-1}\frac{x}{a} + c$ （3-23）

⑲ $\int \frac{dx}{\sqrt{x^2 \pm a^2}} = \ln[x + \sqrt{x^2 \pm a^2}] + c$ （3-24）

⑳ $\int \frac{dx}{x\sqrt{x^2 - a^2}} = \frac{1}{a}\sec^{-1}\left(\frac{x}{a}\right) + c$ （3-25）

依照積分的定義，我們可以列下一些簡單的積分規則。這些任何積分的結果皆可由微分迅速檢查是否正確。

①若 k 是任意常數，則

$$\int k\, f(x)dx = k\int f(x)dx \qquad (3\text{-}26)$$

②若 n 是有限，則

$$\int (f_1 + f_2 + \cdots\cdots + f_n)\, dx$$
$$= \int f_1 dx + \int f_2 dx + \cdots + \int f_n dx \qquad (3\text{-}27)$$

於此注意，上式不能適用於無限級數中一項一項地積分。

③若 $\int f(u)du = F(u)$，則

$$\int f(ax + b)dx = \frac{1}{a}F(ax + b) \qquad (3\text{-}28)$$

例 3-6 求 $\int (ax + b)^n\, dx$

解 依上式（3-28），我們先設 $n \neq -1$ 時，則

$$\int (ax + b)^n\, dx = \frac{(ax + b)^{n+1}}{(n + 1)a}$$

如果 $n = -1$，則

$$\int \frac{dx}{ax + b} = \frac{1}{a}\ln(ax + b) + c$$

④若積分函數 f(x) 是屬於三角函數，如有下列一些形式，我們應加以化簡較為簡單的三角函數，即

$$\int \sin^2 x\,dx = \int \frac{1}{2}(1-\cos 2x)dx = \frac{1}{2}\left(x - \frac{1}{2}\sin 2x\right) + c$$

$$\int \cos^3 x\,dx = \int \frac{1}{4}(3\cos x + \cos 3x)dx$$

$$= \frac{1}{4}\left(3\sin x + \frac{1}{3}\sin 3x\right)$$

$$\int \tan^2 x\,dx = \int (\sec^2 x - 1)dx = \tan x - x + c$$

⑤若積分函數 f(x) 有下列形式時，

$$\int \frac{dx}{ax^2+bx+c} \text{ 或 } \int \frac{dx}{\sqrt{ax^2+bx+c}}$$

其中 a、b 與 c 皆為常數，我們設法將它們完全平方之，使其演化為式（21～24）等形式，例如：

$$\int \frac{dx}{ax^2+bx+c} = \int \frac{dx}{s^2+(px+q)^2} = \frac{1}{ps}\tan^{-1}\left(\frac{px+q}{s}\right) + c$$

$$\int \frac{dx}{ax^2+bx+c} = \int \frac{dx}{s^2-(px+q)^2} = \frac{1}{2ps}\ln\frac{s+(px+q)}{s-(px+q)} + c$$

$$\int \frac{dx}{\sqrt{ax^2+bx+c}} = \int \frac{dx}{\sqrt{s^2-(px+q)^2}} = \frac{1}{p}\sin^{-1}\left(\frac{px+q}{s}\right) + c$$

$$\int \frac{dx}{\sqrt{ax^2+bx+c}} = \int \frac{dx}{\sqrt{(px+q)^2 \pm s^2}}$$

$$= \frac{1}{p}\ln[(px+q) + \sqrt{(px+q)^2 \pm s^2}] + c$$

例 3-7 $\int \frac{dx}{\sqrt{2x^2+1}} = \frac{1}{\sqrt{2}}\int \frac{dx}{\sqrt{x^2+\frac{1}{2}}} = \frac{1}{\sqrt{2}}\ln\left(x + \sqrt{x^2+\frac{1}{2}}\right) + c$

例 3-8 $\int\frac{dx}{\sqrt{1+4x-x^2}}=\int\frac{dx}{\sqrt{5-(x-2)^2}}=\sin^{-1}\left(\frac{x-2}{\sqrt{5}}\right)+c$

例 3-9 $\int\frac{dx}{13+12x+9x^2}=\int\frac{dx}{(3x+2)^2+9}=\frac{1}{9}\tan^{-1}\frac{3x+2}{3}+c$

3-3 變換變數的積分法

有兩個很有用的積分技巧，可以使你把未知的積分式演變到一些你已知的積分式，一個是**變換變數**，另一個是**部分積分**。現在我們先來介紹變換變數的積分法。

若我們將原來的自變數x，改換為另一個自變數u，而兩者的函數關係為 $x=f(u)$，因此原積分式可改為下列形式：

$$I=\int f(x)dx=\int f(u)\frac{dx}{du}du \tag{3-29}$$

顯然這是微分鏈鎖法則的應用，證明如下：

設 $F(x)=\int f(x)dx$，因此 $f(x)=\frac{dF}{dx}$。今因變換變數，$x=f(u)$，則 $F(x)=F(u)$，故

$$\frac{dF}{du}=\frac{dF}{dx}\frac{dx}{du}=f(x)\frac{dx}{du}$$

或

$$F(u)=\int f(x)\frac{dx}{du}du=F(x)=\int f(x)dx$$

從以上這個證明中，我們更可以看得出來在 $\int f(x)dx$ 的記號中，dx 確實可以看成是個微分的記號，因為很顯然的 dx 在公式中，可寫成 $\frac{dx}{du}du$，這正是我們所規定的微分運算呢！

現在我們就一些比較典型的變換變數的積分法，舉例說明一下。

例 3-10 $\int f(ax+b)dx$，設 $ax+b=u$，則 $a\,dx=du$，因此

$$\int f(ax+b)dx=\frac{1}{a}\int f(u)du$$

例如

① $\int \sin ax\,dx=\frac{1}{a}\int \sin u\,du=\frac{-1}{a}\cos u+c=-\frac{1}{a}\cos ax+c$

② $\int \cos(5x-2)dx=\frac{1}{5}\int \cos u\,du=\frac{1}{5}\sin u+c$

$$=\frac{1}{5}\sin(5x-2)+c$$

③ $\int \cos^2(ax+b)dx=\frac{1}{a}\int \cos^2 u\,du=\frac{1}{2a}\int(1+\cos 2u)du$

$$=\frac{1}{2a}\left(u+\frac{1}{2}\sin 2u\right)+c$$

$$=\frac{1}{2a}\left[(ax+b)+\frac{1}{2}\sin 2(ax+b)\right]+c$$

例 3-11 $\int x\,f(x^2)\,dx$，設 $x^2=u$，則 $2x\,dx=du$，因此

$$\int x\,f(x^2)\,dx=\frac{1}{2}\int f(u)du$$

例如

① $\int x(a+bx^2)^3\,dx=\frac{1}{2}\int(a+bu)^3\,du=\frac{1}{2b}\int v^3\,dv$

$$=\frac{1}{8b}v^4+c=\frac{1}{8b}(a+bu)^4+c$$

$$=\frac{1}{8b}(a+bx^2)^4+c\text{；}b\neq 0$$

② $\int x\,e^{-x^2}dx=\frac{1}{2}\int e^{-u}du=-\frac{1}{2}e^{-u}=-\frac{1}{2}e^{-x^2}+c$

③ $\int\frac{x\,dx}{9+x^2}=\frac{1}{2}\int\frac{du}{9+u}=\frac{1}{2}\int\frac{dv}{v}=\frac{1}{2}\ln v+c$

$$=\frac{1}{2}\ln(9+u)+c=\frac{1}{2}\ln(9+x^2)+c$$

例 3-12　$\int f'(x)\phi[f(x)]dx$，設 $f(x)=u$，則 $f'(x)dx=du$，因此

$$\int f'(x)\phi[f(x)]dx=\int\phi(u)du$$

但是此例中方有下式情況：

$$\int\frac{f'(x)dx}{f(x)}=\int\frac{du}{u}=\ln u+c=\ln f(x)+c$$

例如：

① $\int\sin x\cos x\,dx=\int\sin x\,d(\sin x)=\frac{1}{2}\sin^2 x+c$

或

$$\int\sin x\cos x\,dx=-\int\cos x\,d(\cos x)=-\frac{1}{2}\cos^2 x+c$$

② $\int\frac{3x+2}{3x^2+4x+7}dx=\frac{1}{2}\int\frac{6x+4}{3x^2+4x+7}dx$

$$=\frac{1}{2}\int\frac{d(3x^2+4x+7)}{3x^2+4x+7}$$

$$=\frac{1}{2}\ln(3x^2+4x+7)+c$$

③ $\int\frac{\sin x}{a+b\cos x}dx=-\int\frac{d(\cos x)}{a+b\cos x}=-\frac{1}{b}\int\frac{d(a+b\cos x)}{a+b\cos x}$

$$= -\frac{1}{b}\ln(a+b\cos x)+c，b\neq 0$$

④ $\int \sec^2 x \tan x\, dx = \int \tan x\, d(\tan x) = \frac{1}{2}\tan^2 x + c$

例 3-13 求 $\int \sqrt{a^2 - x^2}\, dx$

解 此處為了要將根號移去，必須使 $a^2 - x^2$ 成為完全平方才可以，所以我們可設 $x = a\sin\theta$，則 $dx = a\cos\theta\, d\theta$，因此

$$\int \sqrt{a^2 - x^2}\, dx = \int a\sqrt{1-\sin^2\theta}(a\cos\theta\, d\theta) = a^2\int \cos^2\theta\, d\theta$$

$$= \frac{1}{2}a^2\int (1+\cos 2\theta)\, d\theta$$

$$= \frac{1}{2}a^2\left(\theta + \frac{1}{2}\sin 2\theta\right) + c$$

$$= \frac{1}{2}\left[a^2\sin^{-1}\frac{x}{a} + x\sqrt{a^2-x^2}\right] + c$$

例 3-14 求 $\int \frac{dx}{\sqrt{x^2+a^2}}$

解 如同例 3-13，設 $x = a\tan\theta$，則 $dx = a\sec^2\theta\, d\theta$，因此

$$\int \frac{dx}{\sqrt{x^2+a^2}} = \int \frac{a\sec^2\theta d\theta}{a\sec\theta} = \int \sec\theta\, d\theta$$

$$= \ln(\sec\theta + \tan\theta) + c$$

$$= \ln\left(\frac{x}{a} + \frac{1}{a}\sqrt{x^2+a^2}\right) + c$$

例 3-15 求$\int \frac{dx}{x^2+a^2}$，$a\neq 0$

解 此例題與前兩個例題雖然有不同，但仍然具有三角函數積分的性質，可以 $x=a\tan\theta$ 試試看，因此 $dx=\sec^2\theta\, d\theta$，所以

$$\int \frac{dx}{x^2+a^2}=\int \frac{a\sec^2\theta\, d\theta}{a^2(1+\tan^2\theta)}=\frac{1}{a}\int d\theta=\frac{1}{a}\theta+c$$

$$=\frac{1}{a}\tan^{-1}\frac{x}{a}+c，a\neq 0$$

總之，以上這些運算在dx部分可以完全類似微分運算，這樣可以使一些原本難積分的公式變成較易積分。

3-4 部分積分

接著我們來看看部分積分的方法。部分積分的形式如下：

$$\int udv = uv - \int vdu \qquad (3\text{-}30)$$

其實大家可以一眼看出它是微分公式中 $d(uv)=udv+vdu$ 的反運算而已，因

$$\frac{d}{dx}(uv) = u\frac{dv}{dx}+v\frac{du}{dx}$$

而於此將上式兩邊對 x 加以積分得

$$uv = \int u\frac{dv}{dx}dx + \int v\frac{du}{dx}dx$$

所以

$$uv = \int udv + \int vdu$$

或

$$\int udv = uv - \int vdu$$

例 3-16 求$\int x\, e^x\, dx$

解 設 $u = x$，$dv = e^x\, dx$，所以 $v = e^x$ ，由部分積分

$\int x\, e^x\, dx = xe^x - e^x + c$

例 3-17 求$\int x \cos x\, dx$

解 設 $u = x$，$dv = \cos x\, dx$，所以 $v = \sin x$

$\int x \cos x\, dx = x \sin x - \int \sin x\, dx = x \sin x + \cos x + c$

例 3-18 求$\int x \ln x^2\, dx$

解 我們先就例 3-11 的規範，進行變數變換，而後依部分積分計算。設新變數 $u = x^2$，$du = 2x\, dx$，因此原式積分變為新變數的積分如下

$\int x \ln x^2\, dx = \frac{1}{2}\int \ln u\, du$

由部分積分

$$\frac{1}{2}\int \ln u\, du = \frac{1}{2}\left[u \ln u - \int u \frac{1}{u}\, du\right]$$

$$= \frac{1}{2}[u \ln u - u + c]$$

所以

$$\int x \ln x^2\, dx = \frac{1}{2}x^2(\ln x^2 - 1) + c$$

若直接採用部分積分進行時，則設 $u = \ln x^2$，$du = \frac{1}{x^2}\frac{d}{dx}(x^2)$

$= \frac{2}{x}dx$；$dv = x\,dx$，所以 $v = \frac{1}{2}x^2$，因此原式

$$\begin{aligned}\int x \ln x^2\, dx &= \int (\ln x^2)(x\,dx)\\ &= \frac{1}{2}x^2 \ln x^2 - \int \frac{1}{2}x^2\left(\frac{2}{x}dx\right)\\ &= \frac{1}{2}x^2 \ln x^2 - \int x\,dx = \frac{1}{2}x^2(\ln x^2 - 1) + c\end{aligned}$$

例 3-19 求 $\int x^2 \cos x\, dx$

解 設 $u = x^2$，$du = 2x\,dx$，$dv = \cos x\,dx$；$v = \sin x$，因此

$$\int x^2 \cos x\,dx = x^2 \sin x - \int 2x \sin x\,dx$$

此處，我們無法利用一次的部分積分完全運算，所以必須再進行一次積分，即

$$\begin{aligned}\int x \sin x\,dx &= -\int x\, d(\cos x) = -\left[x \cos x - \int \cos x\,dx\right]\\ &= -x\cos x + \sin x\end{aligned}$$

最後我們求得

$$\begin{aligned}\int x^2 \cos x\,dx &= x^2 \sin x - 2\,[-x\cos x + \sin x] + c\\ &= (x^2 - 2)\sin x + 2x\cos x + c\end{aligned}$$

有些依部分積分運算，進行中會出現與原積分一樣。

例 3-20 求(1) $\int \sec^3 x\,dx$ (2) $\int x \sin^2 x \cos x\,dx$

解 ① $\int \sec^3 x\,dx = \int \sec x\,d(\tan x)$

$$= \sec x \tan x - \int \tan^2 x \sec x\,dx$$

$$= \sec x \tan x - \int (\sec^2 x - 1)\sec x\,dx$$

$$= \sec x \tan x - \int \sec^3 x\,dx + \int \sec x\,dx$$

$$\therefore 2\int \sec^3 x\,dx = \sec x \tan x + \int \sec x\,dx$$

$$\therefore \int \sec^3 x\,dx = \frac{1}{2}\sec x \tan x + \frac{1}{2}\ln(\sec x + \tan x) + c$$

② $\int x \sin^2 x \cos x\,dx = \int (x \sin^2 x)d(\sin x)$

$$= x\sin^3 x - \int \sin x\,d(x \sin^2 x)$$

$$= x\sin^3 x - \int \sin x\,[\sin^2 x + 2x \sin x \cos x]dx$$

$$= x\sin^3 x - \int \sin^3 x\,dx - 2\int x \sin^2 x \cos x\,dx$$

$$\therefore 3\int x \sin^2 x \cos x\,dx = x\sin^3 x - \int \sin^3 x\,dx$$

$$\therefore \int x \sin^2 x \cos x\,dx = \frac{1}{3}x\sin^3 x - \frac{1}{3}\left[\frac{1}{3}\cos^3 x - \cos x\right] + c$$

$$= \frac{1}{3}x\sin^3 x - \frac{1}{9}\cos^3 x + \frac{1}{3}\cos x + c$$

現在我們已經學會了一些基本的求反導數，也就是不定積分的方法。現在讓我們來看這種求反導數，到底和求面積有什麼關聯，為什麼我們會把它們一個叫不定積分，一個叫**定積分**（於第 3-6 節）。

3-5 部分分式積分

這一類部分分式積分的形式為

$$\int \frac{f(x)dx}{g(x)} \qquad (3\text{-}31)$$

$f(x)$ 與 $g(x)$ 是 x 的多項式，而一般性 $f(x)$ 的因次比 $g(x)$ 為低，我們可將 $f(x)/g(x)$ 分解為一些 x 的有理函數的部分分式之和，但其部分分式的分母需視原式分母 $g(x)$ 的因式而定，例如

$g(x)$ 的因式為	其對應部分分式的分母應為
1. $(x-\alpha)$	$\frac{A}{x-\alpha}$
2. $(x-\alpha)^n$	$\frac{A_1}{x-\alpha}+\frac{A_2}{(x-\alpha)^2}+\cdots+\frac{A_n}{(x-\alpha)^n}$
3. x^2+ax+b	$\frac{Bx+C}{x^2+ax+b}$
4. $(x^2+ax+b)^n$	$\frac{B_1x+C_1}{x^2+ax+b}+\frac{B_2x+C_2}{(x^2+ax+b)^2}+\cdots+\frac{B_nx+C_n}{(x^2+ax+b)^n}$

上面這些 A、A_i（$i=1, 2, \cdots n$）、B、C、B_i（$i=1, 2, \cdots n$）及 C_i（$i=1, 2, \cdots n$）等係數稱為**未定係數**，其測定法依與原式恆等法則，比較有關 x 的次方之係數而求之。例如

①$$\frac{1}{x(x-1)(x-2)(x-3)}=\frac{A}{x}+\frac{B}{x-1}+\frac{C}{x-2}+\frac{D}{x-3}$$

或

$$1\equiv A(x-1)(x-2)(x-3)+Bx(x-2)(x-3)+Cx(x-1)(x-3)+Dx(x-1)(x-2)$$

比較 x 的次方之係數

x^3：$A+B+C+D=0$

x^2：$6A+5B+4C+3D=0$

x：$11A+6B+3C+2D=0$

x^0：$-6A=1$

解上面這些式，可得 $A=-\frac{1}{6}$，$B=\frac{1}{2}$，$C=-\frac{1}{2}$，$D=\frac{1}{6}$，因此，原式

分解為部分分式如下：

$$\frac{1}{x(x-1)(x-2)(x-3)}=-\frac{1}{6x}+\frac{1}{2(x-1)}-\frac{1}{2(x-2)}+\frac{1}{6(x-3)}$$

② $\dfrac{x^2+x+1}{(x^2-1)(x^2-4)}=\dfrac{x^2+x+1}{(x+1)(x-1)(x+2)(x-2)}$

$$=\frac{A}{x+1}+\frac{B}{x-1}+\frac{C}{x+2}+\frac{D}{x-2}$$

或

$$x^2+x+1=A(x-1)(x^2-4)+B(x+1)(x^2-4)$$
$$+C(x^2-1)(x-2)+D(x^2-1)(x+2)$$

依照上例

x^3：$A+B+C+D=0$

x^2：$-A+B-2C+2D=1$

x：$-4A-4B-C-D=1$

x^0：$4A-4B+2C-2D=1$

解之得 $A=\frac{1}{6}$，$B=-\frac{1}{2}$，$C=-\frac{1}{4}$，$D=\frac{7}{12}$，代入原式，可得部分分式。

③ $\dfrac{x^2}{(x-1)^2(x-2)}=\dfrac{A}{x-2}+\dfrac{B}{x-1}+\dfrac{C}{(x-1)^2}$

或

$$x^2=A(x-1)^2+B(x-1)(x-2)+C(x-2)$$

若令　$x=1$　得　$C=-1$

　　　$x=2$　得　$A=4$

另外再令 x 為任何值，皆可得到 B 值。例如令 $x=-1$，得 $B=-3$，所以原式分解為部分分式如下：

$$\frac{x^2}{(x-1)^2(x-2)}=\frac{4}{x-2}-\frac{3}{x-1}-\frac{1}{(x-1)^2}$$

本題沒有利用係數比較法，學習者可比較一下，到底那一種計算未定係數法較為簡單。

④$\frac{x}{x^3+x^2+x+1}=\frac{x}{(x+1)(x^2+1)}=\frac{A}{x+1}+\frac{Bx+C}{x^2+1}$

或

$$x=A(x^2+1)+(Bx+C)(x+1)$$

令 $x=-1$，得 $A=-\frac{1}{2}$，而後再依照係數比較法，

x^2：$A+B=0$，$\therefore B=\frac{1}{2}$

x：$B+C=1$，$\therefore C=\frac{1}{2}$

所以原式分解為

$$\frac{x}{x^3+x^2+x+1}=-\frac{1}{2(x+1)}+\frac{x+1}{2(x^2+1)}$$

以上我們已經介紹了分解部分分式的一些基本方法。但是如果遇到 f(x) 的 x 次數較 g(x) 為高的話，我們應以除法將它化簡之，即

$$\frac{f(x)}{g(x)}=\frac{A(x)}{g(x)}+B(x) \qquad (3\text{-}32)$$

此處 A(x) 的 x 次數較 g(x) 為低，B(x) 為有理函數，而後 $\frac{A(x)}{g(x)}$ 再進行分解為部分分式。

以上已介紹了積分函數化解為部分分式的方法，因此式（3-31）的積分就顯得容易了，例如

① $\int \frac{dx}{x(x-1)(x-2)(x-3)}$

$= \int \left[-\frac{1}{6x} + \frac{1}{2(x-1)} - \frac{1}{2(x-2)} + \frac{1}{6(x-3)} \right] dx$

$= -\frac{1}{6} \ln x + \frac{1}{2} \ln(x-1) - \frac{1}{2} \ln(x-2) + \frac{1}{6} \ln(x-3) + c$

② $\int \frac{x^2+x+1}{(x^2-1)(x^2-4)} dx$

$= \int \left[\frac{1}{6(x+1)} - \frac{1}{2(x-1)} - \frac{1}{4(x+2)} + \frac{7}{12(x-3)} \right] dx$

$= \frac{1}{6} \ln(x+1) - \frac{1}{2} \ln(x-1) - \frac{1}{4} \ln(x+2) + \frac{7}{12} \ln(x-2) + c$

③ $\int \frac{x^2\,dx}{(x-1)^2(x-2)}$

$= \int \left[\frac{4}{x-2} - \frac{3}{x-1} - \frac{1}{(x-1)^2} \right] dx$

$= 4 \ln(x-2) - 3\ln(x-1) + \frac{1}{x-1} + c$

④ $\int \frac{x}{x^3+x^2+x+1} dx$

$= \int \left[-\frac{1}{2(x+1)} + \frac{x+1}{2(x^2+1)} \right] dx$

$= -\frac{1}{2} \ln(x+1) + \frac{1}{2} \int \frac{xdx}{(x^2+1)} + \frac{1}{2} \int \frac{dx}{x^2+1}$

$= -\frac{1}{2} \ln(x+1) + \frac{1}{4} \ln(x^2+1) + \frac{1}{2} \tan^{-1} x + c$

3-6 定積分和不定積分

再回頭來看我們求 $x=a$、$x=b$、x軸及函數 $f(x)$ 曲線所圍的面積，我們定義

$$\int_a^b f(x)dx = \lim_{\Delta x \to 0} \sum_i f(x_i)\Delta x \qquad (3\text{-}33)$$

假定在這兒，我們把 a 固定，而讓 b 改變，則這個面積 $\int_a^b f(x)dx$ 是 b 的函數，為了習慣起見，把 b 叫 u，那麼，我們可以定義一個函數 F(u)

$$F(u) = \int_a^u f(x)dx = \lim_{\Delta x \to 0} \sum_i f(x_i)\Delta x \qquad (3\text{-}34)$$

現在我們也依 Δx 的大小，把 u 從 a 開始分割，換句話說，分割成 Δu＝Δx 的小條狀。在任何地方 F(u) 就是 a 到 u 間的面積，F(u＋Δu) 就是 a 到 u＋Δu 間的面積。如果分割的 Δu 越小，那麼這些長條形面積面足可近似的代表這面積 F(u) 和 F(u＋Δu)。

而 F(u＋Δu) 和 F(u) 之間的差距，就是那麼一塊長條面積 f(u)Δu，寫成式子則是

$$F(u+\Delta u) - F(u) \simeq f(u)\Delta u$$

或是

$$\frac{F(u+\Delta u) - F(u)}{\Delta u} \simeq f(u)$$

而在 Δu→0 的情形下，這近似可以就是相等了，所以

$$\frac{dF(u)}{du} = f(u)$$

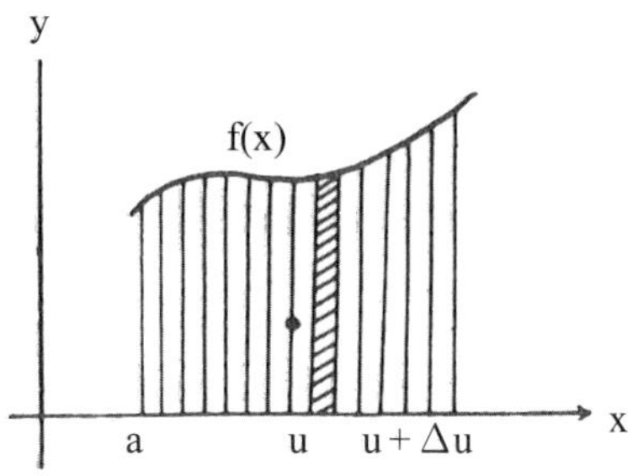

圖 3-7

換句話說，如果把面積的右線 x＝u 改變，則面積該是 u 的函數，則此面積函數的微分會正是函數 f(u)，因為 u 是變數，所以不妨寫成

$$\frac{dF(x)}{dx} = f(x)$$

反過來說，如果想找出這個面積函數，只需要求 f(x) 的反導數就行了，也就是說找出

$$\int f(x)dx$$

的積分就行了。

我們知道$\int f(x)dx$ 並不是個一定的函數，它有一個任意常數，不過這正該如此，因為在規定面積函數時，我們有個左邊界限$x=a$，在積分公式中，$x=a$的這件事情根進不來，所以無論這a是多少$\int f(x)dx$的形式都一樣，但很顯然，選取不同的a會有不同大小的面積，所以那任意常數的任意，其實就是$x=a$的a可以任意選擇。那麼，如果我們規定了a是某個a_1以後，怎麼知道任意常數是多少呢？其實這要求很簡單，因為若從$x=a_1$算起，則我們要求$F(a_1)=0$，由此，那個任意常數C就可由此決定。比方說，$f(x)=x$，若x從$x=0$算起，則面積函數$F(x)=\int f(x)dx=\frac{1}{2}x^2+c$中，$c$必須是0，因$\frac{1}{2}0^2+0=0$。若從$x=1$算起，則$\frac{1}{2}(1)^2+c=0$，則$c=-\frac{1}{2}$。

其實有個更簡單的寫法，若從$x=a$算起的到$x=u$的面積函數，可以寫成$F(u)-F(a)$，這時$F(u)$加什麼任意常數都是一樣的，因為它和$F(a)$中同樣的任意常數減掉了，而且$F(u)-F(a)$的函數在$u=a$時必為零。從這兒，我們可以回來看在 $x=a$ 到 $x=b$ 之間的面積為$F(b)-F(a)$，換句話說

$$\int f(x)dx = F(x)+c \tag{3-35}$$

則我們的定積分（也就是求面積）為

$$\int_a^b f(x)dx = F(b)-F(a) \tag{3-36}$$

很顯然的，只要可以做不定積分，也就是反導數，則定積分，也就是求面積就會顯得很簡單了。

從以上的關係式，我們知道不定積分和定積分顯然是同一回事，定積分的上限如果看成是變數，就是不定積分了，而下限的任意選擇就是那個積分的任意常數，反過來說，不定積分的那個積分出來的函數就是從某個地方算起到 x 地方的面積，我們若想知道從 $x=a$ 算起，到 $x=b$，則從某個地方到 $x=a$ 的為 $F(a)$，到 $x=b$ 的為 $F(b)$，從 $x=a$ 到 $x=b$ 就是 $F(b)-F(a)$ 了。所以從此以後，你想求面積，也就是想做不定積分，不必再利用第一節中無窮系列的加法和取極限了，你所需要的只是找尋它的反導數就是了。在習慣上我把定積分的上下限在不定積分求出後，以下形式表示

$$\int_a^b f(x)dx = F(x)\Big|_a^b = F(b)-F(a) \qquad (3\text{-}37)$$

例 3-21 求 $\int_0^a \frac{dx}{(a^2+x^2)^2}$，$a>0$

解 設 $x=a\tan\theta$，則 $dx=a\sec^2\theta d\theta$，因而積分的上下限亦將隨之改變。上限 $x=a$ 時，$\theta=\frac{\pi}{4}$；下限 $x=0$ 時，$\theta=0$，所以

$$\int_0^a \frac{dx}{(a^2+x^2)^2}=\frac{1}{a^3}\int_0^{\pi/4}\cos^2\theta d\theta=\frac{1}{2a^3}\int_0^{\pi/4}(1+\cos 2\theta)\,d\theta$$

$$=\frac{1}{2a^3}\left[\theta+\frac{1}{2}\sin 2\theta\right]_0^{\pi/4}$$

$$=\frac{1}{2a^3}\left[\left(\frac{\pi}{4}+\frac{1}{2}\sin\frac{\pi}{2}\right)-\left(0+\frac{1}{2}\sin 0\right)\right]$$

$$=\frac{\pi+2}{8a^3}$$

例 3-22 求 $\int_0^{\pi/4}\sin\theta\ln(\cos\theta)\,d\theta$

解 $\int_0^{\pi/4} \sin\theta \ln(\cos\theta)\, d\theta = -\int_1^{\sqrt{2}/2} \ln(\cos\theta)\, d(\cos\theta)$

$$= -\Big[\cos\theta \ln(\cos\theta) - \cos\theta\Big]_1^{\sqrt{2}/2}$$

$$= \frac{1}{\sqrt{2}}\left(1 + \frac{1}{2}\ln 2\right) - 1$$

註：參考例 3-18 的積分結果。

3-7 重積分

以上談到的積分，都是一個自變函數的積分，現在讓我們來看不只一個自變數函數的積分。

對於一個有兩個自變數的函數 f(x, y)，我們可以先把其中的一個自變數，比如說是 y，看成常數（上節中的求偏導數也是如此），那麼 f(x, y) 可以看成一個自變數 x 的函數，如此，我們把這兩個函數對自變數 x 做積分，$\int_a^b f(x, y)dx$。在這個積分結果中，有兩件事要特別注意：㈠把 y 看成是常數，在不同的 y 數值會有不同的積分結果。換句話說，這積分出來的是一個以 y 為自變數的函數。㈡因 y 在這積分過程中是以常數看待，所以 a 和 b 可以是以 y 為自變數的函數。我們可以這樣做結論：函數 f(x, y) 在把 y 看成常數，對 x 的積分後，這積分後的東西，其實是以 y 為自變數的函數，也就是說

$$F(y) = \int_{a(y)}^{b(y)} f(x, y)dx$$

這時，F(y) 是個以 y 為自變數的函數，我們能以它來做對 y 的定積分 $\int_c^d F(y)dy$，c 和 d 是上下限。這最後的積分結果是 f(x, y) 函數經過兩次（對 x 和對 y）的積分。如果我們用 I 來表示，那麼

$$I = \int_c^d F(y)dy$$
$$= \int_c^d \left[\int_{a(y)}^{b(y)} f(x, y)dx \right] dy$$

一般可以把其中括弧省去，寫成

$$I = \int_c^d \int_{a(y)}^{b(y)} f(x, y)dx\,dy \tag{3-38}$$

這就是**二重積分**。

同理，上式（3-38）的二重積分也可寫為

$$I = \int_c^d \int_{a(x)}^{b(x)} f(x, y)dx\,dy \tag{3-39}$$

就是說先對自變數y做積分，其上下限a及b是另一自變數x的函數。

由式（3-38）與式（3-39）中可以發現，凡是二重積分中，其上下限為x的函數時，就首先先對y變數積分，而後再對x變數積分，此時x變數的積分上下限為常數了，即

$$\int_c^d \int_{a(x)}^{b(x)} f(x, y)dx\,dy = \int_c^d dx \int_{a(x)}^{b(x)} f(x, y)dy \tag{3-40}$$

反之亦然，即

$$\int_c^d \int_{a(y)}^{b(y)} f(x, y)dx\,dy = \int_c^d dy \int_{a(y)}^{b(y)} f(x, y)dx \tag{3-41}$$

例 3-23　求二重積分 $\int_0^1 \int_{y^2}^{y} 2x(1+xy)dx\,dy$

解　因上下限有y變數之函數，因此先對x變數積分，而後再接著對y變數積分

$$\int_0^1 \int_{y^2}^{y} 2x(1+xy)dx\,dy = \int_0^1 dy \int_{y^2}^{y} 2x(1+xy)dx$$
$$= \int_0^1 \left(x^2 + \frac{2}{3}x^3 y \right)\Bigg|_{y^2}^{y} dy$$

$$= \int_0^1 \left(y^2 - \frac{1}{3}y^4 - \frac{2}{3}y^7\right) dy$$

$$= \frac{11}{60}$$

例 3-24 求二重積分 $\int_0^1 \int_x^{\sqrt{x}} (x^2 + y^2)\, dx\, dy$

解 因上下限有 x 變數之函數，因此先對 y 變數積分，而後再接著對 x 變數積分

$$\int_0^1 \int_x^{\sqrt{x}} (x^2 + y^2)\, dx\, dy = \int_0^1 dx \int_x^{\sqrt{x}} (x^2 + y^2)\, dy$$

$$= \int_0^1 \left(x^2 y + \frac{1}{3}y^3\right)\Big|_x^{\sqrt{x}} dx$$

$$= \int_0^1 \left(x^{5/2} + \frac{1}{3}x^{3/2} - \frac{4}{3}x^3\right) dx$$

$$= \left(\frac{2}{7}x^{7/2} + \frac{2}{15}x^{5/2} - \frac{1}{3}x^4\right)\Big|_0^1$$

$$= \frac{3}{35}$$

有時候，式（3-38），或式（3-39）寫成

$$\int_c^d dx \int_a^b f(x, y)dy \text{，或} \int_{x=c}^{x=d} dx \int_{y=a}^{y=b} f(x, y)dy$$

那麼就先對 y 積分，而後再對 x 積分。不過亦可以逆反順序積分，即

$$\int_c^d dx \int_a^b f(x, y)dy = \int_a^b dy \int_c^d f(x, y)dx$$

其結果都是一樣的，例如下列。

例 3-25 求二重積分 $\int_{x=-1}^{x=1} dx \int_{y=0}^{y=2} (2x^2 + 2xy + 3y^2)\, dy$

解 $\int_{x=-1}^{x=1} dx \int_{y=0}^{y=2} (2x^2+2xy+3y^2)\, dy$

$= \int_{x=-1}^{x=1} \left[2x^2y+xy^2+y^3\right]_{y=0}^{y=2} dx$

$= \int_{x=-1}^{x=1} (4x^2+4x+8)dy$

$= \left[\frac{4}{3}x^3+2x^2+8x\right]_{-1}^{+1} = 18\frac{2}{3}$

現在進行逆反順序積分

$\int_{y=0}^{y=2} dy \int_{x=-1}^{x=1} (2x^2+2xy+3y^2)\, dx$

$= \int_{y=0}^{y=2} \left[\frac{2}{3}x^3+x^2y+3xy^2\right]_{-1}^{+1} dy$

$= \int_0^2 \left(\frac{4}{3}+6y^2\right) dy$

$= \left(\frac{4}{3}y+2y^3\right)\Big|_0^2$

$= \frac{8}{3}+16$

$= 18\frac{2}{3}$

例 3-26 求二重積分 $\int_0^1 dx \int_0^2 (x+2y)^2 dy$

解 $\int_0^1 dx \int_0^2 (x+2y)^2 dy = \int_0^1 \left[x^2y+2xy^2+\frac{4}{3}y^3\right]_0^2 dx$

$= \int_0^1 \left(2x^2+8x+\frac{32}{3}\right) dx$

$= \left[\frac{2}{3}x^3+4x^2+\frac{32}{3}x\right]_0^1 = \frac{46}{3}$

再進行逆反順序積分

$\int_0^1 dx \int_0^2 (x+2y)^2 dy = \int_0^2 dy \int_0^1 (x+2y)^2 dx$

$= \int_0^2 \left[\frac{1}{3}x^3+2x^2y+4xy^2\right]_0^1 dy$

$$= \int_0^2 \left(\frac{1}{3} + 2y + 4y^2 \right) dy$$

$$= \left[\frac{1}{3}y + y^2 + \frac{4}{3}y^3 \right]_0^2 = \frac{46}{3}$$

又獲得同樣積分的結果。

若式（3-38）或（3-39）中的 f(x, y) 可寫成 $\phi(x)\varphi(y)$ 時，同時上下限的 a, b, c, d 皆為常數，則二重積分式應可寫成了式

$$\int_c^d \int_a^b \phi(x)\varphi(y)dxdy = \int_c^d \phi(x)dx \int_a^b \varphi(y)dy \qquad （3\text{-}42）$$

每一個變數的積分可以同時進行計算。

例 3-27 求二重積分 $\int_3^4 \int_1^2 2xy\, dx\, dy$

解 $\int_3^4 \int_1^2 2xy\, dx\, dy = \int_3^4 2x\, dx \int_1^2 y\, dy$

$$= (x^2)\Big|_3^4 \cdot \left(\frac{1}{2}y^2 \right)\Big|_1^2 = \frac{21}{2}$$

其實，我們很容易推廣到三重積分以至於多重積分，在本書中最多只用到三重積分，所以我們就對三重積分的意思再說明一下。如果 f(x, y, z) 是三個自變數的函數，那麼三重積分

$$\int_p^q \int_{c(z)}^{d(z)} \int_{a(y,z)}^{b(y,z)} f(x, y, z)dx\, dy\, dz \qquad （3\text{-}43）$$

的意思是：第三個的積分上下限是 y, z 變數的函數，因此就先對 x 變數積分，其結果為 y, z 變數的函數 g(y, z)，此函數再就第二個積分符號，進行積分。第二個積分的上下限為 z 變數的函數，則進行 g(y, z) 函數對 y 變數積分，積分結果為 z 變數的函數 h(z)，此函數 h(z) 再進

行最後一個積分符號來積分，此時第一個積分的上下限為常數p, q了。今將式（3-43）積分分解如下：

$$\int_p^q \int_{c(z)}^{d(z)} \int_{a(y,z)}^{b(y,z)} f(x, y, z)dx\,dy\,dz$$
$$= \int_p^q \int_{c(z)}^{d(z)} \left[\int_{a(y,z)}^{b(y,z)} f(x, y, z)dx \right] dy\,dz$$
$$= \int_p^q \left[\int_{c(z)}^{d(z)} g(y, z)dy \right] dz = \int_p^q h(z)dz$$

不過有時候在三重積分中的上下限為常數時，式（3-43）就可比照二重積分進行，即

$$\int_p^q \int_{c(z)}^{d(z)} \int_{a(y,z)}^{b(y,z)} f(x, y, z)dx\,dy\,dz$$
$$= \int_p^q dx \int_c^d dy \int_a^b f(x, y, z)dz$$
$$= \int_p^q dx \int_c^d g(x, y)dy = \int_p^q h(x)dx$$

例 3-28　求三重積分

$$\int_1^2 \int_2^3 \int_1^3 (x - y + z)dx\,dy\,dz$$

解　$\int_1^2 \int_2^3 \int_1^3 (x - y + z)dx\,dy\,dz$

$$= \int_1^2 dx \int_2^3 dy \int_1^3 (x - y + z)dz$$
$$= \int_1^2 dx \int_2^3 \left[xz - yz + \frac{1}{2}z^2 \right]_1^3 dy$$
$$= \int_1^2 dx \int_2^3 [2x - 2y + 4]dy = \int_1^2 \left[2xy - y^2 + 4y \right]_2^3 dx$$
$$= \int_1^2 (2x - 1)dx = \left[x^2 - x \right]_1^2 = 2$$

此處的三重積分式（3-43）中的 $f(x, y, z)$ 寫成為 $\theta(x)\phi(y)\varphi(z)$ 時，又其上下限的 a, b, c, d, p 及 q 等皆為常數，可比照式（3-42）寫為

$$\int_p^q\int_c^d\int_a^b f(x, y, z)dx\,dy\,dz$$
$$= \int_p^q\theta(x)dx\int_c^d\phi(y)dy\int_a^b\varphi(z)dz \qquad (3\text{-}44)$$

例 3-29 $\int_0^\infty dx\int_0^\infty dy\int_0^\infty xyz\, e^{-(x+y+z)}dz$

解 $\int_0^\infty dx\int_0^\infty dy\int_0^\infty xyz\, e^{-(x+y+z)}dz$

$$= \int_0^\infty xe^{-x}dx\int_0^\infty ye^{-y}dy\int_0^\infty ze^{-z}dz = \left[\int_0^\infty xe^{-x}dx\right]^3 = 1$$

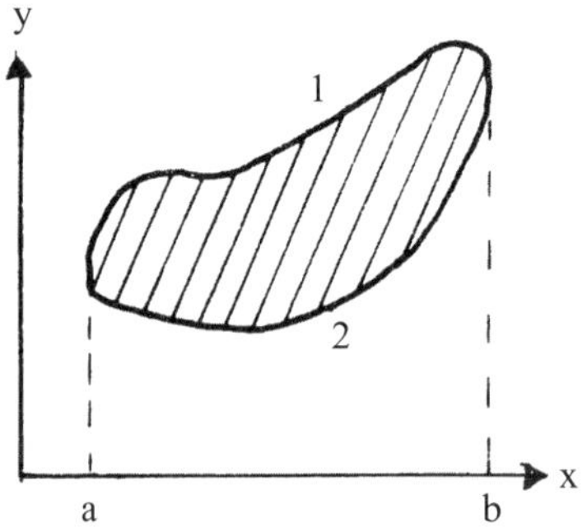

圖 3-8

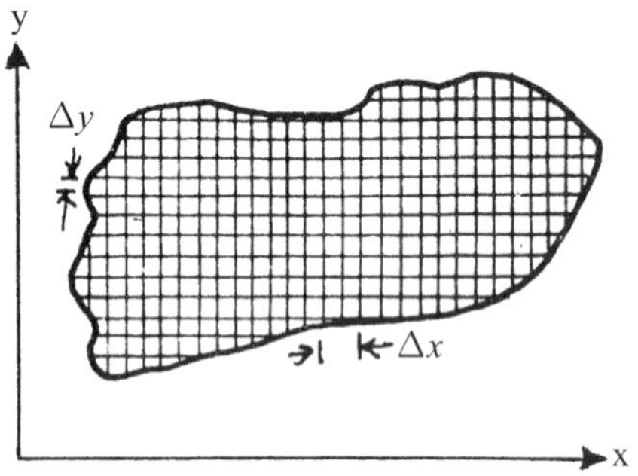

圖 3-9

現在讓我們回頭來看，在平常的問題中，什麼時候會碰上重積分呢？假定我們要算一算，如圖 3-8 中封閉曲線所包圍斜線面積，當然，你可以把曲線 1 和 x 軸間的面積求出，減去曲線 2 和 x 軸間的面積即可，不過，我們可以另外的方法求出。先把一塊封閉曲線所包圍的面積順著 x 軸方向切成寬 Δy 的一小條一小條，再沿 y 軸方向切寬 Δx 的一小條一小條，那麼整個面積就被分割成一小塊一小塊 Δx 長 Δy 寬的矩形（圖 3-9），而整個面積可以說是這些小矩形的和 $\Sigma\Delta x\Delta y$。假定我們光看斜線的長條，在這長條上 y 值是在 Δy 範圍內，但在 Δy

很小時，y 可以看成是常數，所以把這長條的面積加起來就是

$$\sum_x \Delta y \Delta x = \Delta y \sum_x \Delta x$$

在 $\Delta x \to 0$ 的情形下，$\sum_x \Delta x$ 就是積分 $\int_a^b dx$。下限 a 應該就是那長條左端點的 x 值，上限 b 就是那長條右端的 x 值。大家可以看到這兩個 x 值，和所在的是那個長條，也就是那個 y 值有關，若我們分別以 $x_1(y)$, $x_2(y)$ 表示在 y 值時，左端點和右端點的 x 值，則此長條可以寫成：

$$\Delta y \int_{x_1(y)}^{x_2(y)} dx = f(y)\Delta y$$

由於整塊面積是長條，即是長條面積的總和，把長條的面積統統加在一起 $\Sigma f(y)\Delta y$ 就是總面積。根據定義，這就是積分 $\int_c^d f(y)dy$，c 是最小的 y 值，d 是最大的 y 值，若以 y_1 與 y_2 分別表示，則面積 A

$$A = \int_{y_1}^{y_2} f(y)dy = \int_{y_1}^{y_2}\left[\int_{x_1(y)}^{x_2(y)} dx\right]dy$$

或者就寫成

$$A = \int_{y_1}^{y_2}\int_{x_1(y)}^{x_2(y)} dx\,dy \qquad (3\text{-}45)$$

把此式和（3-38）式一比，顯然就是在 $f(x, y) = 1$ 時的二重積分。其實如果把問題稍微變一下，若此面是一個質量不均勻的木板，在 (x, y) 點處的密度 $\rho(x, y)$，則長條的質量應該是

$$\Delta y \int_{x_1(y)}^{x_2(y)} \rho(x, y)dx$$

而木板總質量應為

$$M = \int_{y_1}^{y_2}\int_{x_1(y)}^{x_2(y)} \rho(x, y)dx\,dy \qquad (3\text{-}46)$$

這樣子的積分又稱為**面積分**。

同樣的方法，算一個封閉曲面內的體積，首先把這體積分割成一

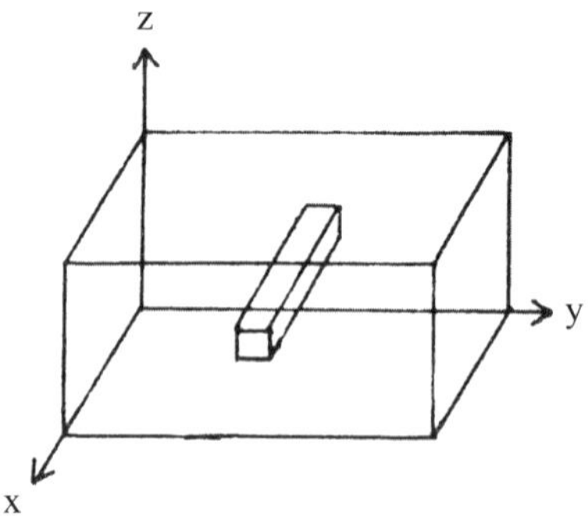

圖 3-10

條一條的$\Delta y \times \Delta z$ 為底的條狀體積，這一長條上 y 和 z 可以看成常數，這長條的體積就是$\Delta y\Delta z\int_{x_1(y,z)}^{x_2(y,z)}dx$。下一步驟就是把這些長條體積加起來，我們可以沿著一定的 z（寬度為Δz）上的長度先加起來，這就是$\Delta z\int_{y_1(z)}^{y_2(z)}\int_{x_1(y,z)}^{x_2(y,z)}dx\ dy$，最後再把寬度$\Delta z$的一片一片體積加上來，即體積 V 為

$$V=\int_{z_1}^{z_2}\int_{y_1(z)}^{y_2(z)}\int_{x_1(y,z)}^{x_2(y,z)}dx\,dy\,dz \qquad (3\text{-}47)$$

和（3-43）一比，我們可以知道這是 $f(x, y, z)=1$ 的三重積分。

假如這體積是個質量不均勻的木塊，在 (x, y, z) 點的密度如果是 $\rho(x, y, z)$，則木塊的質量 M 應該是

$$M=\int_{z_1}^{z_2}\int_{y_1(z)}^{y_2(z)}\int_{x_1(y,z)}^{x_2(y,z)}\rho(x,y,z)dx\,dy\,dz \qquad (3\text{-}48)$$

3-8　積分的應用

1. 幾何面積、體積

例 3-30　求一半徑為 R 的圓形面積。

解　把圓形依半徑每差Δr，畫成一層一層的同心圓，兩相鄰的同心圓間環形面積大約為$2\pi r\Delta r$，把所有的環形面積通

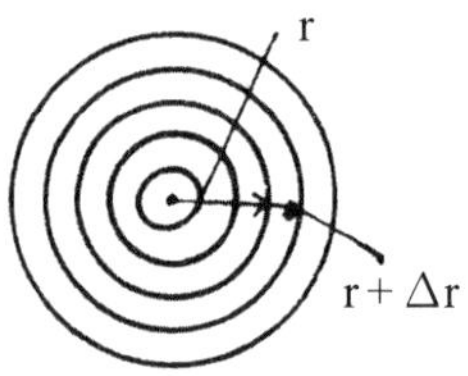

圖 3-11

通加起來 $\sum_i 2\pi r_i \Delta r$ 就是圓形面積，因此

$A=\int_0^R 2\pi r dr=\pi r^2\Big|_0^R=\pi R^2$

另外一個以二重積分法來算的，如圖 3-12，在斜線處 y 值一定，則左端點的 x 座標為 $-\sqrt{R^2-y^2}$，右端點為 $\sqrt{R^2-y^2}$，而類似的橫條，從 $y=-R$ 一直到 $y=R$，所以面積為

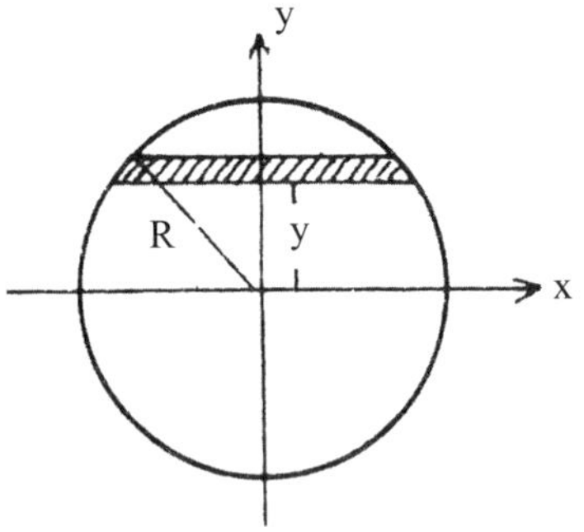

圖 3-12

$$\int_{-R}^{R}\int_{-\sqrt{R^2-y^2}}^{\sqrt{R^2-y^2}}dx\,dy=\int_{-R}^{R}2\sqrt{R^2-y^2}dy$$

$y=R\sin\theta$，則 $dy=R\cos\theta\,d\theta$，此項積分為

$$\begin{aligned}\int_{-R}^{R}2\sqrt{R^2-y^2}dy&=\int_{-\frac{\pi}{2}}^{\frac{\pi}{2}}2R^2\cos^2\theta\,d\theta\\&=\int_{-\frac{\pi}{2}}^{\frac{\pi}{2}}2R^2\frac{1+\cos 2\theta}{2}d\theta\\&=\pi R^2\end{aligned}$$

例 3-31 求一個三角圓錐體，高度為 h，底半徑為 R 的體積。

解 首先將整塊錐體分割成一片一片的圓盤，把這些圓盤的體積加起來後，就是這個錐體體積的近似值，而每一個圓盤的厚度若趨近於零，則此值就趨近於圓錐的真正體積了，換句話說，

$$V=\lim_{\Delta V\to 0}\sum_i \Delta v_i=\int dv$$

因　$\Delta v=\pi r^2\,\Delta z$

r是圓盤的半徑，Δz是厚度，任意處的高度為z，則圓盤半徑為

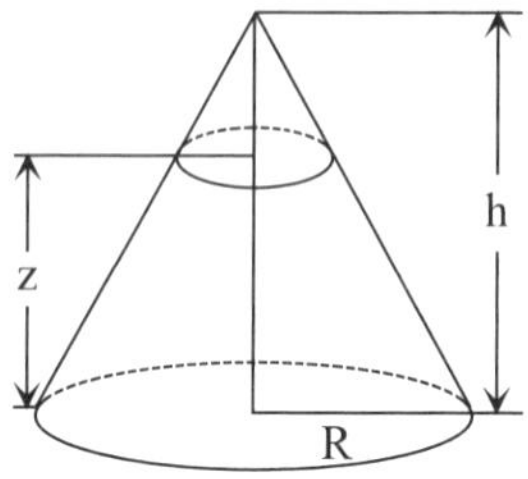

$$r=R\left(1-\frac{z}{h}\right)$$

所以　$\Delta v=\pi R^2\left(1-\frac{z}{h}\right)^2\Delta z$

而

$$V=\int_o^h dv=\int_o^h \pi R^2\left(1-\frac{z}{h}\right)^2 dz$$

$$=\pi R^2\int_o^h\left(1-\frac{2z}{h}+\frac{z^2}{h^2}\right)dz=\pi R^2\left(z-\frac{z^2}{h}+\frac{1}{3}\frac{z^3}{h^2}\right)\Bigg|_o^h$$

$$=\frac{1}{3}\pi R^2 h$$

例 3-32　計算$\int_R\int xy^2\,dx\ dy$，R 為一個圓，$x^2+y^2=a^2$與一條直線$x+y=a$，$a>0$，所圍成的區域，如圖 3-13 所示。

解　由圖 3-13 所示，在積分進行時，先對 y 變數積分，其上下限為$y_1=a-x$到$y_2=\sqrt{a^2-x^2}$，而後對 x 變數積分時，x 的上下限為 $x=0$ 到 $x=a$，因此

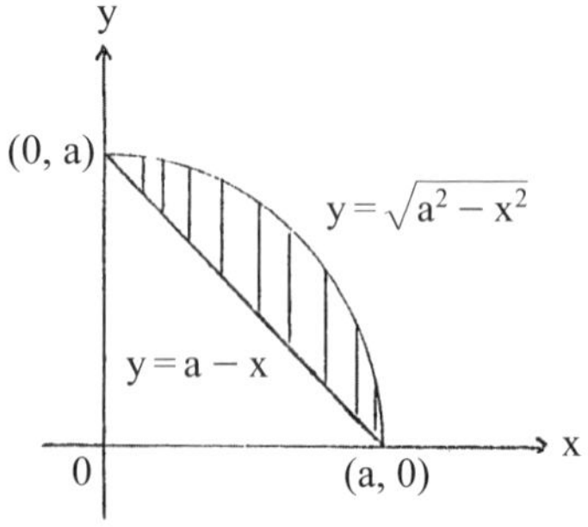

圖 3-13

$$\int_R\int xy^2\,dx\ dy$$

$$=\int_o^a\int_{a-x}^{\sqrt{a^2-x^2}} xy^2\,dy$$

$$=\int_o^a\left[\frac{1}{3}xy^3\right]_{a-x}^{\sqrt{a^2-x^2}}dx$$

$$=\frac{1}{3}\int_o^a[x(a^2-x^2)^{3/2}-x(a-x)^3]\,dx$$

$$=\frac{1}{3}\left[-\frac{1}{5}(a^2-x^2)^{5/2}+\frac{1}{4}x(a-x)^4+\frac{1}{20}(a-x)^5\right]_0^a$$

$$=\frac{1}{20}a^5$$

例 3-33 若一物體的底為一三角形（在 x-y 平面上，如圖 3-14），厚度 Z，$Z=cx^2$，c 為常數。求此物體的體積。

解 $V=\int_{x_1}^{x_2}\int_{y_1}^{y_2}\left[\int_{z_1}^{z_2}dz\right]dy\,dx$

其中 $z_1=0$，$z_2=cx^2$，

$y_1=-\frac{b}{2}\left(1-\frac{x}{a}\right)$，

$y_2=\frac{b}{2}\left(1-\frac{x}{a}\right)$，

$x_1=0$，$x_2=a$

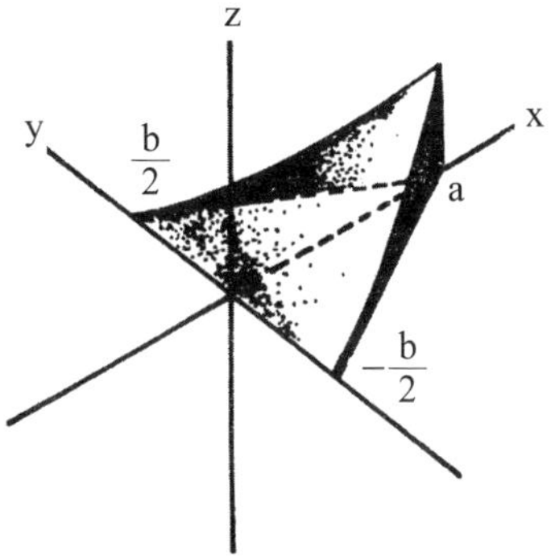

圖 3-14

所以

$$V=\int_{x_1}^{x_2}\int_{y_1}^{y_2}(z_2-z_1)\,dy\,dx$$

$$=\int_{x_1}^{x_2}\int_{y_1}^{y_2}cx^2\,dy\,dx$$

$$=\int_{x_1}^{x_2}(cx^2y_2-cx^2y_1)\,dx=\int_{x_1}^{x_2}cx^2b\left(1-\frac{x}{a}\right)dx$$

$$=bc\left(\frac{1}{3}x_2^3-\frac{1}{4}\frac{x_2^4}{a}\right)-bc\left(\frac{1}{3}x_1^3-\frac{1}{4}\frac{x_1^4}{a}\right)=\frac{bca^3}{12}$$

例 3-34 計算三重積分 $\iiint x^2z\,dx\,dy\,dz$，其體積區域由 $z=0$，$z=h$ 與圓柱 $x^2+y^2=a^2$ 等三面所圍成。

解 先針對區域圍成等三面得知，可先對 z 變數積分

$$I=\iiint x^2z\,dx\,dy\,dz=\iint\left[\int_0^h x^2z\,dz\right]dx\,dy$$

$$=\frac{1}{2}\iint x^2h^2dx\,dy$$

接下來對 y 變數積分

$$I=\frac{1}{2}h^2\int dx\int_{-\sqrt{a^2-x^2}}^{\sqrt{a^2-x^2}}x^2dy=h^2\int x^2\sqrt{a^2-x^2}\,dx$$

最後對 x 變數積分

$$I=h^2\int_{-a}^{a}x^2\sqrt{a^2-x^2}\,dx=\frac{1}{8}\pi h^2a^4$$

上式積分中利用變數變換 $x=a\sin\theta$進行之。

2. 物理應用實例

例 3-35 若速度為 $v(t)=v_o e^{-bt}$，而在 $t=0$ 時的位置設為起點，即 $t=0$，$S=0$，求位置函數。

解 因 $v=\frac{dS}{dt}$，因此

$$S=\int v(t)dt=\int v_o e^{-bt}=\frac{v_o}{b}e^{-bt}+c$$

c 為積分常數。由起始條件 $t=0$ 時，$S=0$，則

$$-\frac{v_o}{b}+c=0，或\ c=\frac{v_o}{b}$$

所以

$$S=-\frac{v_o}{b}e^{-bt}+\frac{v_o}{b}$$

其實，我們也常把這種積分寫成定積分形式

$$S=\int_o^t v(t)dt=-\frac{v_o}{b}e^{-bt}\Big|_o^t=-\frac{v_o}{b}e^{-bt}+\frac{v_o}{b}$$

把上限寫成變數，使這積分仍算一個函數，而下限明白寫出，則使任意常數因而固定。

例 3-36 速度 $v(t)=\dfrac{v_o}{b+t}$，求位置函數，設 $t=0$ 時 $S=0$。

解 $S(t)=\int_o^t v(t)dt=\int_o^t \frac{v_o}{b+t}dt=v_o\ln(b+t)\Big|_o^t$

$$=v_o[\ln(b+t)-\ln b]=v_o\ln\left(1+\frac{t}{b}\right)$$

其他許多數學上，及物理上，只要是可以寫成一連串類似 $\sum_i f(x_i)\Delta x$ 的總和，在 $\Delta x\to 0$ 的極限，都可以用積分獲得。

在物理上，如果有一個力推動某物體移動了 Δx 的距離，則力會做了 $F\Delta x$ 的功（設力和距離在同方向），力是隨地而變的，功乃是 $\lim\limits_{\Delta x\to 0}\sum_i F(x_i)\Delta x$，即從 x_1 推到 x_2 的總做功為

$$W=\int_{x_1}^{x_2}F(x)dx$$

例 3-37 導出彈簧力對物體做功之公式。

解 依虎克定律，彈簧力對物體所施之力為 $-kx$，k 為力常數，因此彈簧力對物體拉了一段距離 x 所作之功為

$$W=\int F\,dx=\int_x^0 -kx\,dx=-\frac{1}{2}kx^2\Big|_x^o=\frac{1}{2}kx^2$$

例 3-38 導出物體質心的求法。

解 依物理學的定義，物體質心 (x_{CM}, y_{CM}, z_{CM}) 為

$$x_{CM}=\frac{\int x\rho\,dx\,dy\,dz}{\int \rho\,dx\,dy\,dz}$$

$$y_{CM}=\frac{\int y\rho\,dx\,dy\,dz}{\int \rho\,dx\,dy\,dz} \qquad (3\text{-}49)$$

$$z_{CM}=\frac{\int z\rho\,dx\,dy\,dz}{\int \rho\,dx\,dy\,dz}$$

式中ρ為物體的質量密度，就是質量的分布函數。我們舉兩個例子來看，例如有一線段ℓ米長，其質量分布$\rho=x$ 克／米，其質量中心為

$$x_{CM}=\frac{\int_0^{\ell} x(x\,dx)}{\int_0^{\ell} x\,dx}=\frac{\frac{1}{3}\ell^3}{\frac{1}{2}\ell^2}=\frac{2}{3}\ell\text{（米）}$$

又例如計算一半徑為 a 的半圓板（不考慮厚度），其質量分布是均勻的，則質心計算如下：

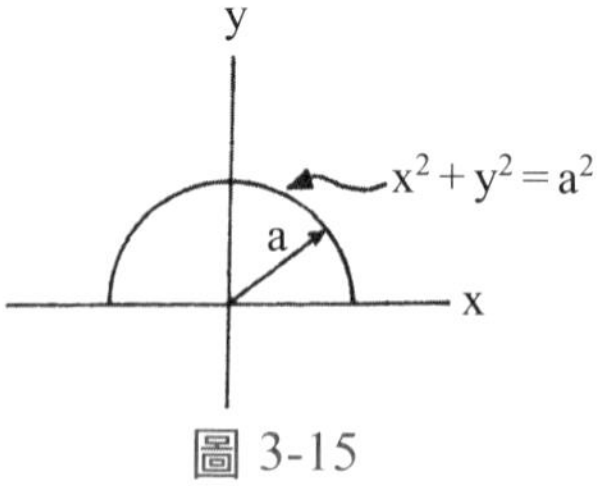

圖 3-15

例圖 3-15

$$x_{CM}=\frac{\int x\rho\,dx\,dy}{\int \rho\,dx\,dy}$$

$$=\frac{\int_{-a}^{a}dx\int_0^{\sqrt{a^2-x^2}}x\,dy}{\int_{-a}^{a}dx\int_0^{\sqrt{a^2-x^2}}dy}$$

$$= \frac{\int_{-a}^{a} x\sqrt{a^2-x^2}\,dx}{\int_{-a}^{a}\sqrt{a^2-x^2}\,dx} = 0$$

$$y_{CM} = \frac{\int y\rho\,dx\,dy}{\int \rho\,dx\,dy} = \frac{\int_{-a}^{a}dx\int_{0}^{\sqrt{a^2-x^2}} y\,dy}{\int_{-a}^{a}dx\int_{0}^{\sqrt{a^2-x^2}} dy}$$

$$= \frac{\frac{1}{2}\int_{-a}^{a}(a^2-x^2)\,dx}{\int_{-a}^{a}\sqrt{a^2-x^2}\,dx} = \frac{\frac{2}{3}a^3}{\frac{1}{2}\pi a^2} = \frac{4a}{3\pi}$$

例 3-39　導出物體的轉動慣量之公式。

解　依物理學定義，物體對於通過質心的特定轉動軸的轉動慣量為

$$I = \int r^2\,dm = \int r^2\rho\,dx\,dy\,dz,\ \int r^2\sigma\,dx\,dy,\ \int x^2\lambda\,dx \qquad (3\text{-}50)$$

式中ρ，σ及λ分別代表體積、面積及長線等的質量密度，r或 x 是質點到轉動軸垂直距離。例如

①細圓環對其軸的轉動慣量為

$$I = \int a^2\,dm = a^2\int dm = Ma^2$$

a 為圓環半徑，M 為圓環質量

②薄圓盤對其軸的轉動慣量為

$$I = \int r^2\,dm = \int (x^2+y^2)\sigma\,dx\,dy$$

$$= \sigma\int_{-a}^{a}dx\int_{-\sqrt{a^2-x^2}}^{\sqrt{a^2-x^2}}(x^2+y^2)\,dy$$

$$= 2\sigma\int_{-a}^{a}\left[x^2\sqrt{a^2-x^2}+\frac{1}{3}(a^2-x^2)^{3/2}\right]dx$$

依變數變換，令 $x = a\sin\theta$，則 $dx = a\cos\theta d\theta$，所以

$$I = 2\sigma a^4\int_{-\frac{\pi}{2}}^{\frac{\pi}{2}}\left[\sin^2\theta\cos^2\theta+\frac{1}{3}\cos^4\theta\right]d\theta$$

$$=2\sigma a^4\left(\frac{\pi}{8}+\frac{\pi}{8}\right)=\frac{1}{2}(\pi a^2\sigma)a^2=\frac{1}{2}Ma^2$$

式中 $M=\pi a^2\sigma$ 為圓盤質量，a 為圓盤半徑。

習　題3

1. 求下列各不定積分（積分常數可省略）與定積分。

(1) $\int \sin 2x\, dx$

(2) $\int \frac{dx}{x+1}$

(3) $\int x^2 e^x\, dx$

(4) $\int xe^{-x^2}\, dx$

(5) $\int \sin^2\theta \cos\theta\, d\theta$

(6) $\int_{-1}^{+1}(e^x+e^{-x})\, dx$

(7) $\int_{-\infty}^{\infty} \frac{dx}{a^2+x^2}$

(8) $\int \frac{x\, dx}{\sqrt{a^2+x^2}}$

(9) $\int_0^{\infty} x^2 e^{-x}\, dx$

(10) $\int_0^{\pi/2} \sin\theta \cos\theta\, d\theta$

(11) $\int_0^2 x^2\sqrt{1+x^3}\, dx$

(12) $\int_{-1}^{+1} \frac{dx}{\sqrt{1-x^2}}$

(13) $\int_{-1}^{+1}(x+x^2+x^3)\, dx$

(14) $\int \frac{dx}{(4x+3)^3}$

(15) $\int \frac{dx}{\sqrt{1-2x-4x^2}}$

(16) $\int \frac{dx}{4x^2+16x+25}$

(17) $\int_0^{-2} \frac{dx}{x^2+4x+8}$

(18) $\int_0^1 \frac{dx}{\sqrt{x^2+4x+8}}$

(19) $\int_0^{\pi/4} \sin^3\theta\, d\theta$

(20) $\int_0^1 \frac{x\, dx}{(x^2+1)^{3/2}}$

(21) $\int \frac{\sin x\, dx}{16+9\cos^2 x}$

(22) $\int \frac{e^x\, dx}{9+3e^x}$

(23) $\int_0^{\pi/4} x \tan^2 x\, dx$

(24) $\int x \sin^2 x \cos x\, dx$

(25) $\int \frac{dx}{(x+3)(x^2+x+1)}$

(26) $\int \frac{dx}{x^2(x^2+1)}$

(27) $\int \frac{4+2x}{1-x^3}dx$　　(28) $\int \frac{2+x^3}{x^2(1-x)}dx$

(29) $\int \frac{x^2\,dx}{\sqrt{a^2-x^2}}$　　(30) $\int_0^{\pi/2} x\sin^2 x\,dx$

2. 計算$\int_0^1 \int_y^{\sqrt{y}} (x^2+y^2)\,dxdy$

3. 計算$\int_0^{2a} \int_{\sqrt{2x}}^{\sqrt{6a^2-x^2}} 2xy\,dxdy$

4. 用積分的方法求一個球體的體積，請試由 (1) 圓板面積公式，求得一適當的積分方式，(2) 三重積分的方式。

5. 求$G=\iint(x+y)dydx$的值，面積限制在$x^2+y^2=R^2$的$x>0$半圓上。

6. 在 xy 平面上，橢圓方程式為$\frac{x^2}{a^2}+\frac{y^2}{b^2}=1$，試計算橢圓的面積。

7. 如圖 3-16(a), (b) 所示，計算斜線部分的面積。

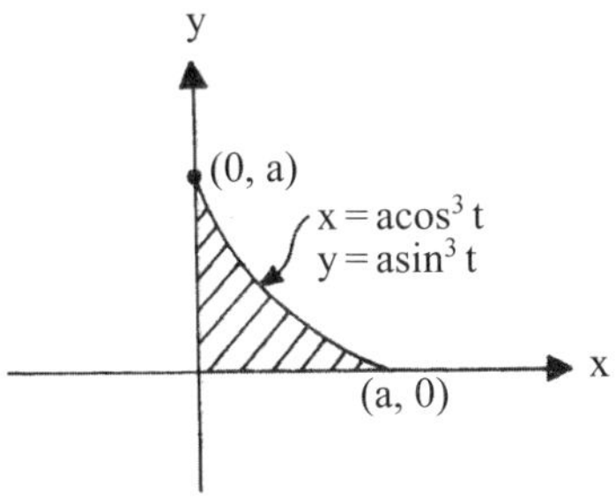

圖 3-16(a)

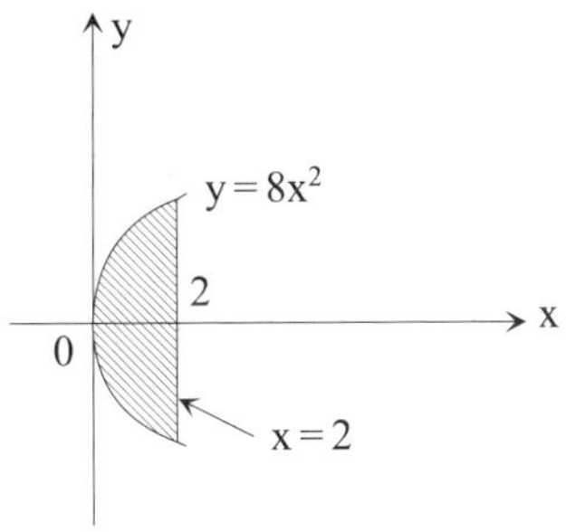

圖 3-16(b)

8. 如圖 3-17 所示，計算三角圓錐體的質心。

9. 質量分佈均勻的圓球，其半徑為R，試求對圓心軸的轉動慣量。

10. 若上題圓球換成為圓球殼（忽略厚度），其對圓心軸的轉動慣量為何？

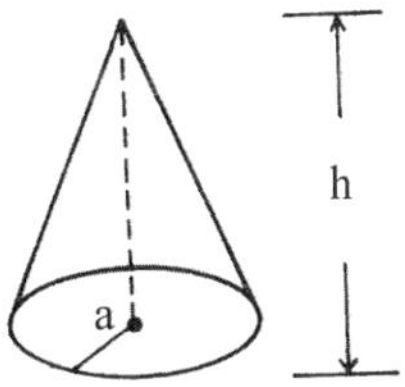

圖 3-17

第四章 向量代數

在三維空間的幾何解析是非常重要，我們利用向量來處理這三維解析幾何，因為向量可特殊也簡單描述空間的「線」，「平面」及「曲線」。同時我們也瞭解向量函數可敘述物體的運動，特別地可導出星球運動的刻卜勒定律。

物理與工程方面所遭遇到的許多物理量都是向量，當然也有純量，兩者區別是在大小與方向方面。例如速度、加速度、力、電磁場等都是向量，而能量，溫度為純量，向量分析簡化了很多問題處理以及運算。

本章介紹的向量是屬於向量代數——加法，乘法與坐標的使用以及向量應用。

4-1 純量和向量

物理學所表示的向量僅有大小之數量者，稱為**純量**（scalar），例如物體的質量、長度、時間、溫度、能量、電荷等等都是純量。一般純量的演算可用通常的代數法則，即**加、減、乘、除**等方法。物理學表示所用的純量均需附有單位。

有些數量不但具有大小，而且還具有方向的，例如圖 4-1 所示，質點從 O 點到 P 點移動時，只考慮到起點 O 與終點 P 的位置，而與其移動路徑無關，這種移動叫做**位移**，位移只取從 O 到 P 的直線距離，和從 O 朝向 P 的方向，即位移具有距離長度的**大小**（magnitude）與**方向**（direction），像這種具有大小與方向的量稱為**向量**（vector），例如位移、速度、加速度、力、動量、電磁場等等皆為向量。

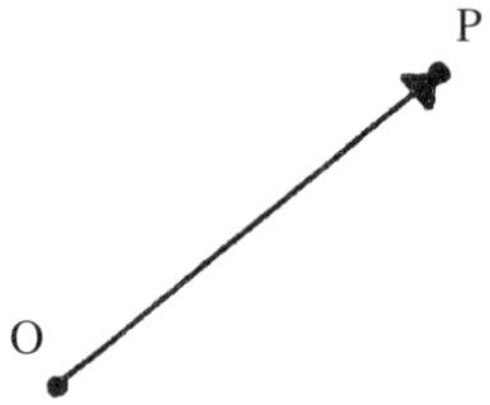

圖 4-1

向量可以用直線及箭號表示，其直線長度為向量的大小，箭號所指方向為向量方向，如圖 4-1 所示OP向量，即在OP上方劃出一箭號表示即$\overrightarrow{OP}$，或用粗黑體字 **OP** 表示，至於向量 **A** 的大小用|**A**|，或 A 表示。

向量的特性：

(1) 兩向量 **A** 和 **B** 相等時，則表示兩向量大小相等，即 **A**=**B**，同時又表示兩向量相同，或互相平行，如圖 4-2 所示。

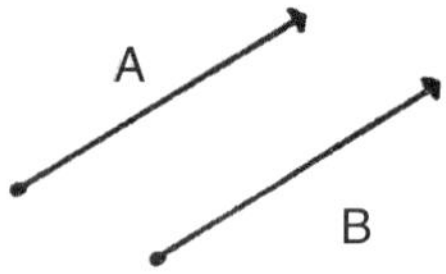

圖 4-2

(2) 向量 A 與向量 (−A) 的關係，表示大小相同、方向相向，如圖 4-3 所示。

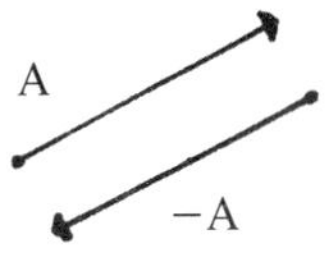

圖 4-3

(3) 若向量 A 的大小為零，則稱為**零向量**（null vector），寫成為 A＝0。

4-2　向量的加法——幾何法

若質點由 O 點移到到 P 點，而後再由 P 點移到 Q 點，則質點由 O 點移到 Q 點的位移可視為位移 OP 與 PQ 的合位移 OQ。假設位移 OP 與 PQ 分別以向量 A 與 B 表示之，則合位移 OQ 可寫成 A＋B，即向量 A 與向量 B 的合向量，如圖 4-4 所示，亦表示兩向量的相加。

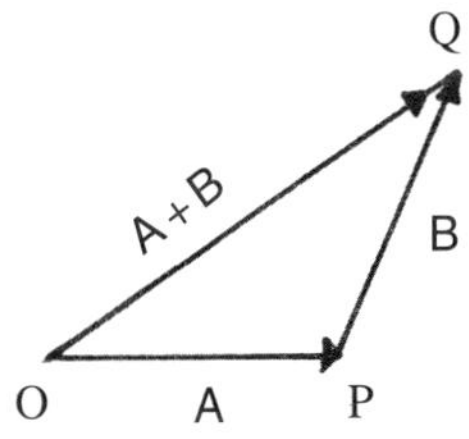

圖 4-4

向量相加的演算法則：

(1) **交換法則**——如圖 4-5 所示

$$A+B = B+A \tag{4-1}$$

為使交換法則成立，取 A＝OP，B＝PQ，則 A＋B＝OQ；其次另取 B＝OR 而平行於 PQ，因此四邊形 OPQR 形成平行四邊形，如圖 4-5 所示，故 RQ＝A，則

$$A+B = OQ = B+A$$

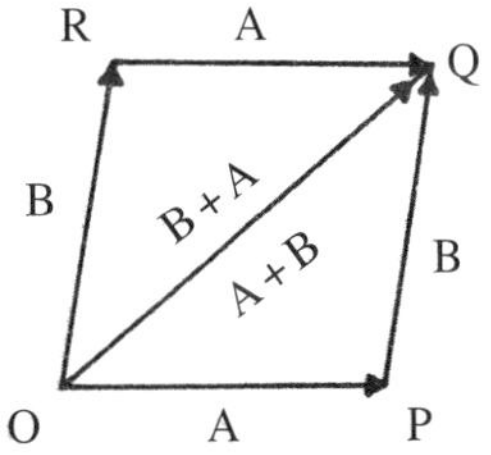

圖 4-5

這種兩向量之和的方法，稱之為**平行四邊形的法則**。

(2) **結合法則**——如圖 4-6 所示

$$(A+B)+C = A+(B+C) \qquad (4\text{-}2)$$

結合法則的成立，如圖 4-6 所示中，取 $A=OP$，$B=PQ$，$C=QR$ 等向量，因此

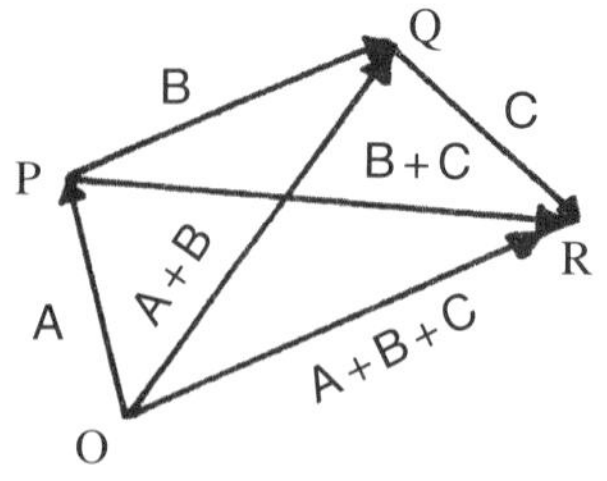

圖 4-6

$$(A+B)+C = (OP+PQ)+QR = OQ+QR=OR$$

$$A+(B+C) = OP+(PQ+QR) = OP+PR = OR$$

故

$$(A+B)+C = A+(B+C)$$

因此 $(A+B)+C$ 與 $A+(B+C)$ 可寫成 $A+B+C$，此乃是三向量 A、B 與 C 之向量和，或合成向量。此等法則說明向量以任意次序分組相加並無差別，即向量和相同。

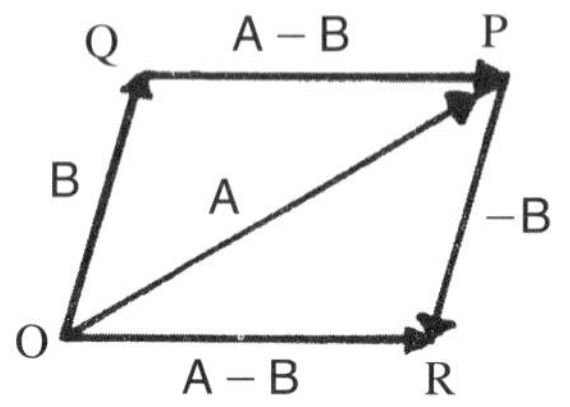

圖 4-7

(3) $\alpha(A+B)=\alpha A+\alpha B$，α為常數 (4-3)

(4) **向量相減** $A-B$ 可寫為 $A+(-B)$，如圖 4-7 所示。

4-3 向量乘法

前面所敘述向量相加之向量應屬於同類，因為不同類之向量相加是無法成立。例如**力**向量與**動量**相加在物理上根本不成立，因為找不出兩向量的合向量的物理意義，這種現象如同於不同類之純量相加無意義。但是不同類之向量可互相地相乘而成另一新因次之物理量。因

為向量其有大小與方向，因此向量之乘法無法依純量乘法的代數法則處理之。向量乘法的法則有三種：(1) 一純量乘以一向量，(2) 兩向量相乘得一純量——**純量積**（scalar product），(3) 兩向量相乘得另一向量——**向量積**（vector product）。

1. 純量乘以向量

向量 A 與 A 之向量和，是跟向量 A 一樣方向，而其大小是向量 A 的兩倍，即

$$A + A = 2A \tag{4-4}$$

如圖 4-8 所示。又跟向量 A 具有大小相等，方向相反的向量為 −A，如圖 4-9 所示。

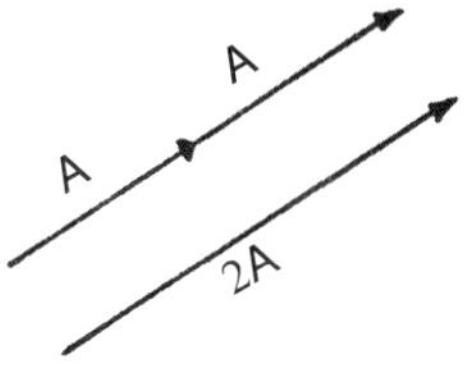

圖 4-8

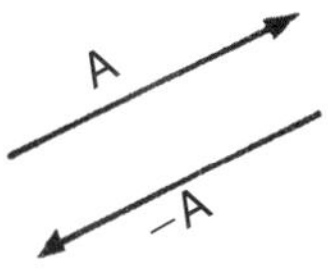

圖 4-9

式（4-4）可視為純量 2 與向量 A 的相乘，又 −A 可視為純量 −1 與向量 A 的相乘。因此依理，純量 m 與向量 A 的相乘為 mA，其結果為

①若 m 為正數，則 mA 是跟 A 同一方向之向量，其大小是 A 向量大小的 m 倍。

②若 m 為負數，則 mA 是跟 A 相反方向之向量，其大小是 A 向量大小的 m 倍，如圖 4-10 所示。

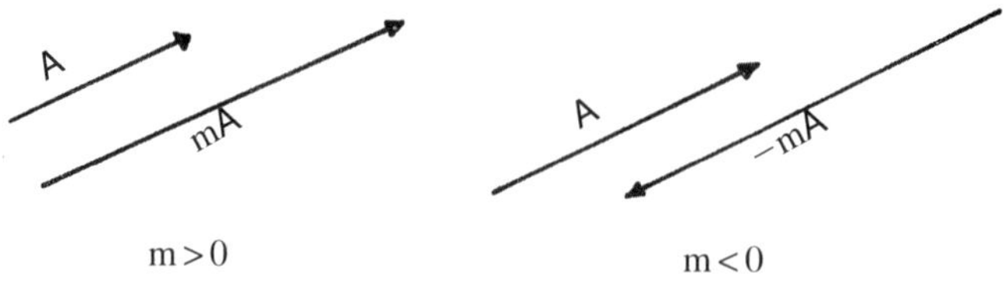

圖 4-10

③若 $m=0$，則 mA 表示**零向量**（zero vector 或 null vector）。

④若 m、n 為純量，則結合法則與分配法則能成立，即

$$m(nA) = n(mA) = mnA \qquad (4\text{-}5)$$

$$(m+n)A = mA+nA \qquad (4\text{-}6)$$

$$m(A+B) = mA+mB \qquad (4\text{-}7)$$

(1) 單位向量（unit vector）

若 A 向量不是零向量時，而取 $m=\frac{1}{|A|}=\frac{1}{A}$，則

$$mA = \frac{A}{|A|} = \frac{A}{A} = \hat{A} \qquad (4\text{-}8)$$

稱為向量 A 的**單位向量** $\hat{A}$，即其大小為 1，方向與 A 向量相同的向量。因此由式（4-8），任意向量 A 可以其大小乘以其單位向量表示之，即

$$A = A\hat{A} \qquad (4\text{-}9)$$

例 4-1　運動體的動量為質量 m 與其速度 v 的乘積，即 mv；又運動體所受之力為質量 m 與其加速度 a 的乘積，即 ma。

(2) 共線、共面的向量

若向量 A、B、C，……在一直線上平行時，這些向量稱為**共線向量**，因此，若向量 A 與 B 共線時，則 B＝mA 可以成立。於此注意，若一些向量是共線時，這些向量並不意謂具有同方向，如圖 4-11 所示。

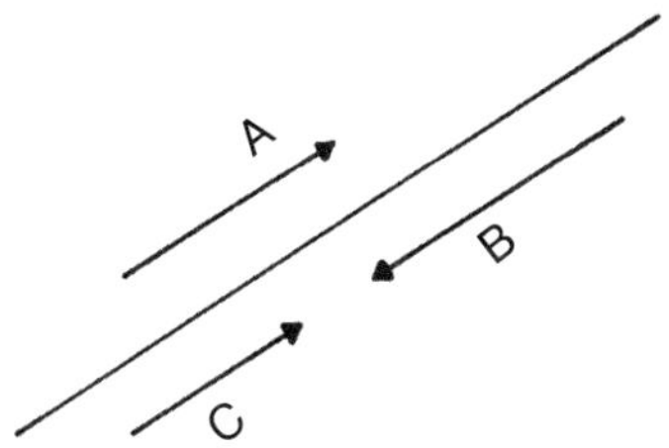

圖 4-11

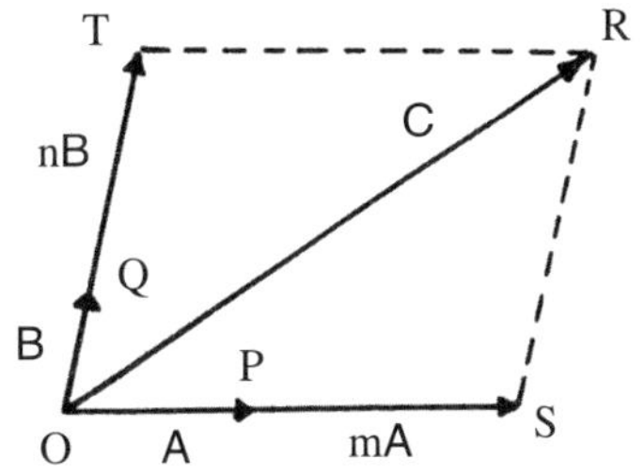

圖 4-12

若向量A、B、C，……跟一平面平行時，這些向量稱為**共面向量**。因此，若向量 A、B、C 是共面向量，而其中 A 與 B 不是共線向量，則向量 C 為

$$C = mA + nB \qquad (4\text{-}10)$$

可成立。如圖 4-12 所示的OP、OQ、OR等向量代表A、B、C等向量。因為這些向量是共面向量，又A、B不是共線向量，因此依向量加法得

$$OR = OS + OT = m(OP) + n(OQ)$$

則

$$C = mA + nB$$

同理，若三向量 A、B、C 為共面向量，且不互為共線向量時，則有下式之成立

$$mA + nB + pC = 0 \quad (4\text{-}11)$$

m、n、p 為任意常救，式（4-11）表示三向量共面的條件。

2.兩向量相乘得一純量——純量積

兩向量 A 和 B 的純量積的定義為

$$A \cdot B = AB\cos\theta \quad (4\text{-}12)$$

A、B 分別為向量 A、B 的大小，$\cos\theta$ 為兩向量夾角 θ 的**餘弦**，且 $0 \le \theta \le \pi$，如圖 4-13(a) 所示。

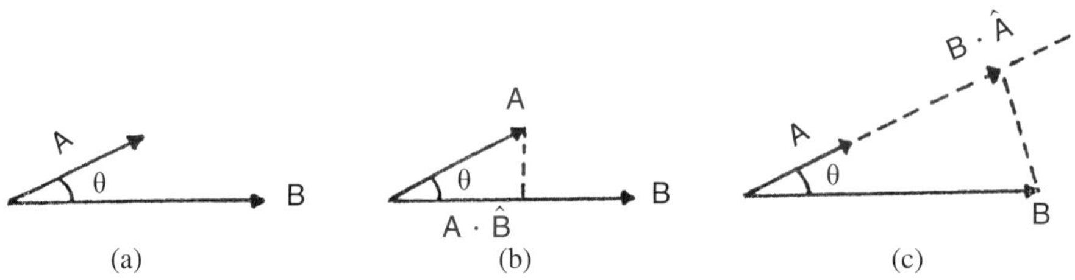

圖 4-13

因 A、B 和 $\cos\theta$ 皆為純量，故 A · B 是純量，兩向量乘積可視為向量的大小乘以另一向量在前一向量方向的分量之乘積，如圖 4-13 (b)、(c) 所示，即

$$A \cdot B = AB\cos\theta = (A\cos\theta)B = (A \cdot \hat{B})B \quad (4\text{-}13)$$

或

$$A \cdot B = AB\cos\theta = A(B\cos\theta) = A(B \cdot \hat{A}) \quad (4\text{-}14)$$

式中 $A\cdot\hat{B}$ 表示向量 A 在向量 B 方向的投影，亦即表示向量 A 在向量 B 的方向的分向量的大小。

依上述純量積的定義，許多重要物理量可以以兩向量乘積來表示之。例如機械功、電位能、電功率和電磁能量。向量純量積有下列演算法則：

(1) 互易法則——$A\cdot B = B\cdot A$ （4-15）

(2) 分配法則——$A\cdot(B+C) = A\cdot B + A\cdot C$ （4-16）

(3) m 為純量，$(mA)\cdot B = A\cdot(mB) = m(A\cdot B)$ （4-17）

(4) 相同向量的純量積——$A\cdot A = A^2 = A^2$ （4-18）

(5) 若向量 A、B 等均不為零向量，又 $A\cdot B=0$，則 A 與 B 兩向量互相垂直，即 $\cos\theta=0$，$\theta=\frac{\pi}{2}$。

3.兩向量相乘得一向量——向量積

兩向量 A 和 B 的向量積的定義為

$$A\times B = AB\sin\theta\hat{u} \qquad (4\text{-}19)$$

式中 θ 為兩向量 A 與 B 所夾角度，且 $0\le\theta\le\pi$，$AB\sin\theta$ 為兩向量 A 與 B 作為兩相鄰的平行四邊形的面積，$\hat{u}$ 為 A 與 B 所作向量乘積之結果之第三個向量的單位向量，其方向垂直於 A 與 B 所形成之平面，而必依右手螺旋法則定方向，如圖 4-14 所示。

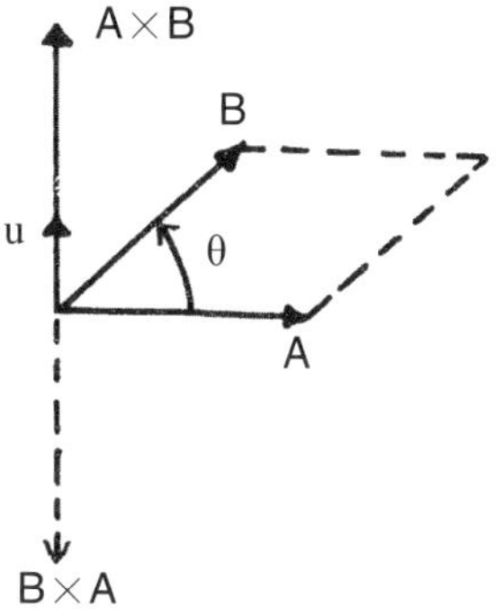

圖 4-14

若依式（4-19）之定義，A 與 B 平行，或 A、B 中有一個是零向量時，則式

（4-19）的向量是零向量。又若 $A\times B$ 不為零向量時，它與 $B\times A$ 的大小相等，但方向相反，即

$$A\times B=-B\times A \tag{4-20}$$

如圖 4-14 所示。因此向量乘積的交換法則不能成立，但分配法則卻可成立，即

$$\begin{aligned} A\times(B+C)&=A\times B+A\times C\\ (B+C)\times A&=B\times A+C\times A\\ (mA)\times B&=A\times(mB)=m(A\times B)\end{aligned} \tag{4-21}$$

又依式（4-19），相同向量的向量乘積是零向量，即

$$A\times A=0 \tag{4-22}$$

4.一些物理量之向量與純量

(1) 面積向量

如圖 4-15 所示，由封閉曲線 C 所圍成的平面為 S 時，與 S 互相垂直的向量稱為 S 的**法線向量**（normal vector）。因與 S 互相垂直的向量有兩個，取其中一個作為法線向量，而且其向量大小可適當地取之。

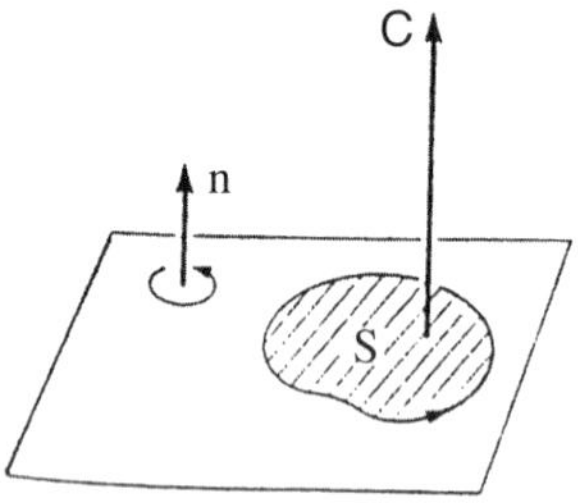

圖 4-15

兩向量 A、B 的向量乘積的方向是垂直於以 A、B 為兩邊所造成平行四邊形的平面。因此，若設平行四邊形的法線向量的方向與 $A\times B$ 的方向同向，則 $A\times B$ 的方向就是平行四邊形的法線向量方向，也就是平行四邊形為大小的面積向量。因此一個平面上的面積，也可以用一個向量來表示。這個面積向量 S 的大小，就是平

面 S 的數值，其方向則垂直於面積的平面。關於 S 向量的方向定法，可由包圍面積的曲線 C 的指向而定。一般上都以右手旋轉法則定之。如 C 的指向和一右手的食指的指向相同，則 S 指向就相當於拇指的指向，如圖 4-15 所示。面積向量記為 $\mathbf{S} = S\hat{n}$。

(2) 角速度ω

剛體對其一軸的旋轉的速度為 ω，其中某一質點的切線速度 v 應為

$$v = R\frac{d\theta}{dt} = R\omega = (r\sin(\alpha))\omega \qquad (4\text{-}23)$$

式中 $R = r\sin(\alpha)$，因此對於角速度 ω 的方向與大小而言，可將上式寫為

$$\mathbf{v} = \boldsymbol{\omega} \times \mathbf{r} \qquad (4\text{-}24)$$

如圖 4-16 所示，r 為質點的位置向量。

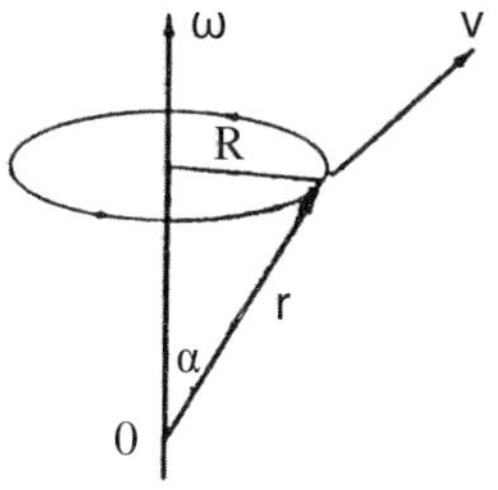

圖 4-16

(3) 力矩τ，角動量 L

設 r 為質點在運動中某時刻的位置向量，在該位置時承受一力 F，此力作用於質點對坐標原點產生一力矩為

$$\boldsymbol{\tau} = \mathbf{r} \times \mathbf{F} \qquad (4\text{-}25)$$

同時，質點的瞬時速度為 v，則讓質點具有線動量 $\mathbf{p} = m\mathbf{v}$，因此該質點對坐標原點具有一角動量為

$$\mathbf{L} = \mathbf{r} \times \mathbf{p} \qquad (4\text{-}26)$$

(4) 功

質點承受一力 F 作用產生位移 $\Delta\mathbf{r}$ 時，作用力對質點所作之功為

$$\Delta w = \mathbf{F} \cdot \Delta\mathbf{r} \qquad (4\text{-}27)$$

4-4 幾何學上的應用

一般來說，若設O點為定點，由O點移向P點的位移向量為OP，因此對P而言，OP為P點對定點O的位置向量（position vector），故定點 O 可視為原點如圖 4-17 所示。利用位置向量觀念來看一些幾何學的問題。

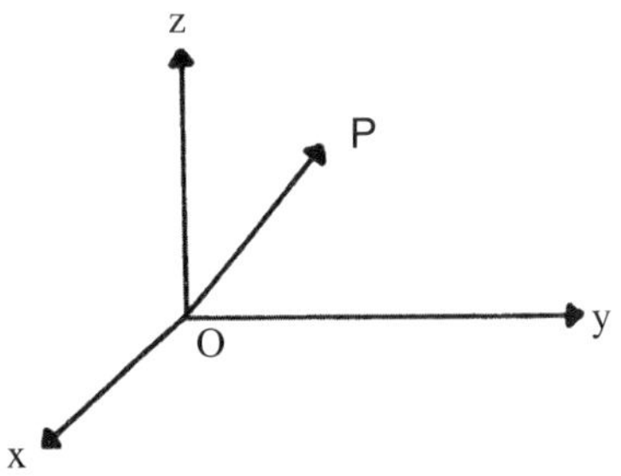

圖 4-17

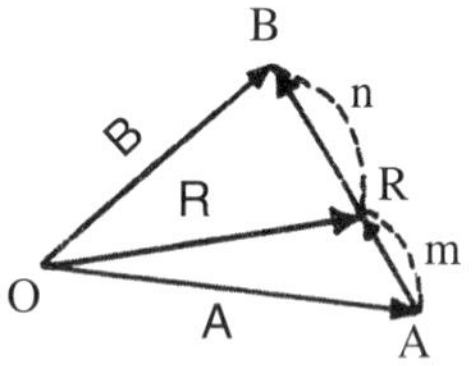

圖 4-18

1. 線段分段 m：n 點

設O點為原點，因此A與B兩點的位置向量分別為OA（或A）及OB（或B），如圖 4-18 所示。設R為AB線段的分點，其位置向量為OR（或R），結果AR：RB＝m：n，或

$$nAR = mRB$$

$$\therefore \quad n(R - A) = m(B - R)$$

故

$$R = \frac{nA + mB}{m + n} \qquad (4\text{-}28)$$

若 R 點在 AB 的延長線上，則上式（4-28）的 m 及 n 中有一負值。

例 4-2 AB 線段的中點位置向量為 $R=\frac{1}{2}(A+B)$

例 4-3 AB 線段分為 AR：RB＝2：3，則 R 的位置向量為

解 $R=\frac{3A+2B}{2+3}=\frac{1}{5}(3A+2B)$

又若 R 點是在 AB 線段的延長線上，則

$R=\frac{3A-2B}{-2+3}=3A-2B$

如圖 4-19 所示。

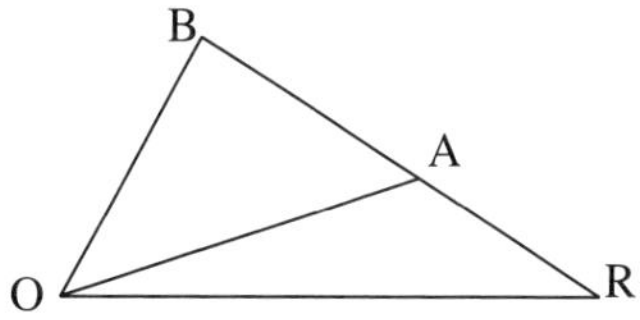

圖 4-19

2.直線的向量方程式

首先我們假設有一已知向量 b，今在向量 b 外一點 A，通過 A 點而平行向量 b 的向量方程式為何。

設通過 A 點的直線上一點為 P，則 A 點與 P 點的位置向量為 OA＝a，OP＝r，因此 A、P 原點 O 形成一封閉三角形，則

$$OP = OA + AP$$

或

$$r = a + AP$$

今 AP 平行於 b，故可令 AP = mb，m 為純量數，則上式為

$$r = a + mb \qquad (4\text{-}29)$$

若 m 變化時，r 的終點 P 將會在通過 A 點與 b 平行直線上移動，因此式（4-29）為所求的直線向量方程式。

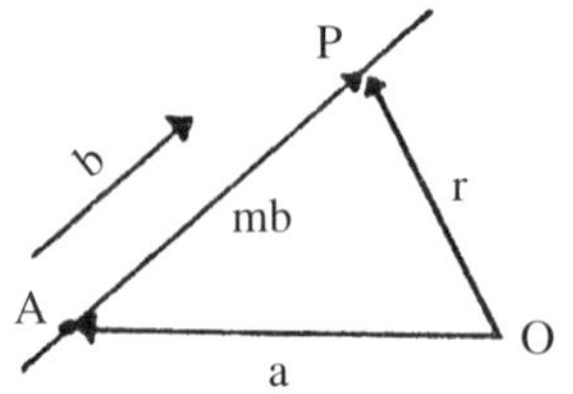

圖 4-20

其次我們再推廣為通過兩定點 A，B 的直線方程式。A，B 兩定點的位置向量分別為 a 及 b，則 AB = b − a。因此通過 A 點與 b − a 平行的直線為（依式（4-29））

$$r = a + m(b - a)$$

或

$$r = (1 - m)a + mb \qquad (4\text{-}30)$$

一般又可寫成為

$$r = pa + qb \qquad (4\text{-}31)$$

但條件為 $p + q = 1$。式（4-31）為通過兩定點 A，B 的直線向量方程式，如圖 4-20 所示。

3.平面上的向量方程式

(1) 通過定點 A 與兩向量 b、c 所形成平面平行的向量方程式。

如圖 4-21 所示，平面上任意點 P 的位置向量為r，定點A的位置向量為a。今b、

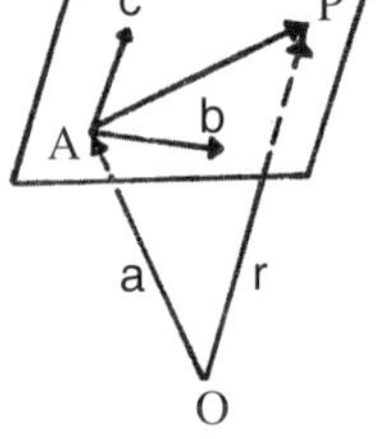

圖 4-21

c 與 AP 共面，則依式（4-11）三向量共面的條件

為　AP = mb + nc

而　AP = OP − OA = r − a

故

$$r = a + mb + nc \qquad (4\text{-}32)$$

若上式 m、n 值產生變化時，r 的終點 P 會在平面上移動，故式（4-32）為平面的向量方程式。

(2) 通過三定點 A，B，C 的平面

因 A，B，C 三定點的位置分別為 OA = a，OB = b，OC = c，故

$$AB = b - a，AC = c - a$$

依圖 4-21 所示，AP 與 b − a 及 c − a 為共面向量，因此依式（4-32）得

$$r = a + m(b - a) + n(c - a)$$

或

$$r = (1 - m - n)a + mb + nc \qquad (4\text{-}33)$$

上式又可寫為一般式

$$r = pa + qb + sc \qquad (4\text{-}34)$$

但　p + q + s = 1

4-5 直角坐標系的向量

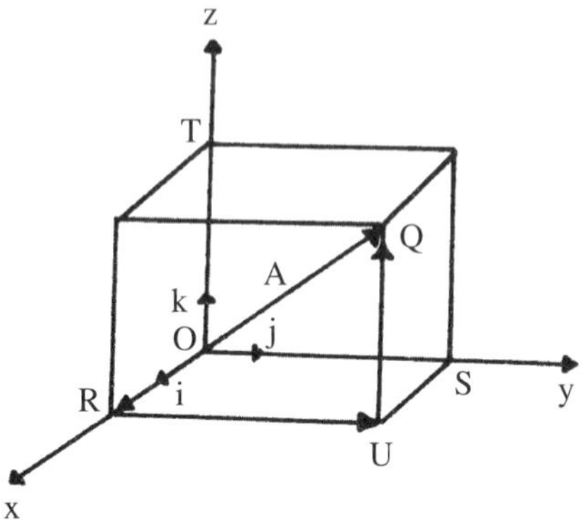

圖 4-22

前面章節所敘述的向量是以幾何學來處理，今我們想以坐標軸作解析法來處理向量，而且較幾何法方便多。我們所用的坐標軸是直角坐標軸，亦即卡氏坐標。設 i, j, k 等單位向量分別沿著 x －軸，y －軸，及 z －軸。若向量 **A** 是不跟坐標平面平行的向量，如圖 4-22 所示的向量 **OQ**。則

$$\mathbf{A} = \mathbf{OQ} = \mathbf{OR} + \mathbf{RU} + \mathbf{UQ} = \mathbf{OR} + \mathbf{OS} + \mathbf{OT} \quad (4\text{-}35)$$

今 **OR, OS, OT** 分別沿著於 i、j、k 等向量，即

$$\mathbf{OR} = OR\mathbf{i}，\mathbf{OS} = OS\mathbf{j}，\mathbf{OT} = OT\mathbf{k} \quad (4\text{-}36)$$

此處 **OR**、**OS** 及 **OT** 可分別以 A_x、A_y 及 A_z 表示，亦即表示 x、y 及 z 等軸向量的大小，因此式（4-35）改寫為

$$\mathbf{A} = A_x\mathbf{i} + A_y\mathbf{j} + A_z\mathbf{k} \quad (4\text{-}37)$$

若向量 **A** 跟坐標平面 xy 面平行時，則 $\mathbf{A} = A_x\mathbf{i} + A_y\mathbf{j}$ 方程式是成立，即式（4-37）的 A_z 會為零。更進一步，若 **A** 跟 x －軸平行時，即 $\mathbf{A} = A_x\mathbf{i}$，亦即式（4-37）中 $A_y = A_z = 0$。

若我們將坐標建立後，任何向量均可以沿坐標軸向量的大小作為該向量的分向量來表示之。例如式（4-37）中，$A_x\mathbf{i}$、$A_y\mathbf{j}$ 及 $A_z\mathbf{k}$ 分別

表示向量 A 在 x-軸，y-軸及 z-軸的分向量。

若向量 A 與 x-軸，y-軸及 z-軸所夾角分別為α、β及γ，如圖 4-23 所示。因此向量 A 的分向量大小 A_x、A_y 及 A_z 為

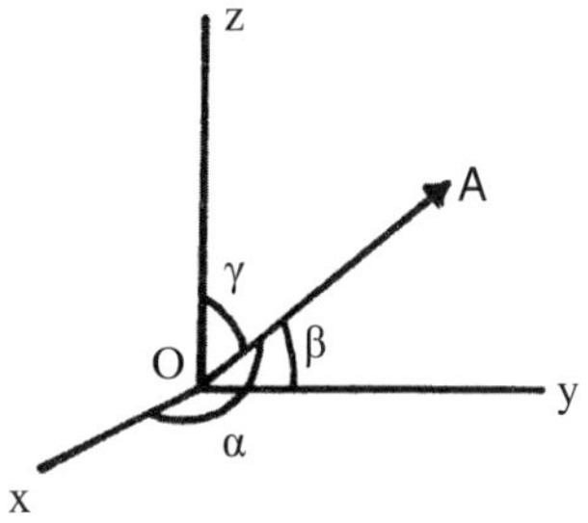

圖 4-23

$$A_x = A\cos\alpha,$$
$$A_y = A\cos\beta$$
$$A_z = A\cos\gamma \qquad (4\text{-}38)$$

式中 $\cos\alpha$、$\cos\beta$、$\cos\gamma$ 稱為向量 A 的方向餘弦（directional cosine）。因此根據式（4-37）及（4-38）可知一向量的特性如下：

①向量 A 的單位向量可以以該向量的方向餘弦表示之，即

$$\hat{A} = \cos\alpha \mathrm{i} + \cos\beta \mathrm{j} + \cos\gamma \mathrm{k} \qquad (4\text{-}39)$$

②向量 A 的大小為

$$|A| = (A_x^2 + A_y^2 + A_z^2)^{1/2} \qquad (4\text{-}40)$$

上式可由圖 4-22 的畢氏定理導之，即 $OQ^2 = OR^2 + OS^2 + OT^2$。

③向量 A 的方向餘弦角定之，即

$$\cos\alpha = \frac{A_x}{|A|}, \cos\beta = \frac{A_y}{|A|}, \cos\gamma = \frac{A_z}{|A|} \qquad (4\text{-}41)$$

式（4-40）及（4-41）成立的條件是向量 A 的分量 A_x、A_y 及 A_z，一定要已知才可。

接著我們利用向量的分向量來表示向量的相等、和差、向量純量積、向量乘積及三向量以上乘積。設向量 $A = A_x \mathrm{i} + A_y \mathrm{j} + A_z \mathrm{k}$，$B = B_x \mathrm{i} + B_y \mathrm{j} + B_z \mathrm{k}$，m 是純量。

1. 向量相等

$$若\ \mathsf{A} = \mathsf{B}，則\ A_x = B_x，A_y = B_y，A_z = B_z \qquad (4\text{-}42)$$

2. 向量和差

$$\begin{aligned} \mathsf{A} \pm \mathsf{B} &= (A_x \mathsf{i} + A_y \mathsf{j} + A_z \mathsf{k}) \pm (B_x \mathsf{i} + B_y \mathsf{j} + B_z \mathsf{k}) \\ &= (A_x \pm B_x)\, \mathsf{i} + (A_y \pm B_y)\, \mathsf{j} + (A_z \pm B_z)\, \mathsf{k} \qquad (4\text{-}43) \end{aligned}$$

3. $\mathsf{mA} = \mathsf{m}(A_x \mathsf{i} + A_y \mathsf{j} + A_z \mathsf{k})$

$$= (\mathsf{m}A_x)\, \mathsf{i} + (\mathsf{m}A_y)\, \mathsf{j} + (\mathsf{m}A_z)\, \mathsf{k} \qquad (4\text{-}44)$$

4. 向量的純量積

依式（4-12）的定義，對於i、j、k等基本單位向量，下列式可成立。

$$\mathsf{i} \cdot \mathsf{i} = \mathsf{j} \cdot \mathsf{j} = \mathsf{k} \cdot \mathsf{k} = 1 \qquad (4\text{-}45)$$

$$\mathsf{i} \cdot \mathsf{j} = \mathsf{j} \cdot \mathsf{k} = \mathsf{k} \cdot \mathsf{i} = 0$$

因此式（4-12）可以分向量大小表示之，即

$$\begin{aligned} \mathsf{A} \cdot \mathsf{B} &= (A_x \mathsf{i} + A_y \mathsf{j} + A_z \mathsf{k}) \cdot (B_x \mathsf{i} + B_y \mathsf{j} + B_z \mathsf{k}) \\ &= A_x B_x + A_y B_y + A_z B_z \qquad (4\text{-}46) \end{aligned}$$

5. 向量的向量積

今依式（4-19）定義，下式能成立，即

$$\mathsf{i} \times \mathsf{j} = \mathsf{k},\ \mathsf{j} \times \mathsf{k} = \mathsf{i},\ \mathsf{k} \times \mathsf{i} = \mathsf{j}$$

$$\mathsf{i} \times \mathsf{i} = \mathsf{j} \times \mathsf{j} = \mathsf{k} \times \mathsf{k} = 0 \qquad (4\text{-}47)$$

$$j \times i = -k \text{ ， } k \times j = -i \text{ ， } i \times k = -j$$

因此式（4-19）以分向量表示之為

$$A \times B = (A_x i + A_y j + A_z k) \times (B_x i + B_y j + B_z k)$$
$$= (A_y B_z - A_z B_y) i + (A_z B_x - A_x B_z) j + (A_x B_y - A_y B_x) k \qquad (4\text{-}48)$$

或以行列式表示

$$A \times B = \begin{vmatrix} A_y & A_z \\ B_y & B_z \end{vmatrix} i + \begin{vmatrix} A_z & A_x \\ B_z & B_x \end{vmatrix} j + \begin{vmatrix} A_x & A_y \\ B_x & B_y \end{vmatrix} k$$
$$= \begin{vmatrix} i & j & k \\ A_x & A_y & A_z \\ B_x & B_y & B_z \end{vmatrix} \qquad (4\text{-}49)$$

例 4-4 已知向量 $A = 2i - 3j + 5k$，則此向量的大小為

$$A = [(2)^2 + (-3)^2 + (5)^2]^{1/2} = \sqrt{38}$$

同時方向餘弦為

$$\cos\alpha = \frac{A_x}{A} = \frac{2}{\sqrt{38}}, \qquad \cos\beta = \frac{A_y}{A} = \frac{-3}{\sqrt{38}},$$
$$\cos\gamma = \frac{A_z}{A} = \frac{5}{\sqrt{38}}$$

因此單位向量為

$$\hat{A} = \frac{A}{A} = \cos\alpha i + \cos\beta j + \cos\gamma k$$
$$= \frac{1}{\sqrt{38}}(2i - 3j + 5k)$$

例 4-5　已知向量 $A=3i-j+2k$，$B=2i+3j-k$，試計算 (a) $A-B$，(b) $A\cdot B$，(c) $A\times B$

解　(a) $A-B=(3i-j+2k)-(2i+3j-k)$

$$=i-4j+3k$$

(b) $A\cdot B=(3i-j+2k)\cdot(2i+3j-k)$

$$=(3)(2)+(-1)(3)+(2)(-1)$$

$$=1$$

(c) $A\times B=(3i-j+2k)(2i+3j-k)$

$$=\begin{vmatrix} i & j & k \\ 3 & -1 & 2 \\ 2 & 3 & -1 \end{vmatrix}=i\begin{vmatrix} -1 & 2 \\ 3 & -1 \end{vmatrix}-j\begin{vmatrix} 3 & 2 \\ 2 & -1 \end{vmatrix}$$

$$+k\begin{vmatrix} 3 & -1 \\ 2 & 3 \end{vmatrix}=-5i+7j+11k$$

例 4-6　試求例 4-5 中兩向量的夾角 θ

解　例 4-5 中，$A=[(3)^2+(-1)^2+(2)^2]^{1/2}=\sqrt{14}$

$$B=[(2)^2+(3)^2+(-1)^2]^{1/2}=\sqrt{14}$$

$$A\cdot B=1$$

因此

$$\cos\theta=\frac{A\cdot B}{AB}=\frac{1}{(\sqrt{14})(\sqrt{14})}=\frac{1}{14}$$

$$\theta=\cos^{-1}\left(\frac{1}{14}\right)$$

4-6 三個向量乘積

以上所敘述者皆為兩個向量關係，今引用向量與純量相乘，向量純量積及向量乘積的結果應用到三個向量作相乘的關係。這種相乘積共有三種，分別討論於下。

1. (A・B)C，A(B・C)

三個向量中任意兩個先作向量純量積，而後再與第三個向量作倍數乘積，其結果向量的方向乃在第三向量之方向，大小為第三向量的倍數。例如 (A・B)C 與 C 同方向，大小為 C 的 (A・B) 倍數。同理 A(B・C) 與 A 同方向，大小為 A 的 (B・C) 的倍數。

2.純量三重積（scalar triple product）

我們假設有三向量 A、B 及 C，其純量三重積為 A・(B×C) 或 (A×B)・C。根據前面所敘述向量相乘定義，我們知道括弧內的向量先作向量乘積，而後再與外面向量作純量積方有意義。這三個向量作此重積結果是純量。

假設三向量 A、B 及 C 為不同一平面之向量，則它們所作純量三重積具有幾何意義，如圖 4-24 所示，即

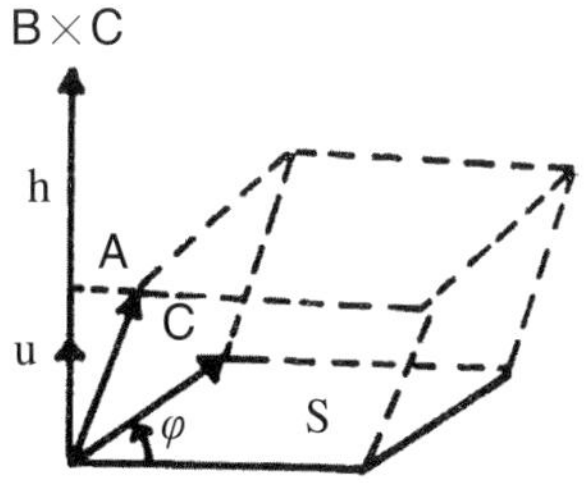

圖 4-24

$$A\cdot(B\times C)=A\cdot(|B\times C|)\hat{u}$$
$$=A\cdot\hat{u}(|B\times C|)$$
$$=h(BC\sin\varphi)=hs$$

= 高×（B 和 C 所圍成平行四邊形面積）

= 三向量所構成之平行六面柱體體積

故設 V 為體積，則

$$A \cdot (B \times C) = V \qquad (4\text{-}50)$$

今我們若以分量表示式（4-50），則式（4-50）變成為

$$\begin{aligned} A \cdot (B \times C) &= A_x(B_yC_z - B_zC_y) + A_y(B_zC_x - B_xC_z) + A_z(B_xC_y - B_yC_z) \\ &= A_x\begin{vmatrix} B_y & B_z \\ C_y & C_z \end{vmatrix} + A_y\begin{vmatrix} B_z & B_x \\ C_z & C_x \end{vmatrix} + A_z\begin{vmatrix} B_x & B_y \\ C_x & C_y \end{vmatrix} \\ &= \begin{vmatrix} A_x & A_y & A_z \\ B_x & B_y & B_z \\ C_x & C_y & C_z \end{vmatrix} \qquad (4\text{-}51) \end{aligned}$$

因此根據行列式的性質，以及式（4-50），三向量的純量三重積有下列性質：

① $A \cdot (B \times C) = B \cdot (C \times A) = C \cdot (A \times B)$ （4-52）

②若 A, B 與 C 等三向量同時落在一平面，或其中有兩個向量為相同向量則

$$A \cdot (B \times C) = 0, \qquad A \cdot (B \times B) = 0, \qquad C \cdot (B \times C) = 0$$

3.向量三重積（vector triple product）

向量 A 與向量 $(B \times C)$ 的向量乘積為 $A \times (B \times C)$，此乃是三向量 A、B 及 C 的向量三重積，其結果向量是另一向量。同理 $(A \times B) \times C$ 亦是向量三重積。

今以三向量 A、B、C 的分向量來表示 $A \times (B \times C)$ 的結果。今 $B \times C = D$，則

$D_x = B_yC_z - B_zC_y,\qquad D_y = B_zC_x - B_xC_z,\qquad D_z = B_xC_y - B_yC_x$

因此 $\mathsf{A}\times(\mathsf{B}\times\mathsf{C})=\mathsf{A}\times\mathsf{D}$ 的 x 軸分量為

$$\begin{aligned} A_yD_z - A_zD_y &= A_y(B_xC_y - B_yC_x) - A_z(B_zC_x - B_xC_z) \\ &= B_x(A_xC_x + A_yC_y + A_zC_z) - C_x(A_xB_x + A_yB_y + A_zB_z) \\ &= B_x(\mathsf{A}\cdot\mathsf{C}) - C_x(\mathsf{A}\cdot\mathsf{B}) \end{aligned}$$

同理，$\mathsf{A}\times(\mathsf{B}\times\mathsf{C})$ 的 y-軸及 z-軸分量分別為 $B_y(\mathsf{A}\cdot\mathsf{C}) - C_y(\mathsf{A}\cdot\mathsf{B})$ 及 $B_z(\mathsf{A}\cdot\mathsf{C}) - C_z(\mathsf{A}\cdot\mathsf{B})$，因此

$$\mathsf{A}\times(\mathsf{B}\times\mathsf{C}) = \mathsf{B}(\mathsf{A}\cdot\mathsf{C}) - \mathsf{C}(\mathsf{A}\cdot\mathsf{B}) \qquad (4\text{-}53)$$

例 4-7　試求 $(\mathsf{A}\times\mathsf{B})\times(\mathsf{C}\times\mathsf{D})$

解　令 $\mathsf{E}=\mathsf{A}\times\mathsf{B}$，則

$$\begin{aligned} (\mathsf{A}\times\mathsf{B})\times(\mathsf{C}\times\mathsf{D}) &= \mathsf{E}\times(\mathsf{C}\times\mathsf{D}) = (\mathsf{E}\cdot\mathsf{D})\mathsf{C} - (\mathsf{E}\cdot\mathsf{C})\mathsf{D} \\ &= \{(\mathsf{A}\times\mathsf{B})\cdot\mathsf{D}\}\mathsf{C} - \{(\mathsf{A}\times\mathsf{B})\cdot\mathsf{C}\}\mathsf{D} \end{aligned}$$

例 4-8　已知三個向量分別為 $\mathsf{A}=2\mathsf{i}+\mathsf{j}-3\mathsf{k}$，$\mathsf{B}=\mathsf{i}-2\mathsf{j}+\mathsf{k}$，$\mathsf{C}=-\mathsf{i}+\mathsf{j}-4\mathsf{k}$，試計算

(a)$\mathsf{A}\cdot(\mathsf{B}\times\mathsf{C})$,　(b)$\mathsf{C}\cdot(\mathsf{A}\times\mathsf{B})$,　(c)$\mathsf{A}\times(\mathsf{B}\times\mathsf{C})$,

(d)$(\mathsf{A}\times\mathsf{B})\times\mathsf{C}$

解　(a) $\mathsf{A}\cdot(\mathsf{B}\times\mathsf{C}) = \begin{vmatrix} 2 & 1 & -3 \\ 1 & -2 & 1 \\ -1 & 1 & -4 \end{vmatrix} = 20$

$$(b)\mathrm{C}\cdot(\mathrm{A}\times\mathrm{B})=\begin{vmatrix}-1 & 1 & -4\\ 2 & 1 & -3\\ 1 & -2 & 1\end{vmatrix}=\begin{vmatrix}2 & 1 & -3\\ 1 & -2 & 1\\ -1 & 1 & -4\end{vmatrix}=20$$

$$(c)\mathrm{A}\times(\mathrm{B}\times\mathrm{C})=(2\mathrm{i}+\mathrm{j}-3\mathrm{k})\times\begin{vmatrix}\mathrm{i} & \mathrm{j} & \mathrm{k}\\ 1 & -2 & 1\\ -1 & 1 & -4\end{vmatrix}$$

$$=(2\mathrm{i}+\mathrm{j}-3\mathrm{k})\times\left[\mathrm{i}\begin{vmatrix}-2 & 1\\ 1 & -4\end{vmatrix}-\mathrm{j}\begin{vmatrix}1 & 1\\ -1 & -4\end{vmatrix}+\mathrm{j}\begin{vmatrix}1 & -2\\ -1 & 1\end{vmatrix}\right]$$

$$=(2\mathrm{i}+\mathrm{j}-3\mathrm{k})\times(7\mathrm{i}+3\mathrm{j}-\mathrm{k})$$

$$=\begin{vmatrix}\mathrm{i} & \mathrm{j} & \mathrm{k}\\ 2 & 1 & -3\\ 7 & 3 & -1\end{vmatrix}=8\mathrm{i}-19\mathrm{j}-\mathrm{k}$$

$$(d)(\mathrm{A}\times\mathrm{B})\times\mathrm{C}=\begin{vmatrix}\mathrm{i} & \mathrm{j} & \mathrm{k}\\ 2 & 1 & -3\\ 1 & -2 & 1\end{vmatrix}\times(-\mathrm{i}+\mathrm{j}-4\mathrm{k})$$

$$=(-5\mathrm{i}-5\mathrm{j}-5\mathrm{k})\times(-\mathrm{i}+\mathrm{j}-4\mathrm{k})$$

$$=\begin{vmatrix}\mathrm{i} & \mathrm{j} & \mathrm{k}\\ -5 & -5 & -5\\ -1 & 1 & -4\end{vmatrix}=25\mathrm{i}-15\mathrm{j}-10\mathrm{k}$$

例 4-9 若 a、b、c 為不共面之向量，則任意向量 A 可由下列式表示之，即

$$\mathrm{A}=\frac{\mathrm{A}\cdot(\mathrm{b}\times\mathrm{c})}{\mathrm{a}\cdot(\mathrm{b}\times\mathrm{c})}\mathrm{a}+\frac{\mathrm{A}\cdot(\mathrm{c}\times\mathrm{a})}{\mathrm{a}\cdot(\mathrm{b}\times\mathrm{c})}\mathrm{b}+\frac{\mathrm{A}\cdot(\mathrm{a}\times\mathrm{b})}{\mathrm{a}\cdot(\mathrm{b}\times\mathrm{c})}\mathrm{c}$$

解 因 a、b、c 為不是共面之向量，因此由式（4-50）得知 $\mathrm{a}\cdot(\mathrm{b}\times\mathrm{c})$ 存在。

設向量 A 為

$$A=\ell a+mb+nc$$

因此上式兩邊作向量三重積

$$A\cdot(b\times c)=\ell a\cdot(b\times c)+mb\cdot(b\times c)+nc\cdot(b\times c)$$

上式第二項與第三項為零，則

$$\ell=\frac{A\cdot(b\times c)}{a\cdot(b\times c)}$$

同理

$$m=\frac{A\cdot(c\times a)}{a\cdot(b\times c)},\qquad n=\frac{A\cdot(a\times b)}{a\cdot(b\times c)}$$

因而

$$A=\ell a+mb+nc=\frac{A\cdot(b\times c)}{a\cdot(b\times c)}a+\frac{A\cdot(c\times a)}{a\cdot(b\times c)}b+\frac{A\cdot(a\times b)}{a\cdot(b\times c)}c$$

4-7 向量的應用

1. 空間兩點間的向量

於圖 4-25 的坐標系中，Q 點的坐標為 (x, y, z)，因此 Q 點的位置向量為

$$r=OQ=xi+yj+zk \tag{4-54}$$

若設 A、B 兩點的坐標分別為 (x_1, y_1, z_1) 與 (x_2, y_2, z_2)，此兩點的位置向量為

$$r_1=OA=x_1i+y_1j+z_1k$$

$$r_2=OB=x_2i+y_2j+z_2k$$

如圖 4-26 所示，因此兩點間的向量 AB＝r，

即

$$r = AB = r_2 - r_1$$
$$= (x_2 i + y_2 j + z_2 k) - (x_1 i + y_1 j + z_1 k)$$
$$= (x_2 - x_1)\, i + (y_2 - y_1)\, j + (z_2 - z_1)\, k \quad (4\text{-}55)$$

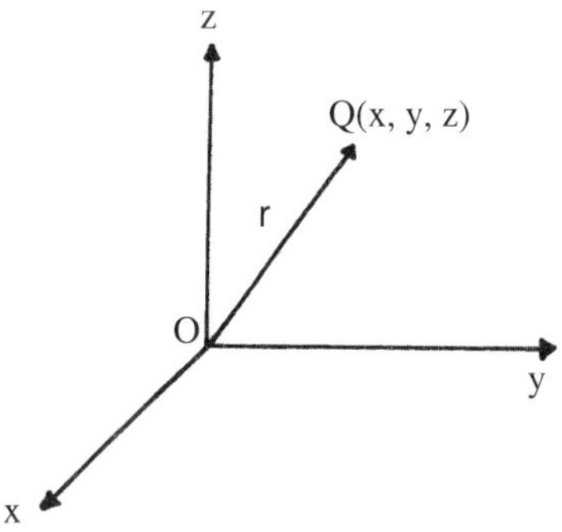

圖 4-25

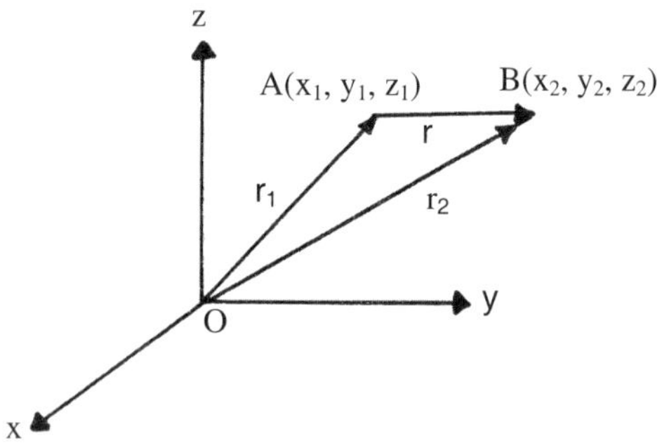

圖 4-26

2. 直線的向量方程式

若直線通過已知點 (x_0, y_0, z_0)，則此直線的向量方程式的計算如下：設此直線上任意點為 (x, y, z)，依式（4-55）可得知此直線的向量方程式為

$$r' = r - r_0$$
$$= (x - x_0)\, i + (y - y_0)\, j + (z - z_0)\, k \quad (4\text{-}56)$$

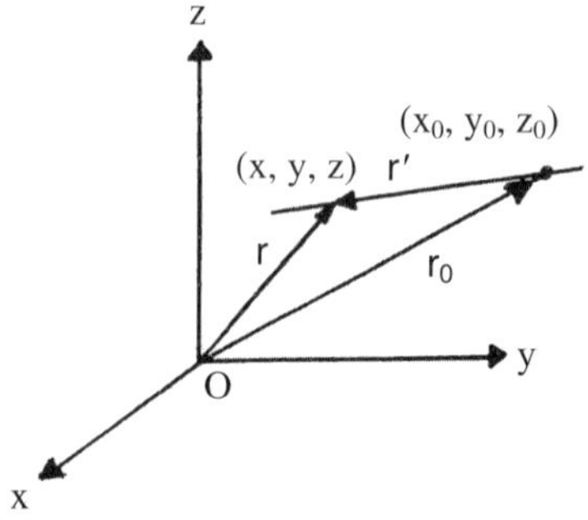

圖 4-27

其方向自 (x_0, y_0, z_0) 點指向任意點 (x, y, z)，如圖 4-27 所示。

3. 平面的向量方程式

如圖 4-28 所示為一空間的平面，A點為平面上的已知點(x_0, y_0, z_0)，P 點為平面上的任意點，因此平面上 A、P 兩點間的向量為

$$AP = r - r_0$$

假設平面的方向向量以 n（單位向量）表示，因此 n 與向量 AP 為垂直關係，故

$$n \cdot AP = n \cdot (r - r_0) = 0 \quad (4\text{-}57)$$

或

$$n \cdot [(x - x_0)\, i + (y - y_0)\, j + (z - z_0)\, k] = 0 \quad (4\text{-}58)$$

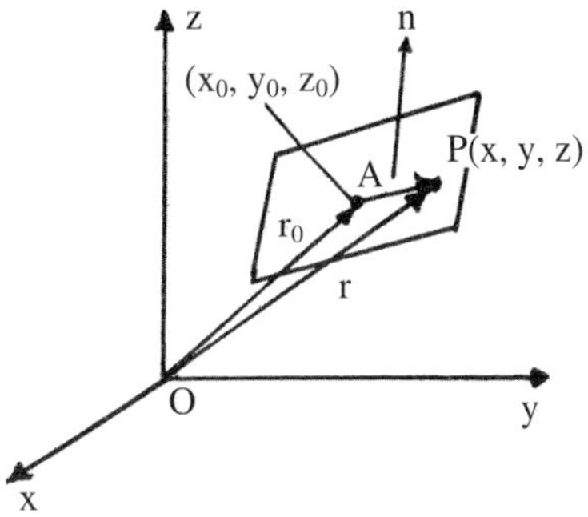

圖 4-28

4. 球面的向量方程式

球面的中心 C 點為已知點 (x_0, y_0, z_0)，其位置向量為

$$r_0 = x_0\, i + y_0\, j + z_0\, k$$

又設 P 點 (x, y, z) 為球面上的任意點，如圖 4-29 所示，因此球面的半徑向量為

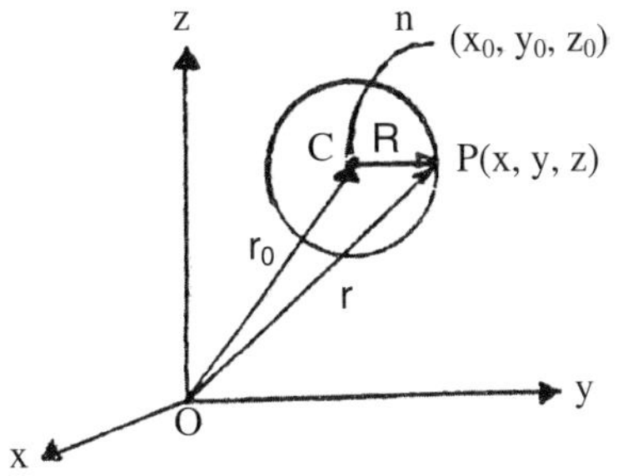

圖 4-29

$$CP = r - r_0 = (x - x_0)\, i + (y - y_0)\, j + (z - z_0)\, k$$

又$|CP| = R$，即

$$R^2 = CP \cdot CP = (r - r_0) \cdot (r - r_0) = (r - r_0)^2 \quad (4\text{-}59)$$

或

$$R^2 = (x - x_0)^2 + (y - y_0)^2 + (z - z_0)^2 \qquad (4\text{-}60)$$

式（4-59）為球面的向量方程式，式（4-60）為球面的代數方程式。

例 4-10 已知兩點 (1, 0, 0)、(1, 1, 1)，試求此兩點的向量。

解 已知點 (1, 0, 0) 所對應的位置向量為

$$r_1 = i$$

另一點 (1, 1, 1) 的位置向量為

$$r_2 = i + j + k$$

因此兩點問的向量，為

$$r = r_2 - r_1 = (i + j + k) - (i)$$
$$= j + k$$

例 4-11 已知一直線通過兩點 (2, 1, 1)，(2, 1, −2)，試求此直線方程式。

解 依式（4-56），直線通過點 (2, 1, 1) 的方程式為

$$r_1 = (x - 2)i + (y - 1)j + (z - 1)k$$

又直線通過點 (2, 1, −2) 的方程式

$$r_2 = (x - 2)i + (y - 1)j + (z + 2)k$$

因此 r_1 與 r_2 應沿同一條直線或平行，則

$$r_1 \times r_2 = \begin{vmatrix} i & j & k \\ (x-2) & (y-1) & (z-1) \\ (x-2) & (y-1) & (z+2) \end{vmatrix} = 0$$

或

$$(y-1)(z+2)-(y-1)(z-1)=0，y=1$$

$$(x-2)(z-1)-(x-2)(z+2)=0，x=2$$

例 4-12 (a) $\mathbf{r}_1, \mathbf{r}_2, \mathbf{r}_3$ 分別為三點 P_1, P_2, P_3 的位置向量。若此三點同在一平面，則此平面之向量方程式為

$$(\mathbf{r}-\mathbf{r}_1)\cdot[(\mathbf{r}-\mathbf{r}_2)\times(\mathbf{r}-\mathbf{r}_3)]=0$$

$\mathbf{r}$ 表示平面任意點的位置向量。

(b)試求通過三點 $(2, -1, -2)$，$(-1, 2, -3)$, $(4, 1, 0)$ 之平面方程式。

解 (a) $\mathbf{r}$ 為任意點的位置向量，$\mathbf{r}-\mathbf{r}_1, \mathbf{r}-\mathbf{r}_2, \mathbf{r}-\mathbf{r}_3$ 分別為任意點到 P_1, P_2, P_3 的向量，因此三向量同在一平面上，依式（4-52）得知

$$(\mathbf{r}-\mathbf{r}_1)\cdot[(\mathbf{r}-\mathbf{r}_2)\times(\mathbf{r}-\mathbf{r}_3)]=0$$

(b) $\mathbf{r}_1=2\mathbf{i}-\mathbf{j}-2\mathbf{k}$，　$\mathbf{r}_2=-\mathbf{i}+2\mathbf{j}-3\mathbf{k}$，　$\mathbf{r}_3=4\mathbf{i}+\mathbf{j}$

$$\mathbf{r}-\mathbf{r}_1=(x-2)\mathbf{i}+(y+1)\mathbf{j}+(z+2)\mathbf{k}$$

$$\mathbf{r}-\mathbf{r}_2=(x+1)\mathbf{i}+(y-2)\mathbf{j}+(z+3)\mathbf{k}$$

$$\mathbf{r}-\mathbf{r}_3=(x-4)\mathbf{i}+(y-1)\mathbf{j}$$

平面方程式為

$$(\mathbf{r}-\mathbf{r}_1)\cdot[(\mathbf{r}-\mathbf{r}_2)\times(\mathbf{r}-\mathbf{r}_3)]$$

$$=\begin{vmatrix}(x-2) & (y+1) & (z+2)\\(x+1) & (y-2) & (z+3)\\(x-4) & (y-1) & 0\end{vmatrix}=0$$

$$2x+y-3z=9$$

習　題4

1 .試證$|A|+|B| \geq |A+B|$

2. 四個定點 A, B, C, D 的位置向量為 a, b, c, d。若 $b-a=c-d$，則試證四邊形 ABCD 為平行四邊形。

3. 試證：(a) $(A \pm B)^2 = A^2 \pm 2A \cdot B + B^2$

   (b) $(A+B) \cdot (A-B) = A^2 - B^2$

4. 試證 $(a-b)\times(a+b)=2(a\times b)$

5. 長度為 a 和 b 的兩向理，其夾角為 θ，試證兩向量的合成向量的長度為

$$r = (a^2 + b^2 + 2ab\cos\theta)^{1/2}$$

6. 試證正五角形各邊的向量和為零。

7. 設空間的任意點為O，E為平行四邊形ABCD的對角線交點，試證

$$OA + OB + OC + OD = 4OE$$

8. 兩點 A(1, 2, 3), B(3, 5, −3) 的連線為 AB，試求將 AB 三等分的各點之位置向量。

9. 設三點分別為 A(1, 2, 3), B(2, 5, −3), C(4, 1, −1)

   (a) 試求通過 A 點而平行向量 BC 的直線方程式。

   (b) 試求通過原點而與 A、B 兩點所形成的平面方程式。

10. 試證 $A=2i-3j+5k$ 與 $B=-2i+2j+2k$ 互相垂直。

11. 試以坐標軸的向量之分量證明下列恆等式。

   (a) $(A\times B)\times(C\times D)=(C\cdot D\times A)B-(C\cdot D\times B)A$

(b) $(A \times B) \cdot (C \times D) = (A \cdot C)(B \cdot D) - (B \cdot C)(A \cdot D)$

(c) $A \times (B \times C) + B \times (C \times A) + C \times (A \times B) = 0$

12. 設 a, b 為 xy 一平面上的兩單位向量，其與 x 軸的夾角分別為 α 及 β

(a) 試證 $a = \cos\alpha i + \sin\alpha j$

$b = \cos\beta i + \sin\beta j$

(b) 試以 (a) 結果導出 $\cos(\alpha - \beta)$ 的展開式。

13. 已知 $a = i + 2j + k$， $b = 2i + j$， $c = 3i - 4j - 5k$。試計算

(a) $a \times b$

(b) $(a + b) \times c$

(c) $a \cdot (b \times c)$

(d) $a \times (b \times c)$

14. 若 $a + b + c = 0$，則 $a \times b = b \times c = c \times a$

15. 若一三角形的三頂點為 (2, −3, 1), (1, −1, 2), (−1, 2, 3)，試求三角形面積。

16. $\hat{a}, \hat{b}, \hat{c}$ 為三個非共面的單位向量，$\hat{b}$ 與 $\hat{c}$，$\hat{c}$ 與 $\hat{a}$ 及 $\hat{a}$ 與 $\hat{b}$ 等夾角分別為 α, β 及 γ。

(a) 若有一向量 u 定義如下：

$u = \hat{b} - (\hat{a} \cdot \hat{b})\hat{a}$

則向量 u 垂直於 $\hat{a}$，其大小為 $\sin\gamma$。

(b) 若另有一向量 v 定義如下：

$v = \hat{c} - (\hat{a} \cdot \hat{c})\hat{a}$

而 u 與 v 的夾角為 A，試證

$\cos\alpha = \cos\beta\cos\gamma + \sin\beta\sin\gamma\cos A$

17. 試求直線方程式通過下列已知點

 (a) (1, −2, 4), (6, 2, −3)

 (b) (2, −3, 6), (−1, 6, 4)

 (c) (0, −3, 0), (1, −1, 5)

18. 試求三點 (1, 2, 1), (−1, 1, 3), (−2, −2, −2) 共面的平面方程式。

19. 試求由 $A=2i+3j-k$，$B=i-2j+2k$，$C=3i-j-2k$ 等三向量所形成之平行四邊形的體積。

20. 試以向量方法證明三角形 ABC 三內角的正弦定律之成立，即

$$\frac{\sin A}{a}=\frac{\sin B}{b}=\frac{\sin C}{c}$$

 A, B, C 表示內角，a, b, c 表示三邊。

21. 若點 (−6, 1, 1) 在一平面上，且此平面垂直於一向量 $-2i+4j+k$，試求此平面方程式。

第五章 向量微分

前面介紹的是純量函數的微積分，現在將碰到的是向量函數，它的微分與積分所代表的意義是什麼？向量微分在物理與工程方面有它的廣泛的用途。

向量方法對於物理問題的應用往往是以微分演算的方式進行，例如較重要的演算是對一向量函數的時間變數與空間坐標的微分演算，像這些演算可定義一質點的速度，加速度以及其他所謂**梯度**（gradient），**散度**（divergence）與**旋度**（curl）等微分向量演算。

向量微分提供**向量演算符**（vector operators）與向量代數的混合使用，以及闡述物理意義。

5-1 向量微分

若將時間 t 視為純量變數，則其所對應 t 各值而決定的向量 A(t) 時，A(t) 稱為時間 t 的向量函數。同理，如同向量函數，對應 t 各值而決定的函數 f(t)，稱 f(t)為純量函數。

因向最量有大小與方向特性，因此若 t 產生變化時，其所對應 A(t) 函數的大小與方向會產生變化，有時是大小變化，或方向變化，或兩者變化。若因 t 變化，而 A(t) 的大小與方向不變化，此向量 A(t) 稱為定向量。

若 C 是定向量，t_0 為一定值時，則

$$\lim_{t \to t_0} |A(t) - C| = 0 \qquad (5\text{-}1)$$

上式表示 t 趨近於 t_0 時，A(t) 的極限是 C，因此式（5-1）又可寫為

$$\lim_{t \to t_0} A(t) = C \qquad (5\text{-}2)$$

但是一般 $t \to t_0$，則向量 A(t) 的極限是等於 $A(t_0)$，即

$$\lim_{t \to t_0} A(t) = A(t_0) \qquad (5\text{-}3)$$

因此說在 $t = t_0$ 時，A(t) 是連續函數，由式（5-1）與式（5-2）得知對應變數 t 的一個值 t_0，同量函數是只有一個向量決定之，即 $A(t_0) = C$。

對於向量函數 A(t)，若時間變數 t 的增量為 Δt，則對應對 t + Δt 的向量為 A(t) + ΔA，即 A(t) + ΔA = A(t + Δt)，則向量的增量 ΔA 為

$$\Delta A = A(t + \Delta t) - A(t) \qquad (5\text{-}4)$$

如圖 5-1 所示，假設取 A(t)，A(t + Δt) 分別相等於 OP 及 OQ，則

$$PQ = OQ - OP$$
$$= A(t+\Delta t) - A(t)$$
$$= \Delta A$$

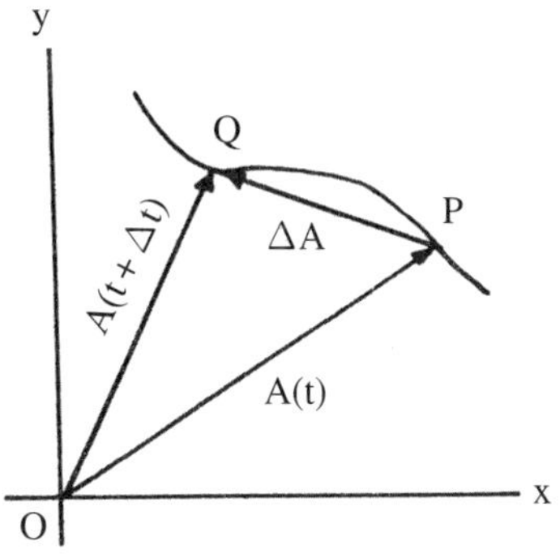

圖 5-1

因Δt 為純量，若$\Delta A \neq 0$，則$\frac{\Delta A}{\Delta t}$是跟$\Delta A$ 同方向之向量。今若$\Delta t \to 0$時，則$\frac{\Delta A}{\Delta t}$的極限是存在的，這極限值稱為向量 A(t) 的時間 t 微分導數，以$\frac{dA}{dt}$表示之，即

$$\frac{dA}{dt} = \lim_{\Delta t \to 0} \frac{\Delta A}{\Delta t} = \lim_{\Delta t \to 0} \frac{A(t+\Delta t) - A(t)}{\Delta t} \qquad (5\text{-}5)$$

因此向量函數的時間微分導數是向導。

同理，我們可以此類推，例如$\frac{dA}{dt}$對t的微分導數可寫為$\frac{d}{dt}\left(\frac{dA}{dt}\right)$或$\frac{d^2A}{dt^2}$。其他較高階的微分導數$\frac{d^3A}{dt^3}$亦一樣處理之。

向量函數的微分導數的求法叫作**向量微分**。

同量的微分法符合於一般函數的微分法則。若 A(t)，B(t) 為向量函數，f(t)，g(t) 為純量函數，則

$$\frac{d}{dt}(A+B) = \frac{dA}{dt} + \frac{dB}{dt}$$
$$\frac{d}{dt}(fA) = \frac{df}{dt}A + f\frac{dA}{dt} \qquad (5\text{-}6)$$
$$\frac{d}{dt}(A \cdot B) = \frac{dA}{dt} \cdot B + A \cdot \frac{dB}{dt}$$
$$\frac{d}{dt}(A \times B) = \frac{dA}{dt} \times B + A \times \frac{dB}{dt}$$

上式第一式的證明如下：因 t 的增量為Δt，則其所對應向量 A 及 B 的增量為

$$\Delta(A+B) = [(A+\Delta A)+(B+\Delta B)] - (A+B) = \Delta A+\Delta B$$

因此

$$\lim_{\Delta t\to 0}\frac{\Delta(A+B)}{\Delta t} = \lim_{\Delta t\to 0}\frac{\Delta A}{\Delta t}+\lim_{\Delta t\to 0}\frac{\Delta B}{\Delta t}$$

故得證

$$\frac{d}{dt}(A+B) = \frac{dA}{dt}+\frac{dB}{dt}$$

第二式的證明：t 的增量為 Δt，則 f(t) 與 A(t) 的增量為 Δf 及 ΔA，因此 fA 的增量應為

$$\Delta(fA) = (f+\Delta f)(A+\Delta A) - fA = \Delta fA+f\Delta A+\Delta f\Delta A$$

或

$$\lim_{\Delta t\to 0}\frac{\Delta(fA)}{\Delta t} = \lim_{\Delta t\to 0}\frac{\Delta f}{\Delta t}A+\lim_{\Delta t\to 0}f\frac{\Delta A}{\Delta t}+\lim_{\Delta t\to 0}\Delta f\frac{\Delta A}{\Delta t}$$

因$\Delta t\to 0$時，$\Delta f\to 0$，故得證

$$\frac{d}{dt}(fA) = \frac{df}{dt}A+f\frac{dA}{dt}$$

第三式的證明：如同前兩證明法

$$\begin{aligned}\Delta(A\cdot B) &= (A+\Delta A)\cdot(B+\Delta B) - A\cdot B\\ &= \Delta A\cdot B+A\cdot\Delta B+\Delta A\cdot\Delta B\end{aligned}$$

或

$$\lim_{\Delta t\to 0}\frac{\Delta(A\cdot B)}{\Delta t} = \lim_{\Delta t\to 0}\frac{\Delta A}{\Delta t}\cdot B+\lim_{\Delta t\to 0}A\cdot\frac{\Delta B}{\Delta t}+\lim_{\Delta t\to 0}\frac{\Delta A}{\Delta t}\cdot\Delta B$$

因$\Delta t\to 0$，$\Delta B\to 0$，因此

$$\frac{d}{dt}(A \cdot B) = \frac{dA}{dt} \cdot B + A \cdot \frac{dB}{dt}$$

同理

$$\frac{d}{dt}(A \times B) = \frac{dA}{dt} \times B + A \times \frac{dB}{dt},$$

1. 卡氏坐標

今若向量 A(t) 的分量為 A_x，A_y，A_z，而它們亦皆為時間函數，即

$$A(t) = A_x(t)i + A_y(t)j + A_z(t)k$$

因 i，j，k 向量是一定向量，因此它們的微分導數為零，故

$$\frac{dA}{dt} = \frac{dA_x}{dt}i + \frac{dA_y}{dt}j + \frac{dA_z}{dt}k \qquad (5\text{-}7)$$

則 $\frac{dA}{dt}$ 的分量為 $\frac{dA_x}{dt}$，$\frac{dA_y}{dt}$，$\frac{dA_z}{dt}$，因此一向量的微分導數等於其分量的微分導數的向量和。

例如一質點在運動時，其位置以位置向量 r 表示，同時它是一時間 t 之向量函數，即 $r = r(t)$。依物理定義，此質點的速度 v 與加速度 a 分別定義如下

$$v = \frac{dr}{dt} = \dot{r} \qquad (5\text{-}8)$$

$$a = \frac{dv}{dt} = \frac{d^2r}{dt^2} = \ddot{r} \qquad (5\text{-}9)$$

就坐標表示

$$r = xi + yj + zk$$

$$v = \frac{dr}{dt} = \frac{dx}{dt}i + \frac{dy}{dt}j + \frac{dz}{dt}k \qquad (5\text{-}10)$$

$$a = \frac{dv}{dt} = \frac{d^2r}{dt^2} = \frac{d^2x}{dt^2}i + \frac{d^2y}{dt^2}j + \frac{d^2z}{dt^2}k$$

2. 曲線坐標

在曲線坐標系中，附在質點的位置向量的單位向量將會隨質點的移動而產生變化，它不是時間函數的定向量，因此有關式（5-10）的位置向量 r 的時間微分不是如式（5-10）的簡單微分演算了。此處就以平面的**極坐標**（plane polar coordinate）來表示 r、v 與 a。

就圖 5-2 所示，質糾沿曲線 r(t) 移動，於時間差距 $dt = t_2 - t_1$ 中由點 P_1 移到 P_2，因此互相垂直軸上的單位向量 e_r 與 e_θ 變化為

$$de_r = e_r^{(2)} - e_r^{(1)} \qquad (5\text{-}11)$$

$$de_\theta = e_\theta^{(2)} - e_\theta^{(1)} \qquad (5\text{-}12)$$

很顯然，de_r 垂直於 e_r，de_θ 垂直於 e_θ，因此寫為

$$de_r = d\theta e_\theta$$

$$de_\theta = -d\theta e_r$$

或

$$\frac{de_r}{dt} = \frac{d\theta}{dt}e_\theta \qquad (5\text{-}13)$$

$$\frac{de_\theta}{dt} = -\frac{d\theta}{dt}e_r \qquad (5\text{-}14)$$

就圖 5-2 所示，質點的位置向量 r，速度 v 與加速度 a 為

$$r = r\,e_r \qquad (5\text{-}15)$$

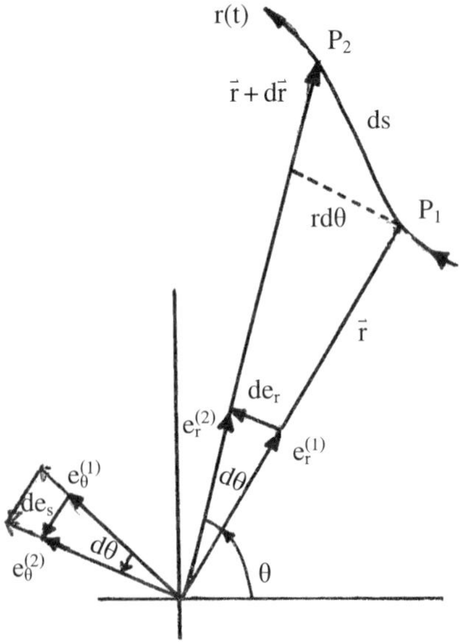

圖 5-2

$$\mathbf{v}=\frac{d\mathbf{r}}{dt}=\frac{dr}{dt}e_r+r\frac{de_r}{dt}$$

$$=\frac{dr}{dt}e_r+r\frac{d\theta}{dt}e_\theta \qquad (5\text{-}16)$$

$$\mathbf{a}=\frac{d\mathbf{v}}{dt}=\frac{d}{dt}\left(\frac{dr}{dt}e_r+r\frac{d\theta}{dt}e_\theta\right)$$

$$=\frac{d^2r}{dt^2}e_r+\frac{dr}{dt}\left(\frac{de_r}{dt}\right)$$

$$+\frac{dr}{dt}\frac{d\theta}{dt}e_\theta+r\frac{d^2\theta}{dt^2}e_\theta$$

$$+r\frac{d\theta}{dt}\frac{de_\theta}{dt}$$

$$=\left[\frac{d^2r}{dt^2}-r\left(\frac{d\theta}{dt}\right)^2\right]e_r+\left[r\frac{d^2\theta}{dt^2}+2\frac{dr}{dt}\frac{d\theta}{dt}\right]e_\theta \qquad (5\text{-}17)$$

式（5-16）中，$\frac{dr}{dt}$ 為**沿徑速度**，$r\frac{d\theta}{dt}$ 為沿曲線的**切線速度**。式（5-17）中，

$\left[\frac{d^2r}{dt^2}-r\left(\frac{d\theta}{dt}\right)^2\right]$為**沿徑加速度**，即所謂**離心加速度**。

$\left[r\frac{d^2\theta}{dt^2}+2\frac{dr}{dt}\frac{d\theta}{dt}\right]$為沿曲線的**切線加速度**。

例 5-1 已知向量函數 $\mathbf{A}=3t\,i-(t^2+t)j+(t^3-2t^2)\,k$。試求

(a)$\frac{d\mathbf{A}}{dt}$　(b)$\left.\frac{d^2\mathbf{A}}{dt^2}\right|_{t=0}$

解 (a)$\frac{d\mathbf{A}}{dt}=\frac{d}{dt}(3t)i-\frac{d}{dt}(t^2+t)j+\frac{d}{dt}(t^3-2t^2)\,k$

$=3i-(2t+1)j+(3t^2-4t)k$

(b)$\frac{d^2\mathbf{A}}{dt^2}=\frac{d}{dt}\left(\frac{d\mathbf{A}}{dt}\right)=\frac{d}{dt}(3)i-\frac{d}{dt}(2t+1)j+\frac{d}{dt}(3t^2-4t)k$

$$= -2j + (6t-4)k$$

$$\left.\frac{d^2A}{dt^2}\right|_{t=0} = -2j - 4k$$

例 5-2 已知 $A = \cos(2t)i + \sin(t)j - e^{-t}k$

$B = 2t^2 i - 3tk$

試計算(a) $\frac{d}{dt}(A \cdot B)$ (b) $\frac{d}{dt}(A \times B)$

解 (a) $A \cdot B = [\cos(2t)i + \sin(t)j - e^{-t}k] \cdot [2t^2 i - 3tk]$

$$= 2t^2\cos(2t) + 3te^{-t}$$

$$\frac{d}{dt}(A \cdot B) = 4t\cos(2t) - 4t^2\sin(2t) + 3e^{-t} - 3te^{-t}$$

或

$$\frac{d}{dt}(A \cdot B) = \frac{dA}{dt} \cdot B + A \cdot \frac{dB}{dt}$$

$$= [-2\sin(2t)i + \cos(t)j + e^{-t}k] \cdot (2t^2 i - 3tk)$$

$$+ [\cos(2t)i + \sin(t)j - e^{-t}k] \cdot (2ti - 3k)$$

$$= [-4t^2\sin(2t)i - 3te^{-t}] + [4t\cos(2t) + 3e^{-t}]$$

$$= 4t\cos(2t) - 4t^2\sin(2t) + 3e^{-t} - 3te^{-t}$$

結果一樣。

(b) $$\frac{d}{dt}(A \times B) = \frac{d}{dt}\begin{vmatrix} i & j & k \\ \cos(2t) & \sin(t) & -e^{-t} \\ 2t^2 & 0 & -3t \end{vmatrix}$$

$$= \frac{d}{dt}[-3t\sin(t)i + (3t\cos(2t) - 2t^2e^{-t})j - 2t^2\sin(t)k]$$

$$= i[-3\sin(t) - 3t\cos(t)] + j[3\cos(2t) - 6t\sin(2t) - 4te^{-t}$$

$$+ 2t^2e^{-t}] + k[-4t\sin(t) - 2t^2\cos(t)]$$

$$= -3[t\cos(t)+\sin(t)]i+[3\cos(2t)-6t\sin(2t)$$
$$+e^{-t}t(2t-4)]j-2t[t\cos(t)+2\sin(t)]k$$

或 $\frac{d}{dt}(A\times B)$

$$=\frac{dA}{dt}\times B+A\times\frac{dB}{dt}$$

$$=\begin{vmatrix} i & j & k \\ -2\sin(2t) & \cos t & e^{-t} \\ 2t^2 & 0 & -3t \end{vmatrix}+\begin{vmatrix} i & j & k \\ \cos(2t) & \sin t & -e^{-t} \\ 4t & 0 & -3 \end{vmatrix}$$

$$=-3[t\cos(t)+\sin(t)]i$$
$$+[3\cos(2t)-6t\sin(2t)+e^{-t}t(2t-4)]j$$
$$-2t[t\cos(t)+2\sin(t)]k$$

結果一樣。

例 5-3 已知質點的位置向量為 $r(t)=e^t\sin(t)i+e^t\cos(t)j+t^3k$ 試求質點的速度 v 與加速度 a。

解 速度 $v=\frac{dr}{dt}=e^t[\cos(t)+\sin(t)]i+e^t[\cos(t)-\sin(t)]j+3t^2k$

加速度

$$a=\frac{dv}{dt}=\frac{d^2r}{dt^2}=2e^t\cos(t)\,i-2e^t\sin(t)j+6t\,k$$

例 5-4 試證 $\frac{d}{dt}A^2=\frac{d}{dt}(A\cdot A)=2A\cdot\frac{dA}{dt}$

證 $\frac{d}{dt}(A\cdot A)=\frac{dA}{dt}\cdot A+A\cdot\frac{dA}{dt}=2A\cdot\frac{dA}{dt}$

例 5-5 試證 $\frac{d}{dt}\left(r\times\frac{dr}{dt}\right)=r\times\frac{d^2r}{dt^2}$，r 為位置向量。

證 $\frac{d}{dt}\left(r\times\frac{dr}{dt}\right)=\frac{dr}{dt}\times\frac{dr}{dt}+r\times\frac{d^2r}{dt^2}=r\times\frac{d^2r}{dt^2}$

例 5-6 將 A(t) 的微分導數 $\frac{dA}{dt}$ 分解為 A 的方向與其垂直方向。

解 設 a 為向量 A(t) 的單位向量，b 為與 a 垂直的單位向量。

向量 A 可寫為 Aa，因此

$$\frac{dA}{dt}=\frac{d}{dt}(Aa)=\frac{dA}{dt}a+A\frac{da}{dt}$$

因 a 為單位向量，a · a=1，則由例 5-4 得知，a · $\frac{da}{dt}=0$

故 a 與 $\frac{da}{dt}$ 互相垂直，即 $\frac{da}{dt}\sim b$，或 $\frac{da}{dt}=kb$，k 的大小為 $\left|\frac{da}{dt}\right|$，亦即 $\frac{da}{dt}$ 的大小不是 1。

如圖 5-3 所示，A(t+Δt) 與 A(t) 之夾角為 Δθ，而對應增量 Δt 的 a 之增量為 Δa，則

$$\left|\frac{da}{dt}\right|=\lim_{\Delta t\to 0}\left|\frac{\Delta a}{\Delta t}\right|$$
$$=\lim_{\Delta t\to 0}\left|\frac{(1)\Delta\theta}{\Delta t}\right|=\left|\frac{d\theta}{dt}\right|$$

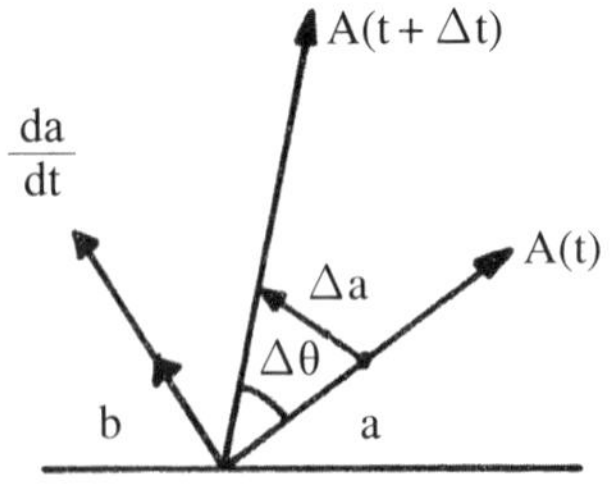

圖 5-3

因此

$$\frac{da}{dt}=kb=\left|\frac{da}{dt}\right|b=\left|\frac{d\theta}{dt}\right|b$$

故

$$\frac{dA}{dt}=\frac{dA}{dt}a+A\left|\frac{d\theta}{dt}\right|b$$

5-2　空間曲線

1. 曲線的向量方程式與切線

利用 t 為變數，空間曲線以下式表示之，即

$$x=f(t)，y=g(t)，z=h(t) \qquad (5\text{-}18)$$

今在曲線上任意點 P(x, y, z) 的位置向量為 r＝OP。因為 P 點的坐標 x, y, z 是時間 t 的函數，因此向量 r 是時間 t 的函數，則以下式表示之，

$$r=r(t)=f(t)i+g(t)j+h(t)k \qquad (5\text{-}19)$$

上式稱為**曲線向量方程式**。因為時間t產生變化時，則向量r的終點，即 P 點，就能描劃出一曲線，即 P 點的軌跡。

如圖 5-4 所示，時間t的增量Δt，則向量r的增量為Δr。若對應t＋Δt的曲線上的點為Q，因此Δr＝PQ，而 $\frac{\Delta r}{\Delta t}$ 是朝增加 t 方向的向量。故以P為起點的向量 $\frac{dr}{dt}$ 是在P點切曲線而朝t增加方向的向量，此向量 $\frac{dr}{dt}$ 稱為曲線的**切線向量**，因此其分量分別為 $\frac{dx}{dt}$，$\frac{dy}{dt}$，$\frac{dz}{dt}$。切線向量方程式為

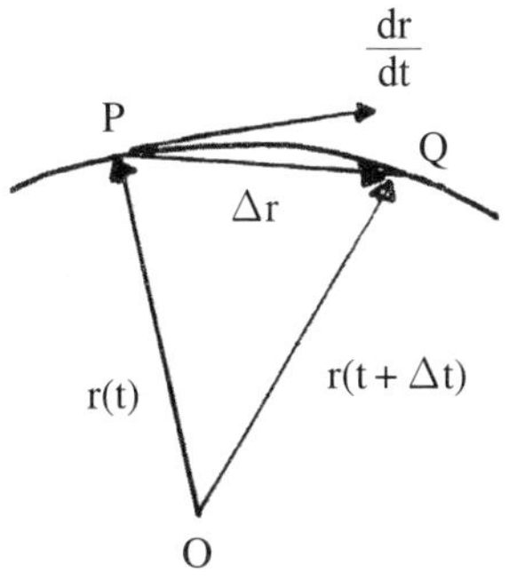

圖 5-4

$$\frac{dr}{dt} = \frac{dx}{dt}i + \frac{dy}{dt}j + \frac{dz}{dt}k$$
$$= \frac{df(t)}{dt}i + \frac{dg(t)}{dt}j + \frac{dh(t)}{dt}k \qquad (5\text{-}20)$$

2. 向量偏微分

若向量函數 A 為兩個以上純量變數的函數，寫為 A(u, v, …)。今我們只考慮兩個變數 u 及 v 的變化，以觀察向量函數 A 的變化。

在向量函數A(u, v) 中，令變數v沒有變化，而u的變化是為Δu，則對應 A 的變化為

$$\Delta A = A(u + \Delta u, v) - A(u, v)$$

$\Delta u \to 0$ 時，則 $\frac{\Delta A}{\Delta u}$ 的極限值是存在的話，則稱為向量 A 對於 u 的偏導數，其書寫為

$$\frac{\partial A}{\partial u} = \lim_{\Delta u \to 0}\frac{\Delta A}{\Delta u} = \lim_{\Delta u \to 0}\frac{A(u+\Delta u, v) - A(u, v)}{\Delta u} \qquad (5\text{-}21)$$

同理，向量 A 對於 v 的偏導數為

$$\frac{\partial A}{\partial v} = \lim_{\Delta v \to 0}\frac{\Delta A}{\Delta v} = \lim_{\Delta v \to 0}\frac{A(u, v+\Delta v) - A(u, v)}{\Delta v} \qquad (5\text{-}22)$$

向量的偏導數亦是向量。若向量A的分量為A_x，A_y，A_z，則$\frac{\partial A}{\partial u}$的分量為$\frac{\partial A_x}{\partial u}$，$\frac{\partial A_y}{\partial u}$，$\frac{\partial A_z}{\partial u}$等等。

其次，有關$\frac{\partial A}{\partial u}$，$\frac{\partial A}{\partial v}$的偏導數是$\frac{\partial^2 A}{\partial u^2}$，$\frac{\partial^2 A}{\partial u \partial v}$及$\frac{\partial^2 A}{\partial v^2}$。

若變數 u，v 為另一變數 s 的函數，則向量 A 對於 s 的導數為

$$\frac{dA}{ds} = \frac{\partial A}{\partial u}\frac{du}{ds} + \frac{\partial A}{\partial v}\frac{dv}{ds} \qquad (5\text{-}23)$$

又若變數 u，v 為 s，t 的函數時，則向量 A 對於 s 及 t 的偏導數分別為

$$\frac{\partial A}{\partial s}=\frac{\partial A}{\partial u}\frac{\partial u}{\partial s}+\frac{\partial A}{\partial v}\frac{\partial v}{\partial s}\text{，}\frac{\partial A}{\partial t}=\frac{\partial A}{\partial u}\frac{\partial u}{\partial t}+\frac{\partial A}{\partial v}\frac{\partial v}{\partial t} \quad (5\text{-}24)$$

3. 曲面的向量方程式與切線平面、法線

一般曲面方程式應有兩個自變數，即

$$x=f(u, v)\text{，}\quad y=g(u, v)\text{，}\quad z=h(u, v) \quad (5\text{-}25)$$

u，v 為純量自變數，曲面上的任意點 P(x, y, z) 的位置向量為 r，即 $\vec{r}=xi+yj+zk$，或直接寫為

$$r=r(u, v) \quad (5\text{-}26)$$

因此一般的曲面可由式（5-26）來表示，故式（5-26）稱為**曲面向量方程式**。

若式（5-26）中，v 為一定，則 r(u, v) 表示曲面上的曲線，此曲線稱為 u **曲線**；同理，u 為一定，r(u, v) 的曲線為 v **曲線**。根據偏導數定義，$\frac{\partial r}{\partial u}$ 代表 u 曲線的切線向量，$\frac{\partial r}{\partial v}$ 代表 v 曲線的切線向量，如圖 5-5 所示。

若式（5-26）中自然變數 u, v 為時間 t 的函數，因此 r = r(u, v) = $\vec{r}(t)$ 為曲面上的曲線。通過曲面上任意點 P 的切線向量為 $\frac{dr}{dt}$，即

$$\frac{dr}{dt}=\frac{\partial r}{\partial u}\frac{du}{dt}+\frac{\partial r}{\partial v}\frac{dv}{dt} \quad (5\text{-}27)$$

因此通過 P 點的切線向量有兩個向量，一個為 u 曲線的切線向量 $\frac{\partial r}{\partial u}$，一個為 v 曲線的切線向量 $\frac{\partial r}{\partial v}$。這兩個向量 $\frac{\partial r}{\partial u}$ 及 $\frac{\partial r}{\partial v}$ 所形成的平面

就是通過曲面上 P 點的**切線平面**，如圖 5-5 所示。依兩向量作向量乘積法則 $\frac{\partial r}{\partial u}\times\frac{\partial r}{\partial v}$ 所定的方向必垂直於切線平面，P點垂直方向就是在P點曲面上的法線向量的方向，即 $\frac{\partial r}{\partial u}\times\frac{\partial r}{\partial v}$ 為曲面的**法線向量**。

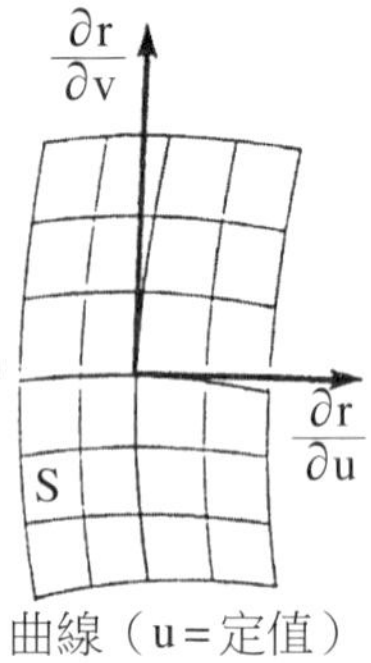

圖 5-5

4. 空間曲線

在微積分及物理學之甚多討論中，常出現曲線，此曲線為質點的運動軌跡、路徑，因此其速度沿曲線的切線方向、加速度就可分為切線分量與向心分量，所以必須要瞭解空間曲線的一些基本問題。在數學中，它屬於**微分幾何**（Differential Geometry）的內容。

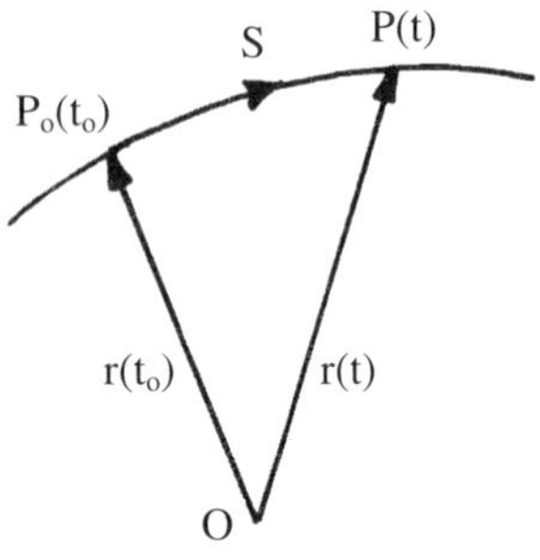

圖 5-6

(1) 曲線的線段元素

曲線上任意點的位置向量為 r，此曲線向量可以式（5-19）表示，即 $r=r(t)$。於時間 t 產生變化時，質點移動就描劃出一曲線軌跡。$t=t_o$ 時，曲線上的點為 $P_o(t_o)$；$t=t$（$t>t_o$）時，曲線上的點為 $P(t)$，如圖 5=6 所示。則由 P_o 到 P 的曲線弧長 s 可由下式積分得，即

$$s=\int_{t_o}^{t}\sqrt{\left(\frac{dx}{dt}\right)^2+\left(\frac{dy}{dt}\right)^2+\left(\frac{dz}{dt}\right)^2}dt \qquad (5\text{-}28)$$

因 r 為位置向量，因此

$$\frac{dr}{dt} \cdot \frac{dr}{dt} = \left(\frac{dx}{dt}i + \frac{dy}{dt}j + \frac{dz}{dt}z\right) \cdot \left(\frac{dx}{dt}i + \frac{dy}{dt}j + \frac{dz}{dt}z\right)$$
$$= \left(\frac{dx}{dt}\right)^2 + \left(\frac{dy}{dt}\right)^2 + \left(\frac{dz}{dt}\right)^2$$

故

$$s = \int_{t_o}^{t} \sqrt{\frac{dr}{dt} \cdot \frac{dr}{dt}}\, dt \qquad (5\text{-}29)$$

今若令 $t = t_o$ 為固定時間，則 s 為時間 t 的函數，因此上式（5-29）

$$\frac{ds}{dt} = \sqrt{\frac{dr}{dt} \cdot \frac{dr}{dt}} = \sqrt{\left(\frac{dx}{dt}\right)^2 + \left(\frac{dy}{dt}\right)^2 + \left(\frac{dz}{dt}\right)^2} \qquad (5\text{-}30)$$

或

$$ds = \sqrt{\left(\frac{dx}{dt}\right)^2 + \left(\frac{dy}{dt}\right)^2 + \left(\frac{dz}{dt}\right)^2}\, dt = \sqrt{dx^2 + dy^2 + dz^2} \qquad (5\text{-}31)$$

由此可知式（5-31）中 ds 為曲線的**線元素**（line element）。

(2) **曲線的切線向量**

因弧長 s 為時間 t 的函數，故可反過來說，t 為弧長 s 的函數，因此曲線方程式又改寫為

$$r = r(s) \qquad (5\text{-}32)$$

根據前面所定曲線上的切線向量應為

$$\tau = \frac{dr}{ds} \qquad (5\text{-}33)$$

又因

$$\frac{dr}{ds} = \frac{dr}{dt}\frac{dt}{ds} = \frac{dr}{dt}\Big/\frac{ds}{dt} = \frac{dr}{dt}\Big/\left|\frac{dr}{dt}\right|$$
$$= \boldsymbol{\tau}$$

為單位向量，因此式（5-33）是單位切線向量，故曲線向量 r 的弧

長導數是一單位向量，其方向為曲線的切線方向。

(3) **曲線的曲率、法線向量**

於圖 5-7 中，P 點與 Q 點的單位切線向量分別為 $\boldsymbol{\tau}$ 與 $\boldsymbol{\tau}+\Delta\boldsymbol{\tau}$，其夾角 $\Delta\theta$。$\frac{d\theta}{ds}=\lim\limits_{\Delta s\to 0}\frac{\Delta\theta}{\Delta s}$ 表示對曲線切線向量長度與夾角間之變化率，設它為 K，即

$$K=\frac{d\theta}{ds} \qquad (5\text{-}34)$$

而定義為曲線上 P 點的曲線之**曲率**（curvature）。K 值應為正值，或零。若曲線上任意點的 K 值為零，即表示曲線為一直線。

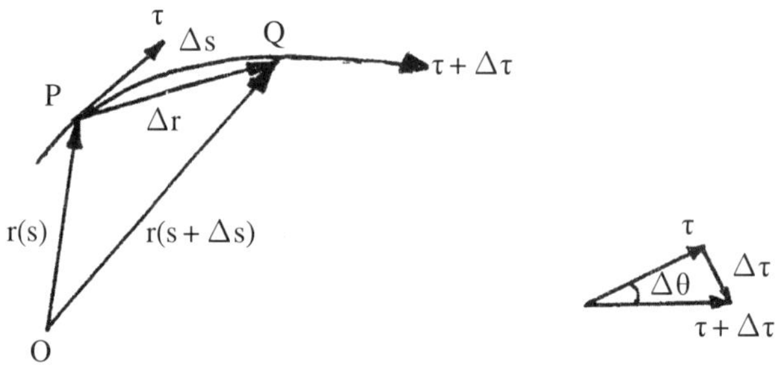

圖 5-7

今在曲線上 Q 點的切線向量為 $\boldsymbol{\tau}+\Delta\boldsymbol{\tau}$，因此我們想知道切線向量由 P 點到 Q 點的變化如何，其切線向量對弧長的變化率定義為

$$\frac{d\tau}{ds}=\lim_{\Delta s\to 0}\frac{\Delta\tau}{\Delta s} \qquad (5\text{-}35)$$

因 $\boldsymbol{\tau}$，$\boldsymbol{\tau}=1$，兩邊對弧長 s 加以微分得 $\boldsymbol{\tau}\cdot\frac{d\boldsymbol{\tau}}{ds}=0$，因此 $\boldsymbol{\tau}$ 與 $\frac{d\boldsymbol{\tau}}{ds}$ 是互相垂直，見圖 5-7。

$$\left|\frac{d\boldsymbol{\tau}}{ds}\right| = \lim_{\Delta s\to 0}\left|\frac{\Delta\boldsymbol{\tau}}{\Delta s}\right| = \lim_{\Delta s\to 0}\left|\frac{(1)\Delta\theta}{\Delta s}\right| = \lim_{\Delta s\to 0}\left|\frac{\Delta\theta}{\Delta s}\right| = \frac{d\theta}{ds} = K$$

結果 $d\boldsymbol{\tau}/ds$ 向量的大小為 K，其方向與切線向量垂直，因此我們可以將 $d\boldsymbol{\tau}/ds$ 表示如下：

$$\frac{d\boldsymbol{\tau}}{ds} = K\mathsf{n} \tag{5-36}$$

n 為與 $\boldsymbol{\tau}$ 互相垂直的單位向量，稱為**單位法線向量**（unit normal vector）。由式（5-36）與（5-33），單位法線向量為

$$\mathsf{n} = \frac{1}{K}\frac{d\boldsymbol{\tau}}{ds} = \frac{1}{K}\frac{d^2\mathsf{r}}{ds^2} \tag{5-37}$$

由式（5-36）可得知曲線上的曲率

$$K = \left|\frac{d\boldsymbol{\tau}}{ds}\right| = \sqrt{\frac{d\tau}{ds}\cdot\frac{d\tau}{ds}} = \sqrt{\left(\frac{d^2\mathsf{r}}{ds^2}\right)^2}$$
$$= \sqrt{\left(\frac{d^2x}{ds^2}\right)^2 + \left(\frac{d^2y}{ds^2}\right)^2 + \left(\frac{d^2z}{ds^2}\right)^2} \tag{5-38}$$

曲線的曲率倒數 $\frac{1}{K}$ 稱為曲線的曲率半徑（raduis of curvature）R，即 $R = \frac{1}{K}$。曲線上 P 點的位置向量 r 與向量 Rn 的合成向量為 r′，則向量 r′的終點 O′稱為**曲率中心**（center of curvature），如圖 5-8 所示。

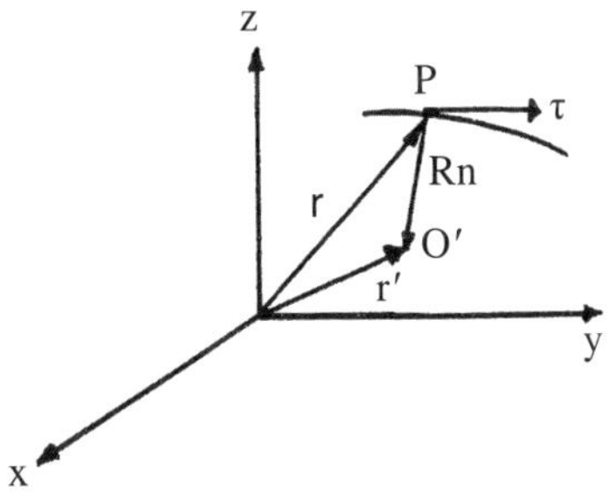

圖 5-8

(4) 曲線的扭率、副法線向量

在曲線上 P 點有切線向量與法線向量外，尚有一向量與 $\boldsymbol{\tau}$、n 有關的向量，此向量為 $\boldsymbol{\tau}$ 與 n 的向量積的結果，即

$$\mathbf{b} = \boldsymbol{\tau} \times \mathbf{n} \tag{5-39}$$

稱為 P 點上的**單位副法線向量**（unit binormal vector），其方向垂直於 $\boldsymbol{\tau}$ 與 $\mathbf{n}$ 的平面。在幾何意義，這三個向量形成如同坐標系的正交軸上的單位向量，如圖 5-9 所示。依式（5-33）、（5-37），單位副法線向量為

$$\mathbf{b} = \frac{1}{K}\frac{d\mathbf{r}}{ds} \times \frac{d^2\mathbf{r}}{ds^2} \tag{5-40}$$

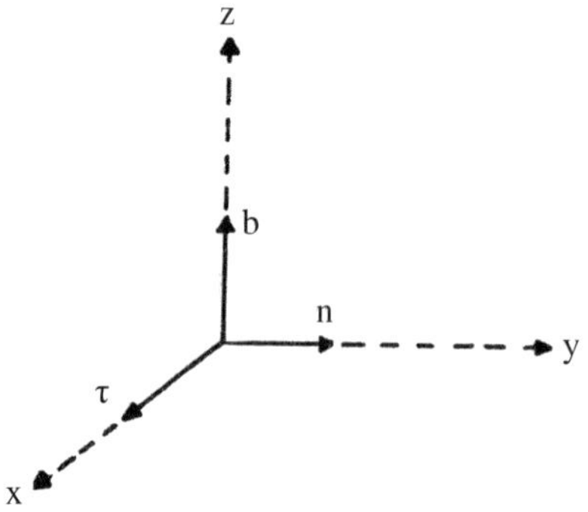

圖 5-9

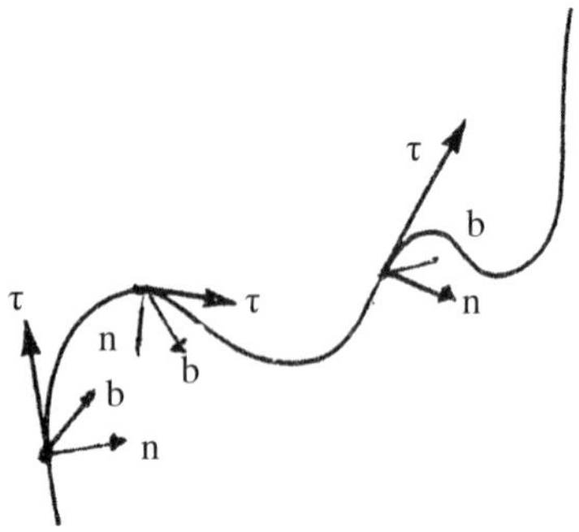

圖 5-10

因為曲線上的 P 點會沿著曲線移動，因此這三個向量與 s 的變化有關。$\boldsymbol{\tau}$ 與 s 的變化如式（5-36），今我們要看看 $\mathbf{n}$ 及 $\mathbf{b}$ 與 s 的變化關係，即 $\frac{d\mathbf{n}}{ds}$ 及 $\frac{d\mathbf{b}}{ds}$。首先我們先計算 $\frac{d\mathbf{b}}{ds}$，因 $\mathbf{b}$ 為單位向量，即 $\mathbf{b} \cdot \mathbf{b} = 1$，則

$$\mathbf{b} \cdot \frac{d\mathbf{b}}{ds} = 0$$

即表示 $\frac{d\mathbf{b}}{ds}$ 與 $\mathbf{b}$ 互相垂直，因此 $\frac{d\mathbf{b}}{ds}$ 必落在 $\boldsymbol{\tau}$ 與 $\mathbf{n}$ 的平面中。又因 $\boldsymbol{\tau} \cdot \mathbf{b} = 0$，則

$$\frac{db}{ds}\cdot\boldsymbol{\tau}+b\cdot\frac{d\boldsymbol{\tau}}{ds}=0$$

或

$$\frac{db}{ds}\cdot\boldsymbol{\tau}+Kb\cdot n=0$$

因 b．n＝0，則 $\frac{db}{ds}$ 與 $\boldsymbol{\tau}$ 互相垂直。因此我們得一結論，即 $\frac{db}{ds}$ 必沿著法線向量 n 的方向，所以 $\frac{db}{ds}$ 可以寫為

$$\frac{db}{ds}=\tau n \tag{5-41}$$

式中 $\tau=\left|\frac{db}{ds}\right|$，稱為曲線的**扭率**（Torsion）。

粗略說，扭率可視為曲線的扭轉程度，若曲線上的坐標，由此三向量 $\boldsymbol{\tau}$、n 與 b 形成，因此沿曲線上，每一點的坐標，會產生扭轉現象，如圖 5-10 所示，以顯現曲線的扭轉。

最後我們再計算 $\frac{dn}{ds}$。由式（5-39）及圖 5-9，我們得知 n 為

$$n=b\times\boldsymbol{\tau}$$

因此

$$\begin{aligned}\frac{dn}{ds}&=b\times\frac{d\boldsymbol{\tau}}{ds}+\frac{db}{ds}\times\boldsymbol{\tau}\\&=b\times(Kn)+(\tau n)\times\boldsymbol{\tau}\\&=-K\boldsymbol{\tau}-\tau b\end{aligned} \tag{5-42}$$

所以 $\frac{dn}{ds}$ 向量有兩個方向量 $-K\boldsymbol{\tau}$ 及 $-\tau b$。

例 5-7 若空間曲線方程式為

> $x=3\cos t$，$y=3\sin t$，$z=4t$
>
> 試計算 (a) 單位切線向量 τ，(b) 單位法線向量 n，曲率半徑 ρ，(c) 單位副法線向量 b 與扭率 τ。

解 曲線的向量方程式為

$$r = r(t) = 3\cos(t)\,i + 3\sin(t)\,j + 4t\,k$$

$$\therefore \frac{dr}{dt} = -3\sin(t)i + 3\cos(t)j + 4k,$$

$$\left|\frac{dr}{dt}\right| = 5 = \frac{ds}{dt}$$

(a) 單位切線向量 τ

$$\boldsymbol{\tau} = \frac{dr}{ds} = \frac{dr}{dt}\Big/\frac{ds}{dt} = \frac{1}{5}(-3\sin(t)i + 3\cos(t)j + 4k)$$

(b) 單位法線向量 n 與曲率半徑 ρ

$$\frac{d\boldsymbol{\tau}}{ds} = \frac{d\boldsymbol{\tau}}{dt}\Big/\frac{ds}{dt} = -\frac{3}{25}(\cos(t)i + \sin(t)j)$$

$$\therefore K = \left|\frac{d\boldsymbol{\tau}}{ds}\right| = \frac{3}{25}, \Rightarrow \rho = \frac{1}{K} = \frac{25}{3}$$

$$n = \frac{1}{K}\frac{d\boldsymbol{\tau}}{ds} = \rho\frac{d\boldsymbol{\tau}}{ds} = -[\cos(t)i + \sin(t)j]$$

(c) 單位副法線向量 b 與扭率 τ

$$b = \boldsymbol{\tau} \times n = \begin{vmatrix} i & i & k \\ -\frac{3}{5}\sin(t) & \frac{3}{5}\cos(t) & \frac{4}{5} \\ -\cos(t) & -\sin(t) & 0 \end{vmatrix}$$

$$= \frac{4}{5}\sin(t)i - \frac{4}{5}\cos(t)j + \frac{3}{5}k$$

$$\tau = \left|\frac{db}{ds}\right| = \left|\frac{db}{dt}\Big/\frac{ds}{dt}\right| = \frac{1}{5}\left|\left[\frac{4}{5}\cos(t)i + \frac{4}{5}\sin(t)j\right]\right|$$

$$= \frac{4}{25}$$

(5) 質點的速度、加速度

一般在物理學中，質點在作曲線運動時，其速度與加速度的方向具有切線方向與法線方向。設曲線的向量方程式為 $\mathbf{r}=\mathbf{r}(s)$，則速度為

$$\mathbf{v}=\frac{d\mathbf{r}}{dt}=\frac{d\mathbf{r}}{ds}\frac{ds}{dt}=\boldsymbol{\tau}\frac{ds}{dt}$$

而速率 v 為 $\frac{ds}{dt}$，故

$$\mathbf{v}=v\boldsymbol{\tau} \tag{5-43}$$

即表示質點的速度在切線方向。質點的加速度 a 為

$$\mathbf{a}=\frac{d\mathbf{v}}{dt}=\frac{dv}{dt}\boldsymbol{\tau}+v\frac{d\boldsymbol{\tau}}{dt}=\frac{dv}{dt}\boldsymbol{\tau}+v\left(\frac{d\boldsymbol{\tau}}{ds}\frac{ds}{dt}\right)$$

故

$$a=\frac{dv}{dt}\boldsymbol{\tau}+Kv^2\mathbf{n} \tag{5-44}$$

因此質點的加速度其有切線方向及法線方向，其切線分向量大小與法線分向量大小分別為

$$a_t=\frac{dv}{dt}=\frac{d^2s}{dt^2}, \qquad a_n=Kv^2=\frac{v^2}{R}$$

例 5-8 已知空間曲線方程式為

$\mathbf{r}(t)=2\cos(t)\mathbf{i}+2\sin(t)\mathbf{j}-t^2\mathbf{k}$

試計算

(a) 速度向量 $\mathbf{V}$，速率 v。

(b) 加速度向量 $\mathbf{a}$，切線加速度 a_t 與法線加速度 a_n。

(c) 利用 a_t 與 $|\mathbf{a}|$ 計算曲率半徑 ρ 與曲率 K。

(d) 單位切線向量τ，單位法線向量 n。

解 (a) $\mathsf{r}(t)=2\cos(t)i+2\sin(t)j-t^2k$

$$V=\frac{dr}{dt}=-2\sin(t)i+2\cos(t)j-2tk$$

$$v=|V|=2\sqrt{1+t^2}$$

(b) $\mathsf{a}=\dfrac{dv}{dt}=\dfrac{d^2r}{dt^2}=-2\cos(t)i-2\sin(t)j-2k$

$$a=|\mathsf{a}|=2\sqrt{2}$$

$$a_t=\frac{dv}{dt}=\frac{d}{dt}\left(\frac{ds}{dt}\right)=\frac{2t}{\sqrt{1+t^2}}$$

$$a_n^2=|\mathsf{a}|^2-a_t^2=5-\frac{4t^2}{1+t^2}=\frac{4(2+t^2)}{(1+t^2)}$$

$$a_n=2\sqrt{\frac{2+t^2}{1+t^2}}$$

(c) $\mathsf{a}=\dfrac{dv}{dt}\boldsymbol{\tau}+\dfrac{1}{\rho}v^2\,\mathsf{n}=a_t\tau+a_n\,n$

$$a_n^2=\left(\frac{1}{\rho}v^2\right)^2=\frac{v^4}{\rho^2}$$

$$\rho^2=\frac{v^4}{a_n^2}=\frac{[4(1+t^2)]^2}{\dfrac{4(2+t^2)}{(1+t^2)}}=\frac{4(1+t^2)^3}{2+t^2}$$

$$\rho=2(1+t^2)\left(\frac{1+t^2}{2+t^2}\right)^{1/2}$$

$$K=\frac{1}{\rho}=\frac{1}{2(1+t^2)}\left(\frac{2+t^2}{1+t^2}\right)^{1/2}$$

(d) $\boldsymbol{\tau}=\dfrac{dr}{dt}=\dfrac{dr/dt}{ds/dt}=\dfrac{1}{v}\dfrac{dr}{dt}$

$$=\frac{1}{\sqrt{1+t^2}}(-\sin(t)i+\cos(t)j-tk)$$

$$n=\frac{1}{K}\frac{d\boldsymbol{\tau}}{ds}=\rho\frac{d\boldsymbol{\tau}}{ds}=\rho\frac{d\boldsymbol{\tau}/dt}{ds/dt}=\frac{\rho}{v}\frac{d\boldsymbol{\tau}}{dt}$$

而

$$\frac{d\boldsymbol{\tau}}{dt}=\frac{1}{(1+t^2)^{3/2}}\{[t\sin(t)-(1+t^2)\cos(t)]i$$
$$-[t\cos(t)+(1+t^2)\sin(t)]+t^2k\}$$

則

$$n=\frac{1}{[(1+t^2)(2+t^2)]^{1/2}}\{[t\sin(t)-(1+t^2)\cos(t)]i$$
$$-[t\cos(t)+(1+t^2)\sin(t)]j+t^2k\}$$

5-3 梯度（Gradient）

1. 梯度

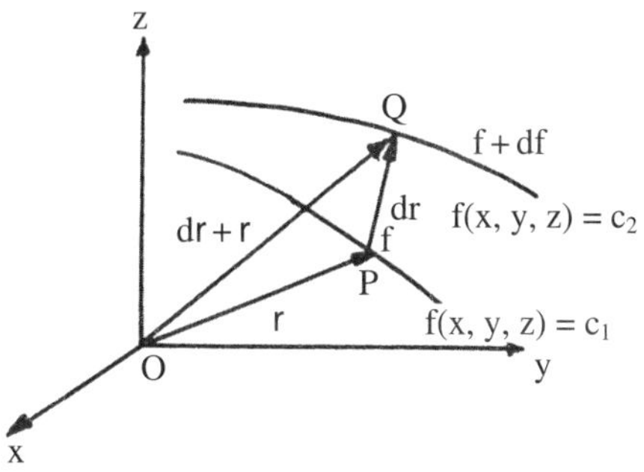

圖 5-11

今討論空間中一已知純量函數 f(x, y, z) 所表的純量場，且設它為一可微分且連續性的 x, y, z 坐標函數。f(x, y, z) 的首階偏導數 $\frac{\partial f}{\partial x}$，$\frac{\partial f}{\partial y}$ 及 $\frac{\partial f}{\partial z}$ 為在坐標軸方向中的 f 的變化率，因此我們可尋求在任意方向中 f 的變化率。如圖 5-11 所示，在 P 點，f(x, y, z) 的函數值為 f，在 Q 點，f(x, y, z) 的函數值為 f + df，df 就是 f(x, y, z) 函數在 dr 方向的變化值。因此由 P 點量度於距離 dr 內到 Q 點，f 的變化如：依一般微積分

$$df=\frac{\partial f}{\partial x}dx+\frac{\partial f}{\partial y}dy+\frac{\partial f}{\partial z}dz \qquad (5\text{-}45)$$

今令 P 點是在 $f(x, y, z)=C_1$ 的曲面上，故位置向量為

$$r = xi+yj+zk$$

則曲面 C_1 上連結 P 點至其鄰近之 Q 點（在曲面 $f(x, y, z)=C_2$ 上）的微小向量為

$$dr = dx\, i+dy\, j+dz\, k$$

因此式（5-45）可視為一向量 $A=\frac{\partial f}{\partial x}i+\frac{\partial f}{\partial y}j+\frac{\partial f}{\partial z}k$ 與 dr 的純量積，即

$$\begin{aligned} df &= \left(\frac{\partial f}{\partial x}i+\frac{\partial f}{\partial y}j+\frac{\partial f}{\partial z}k\right)\cdot(dx\, i+dy\, j+dz\, k) \\ &= \left(\frac{\partial f}{\partial x}i+\frac{\partial f}{\partial y}j+\frac{\partial f}{\partial z}k\right)\cdot dr \\ &= A\cdot dr \end{aligned} \quad (5\text{-}46)$$

式中向量 A 的分量是 $f(x, y, z)$ 對沿坐標軸距離的變率，此向量 A 稱為純量函數 $f(x, y, z)$ 的**梯度**（Gradient），或寫為

$$\text{Grad}\cdot f(x, y, z) \quad 或 \quad \nabla f(x, y, z)$$

即

$$A = \nabla f = \frac{\partial f}{\partial x}i+\frac{\partial f}{\partial y}j+\frac{\partial f}{\partial z}k \quad (5\text{-}47)$$

或

$$A = \nabla f = \left(\frac{\partial}{\partial x}i+\frac{\partial}{\partial y}j+\frac{\partial}{\partial z}k\right)f \quad (5\text{-}47)$$

式中

$$\nabla = \frac{\partial}{\partial x}i+\frac{\partial}{\partial y}j+\frac{\partial}{\partial z}k \quad (5\text{-}48)$$

∇跟向量具有相同的形態，因此可將它視為一向量，同時它具有微分演算作用，故我們稱它為**向量演算子**（vector operator）。根據上面的

敘述，式（5-46）中 f(x, y, z) 的函數值的變化可寫為純量函數的梯度與變化位移 dr 的純量積，即

$$df = \nabla f \cdot dr \qquad (5\text{-}49)$$

2. 梯度幾何意義

梯度有一重要幾何特性。若 f(x, y, z) = c 代表空間中的曲面，如令 c 取所有值，可得一群曲面，稱為函數 f(x, y, z) 之等位曲面群（Equipotential surfaces）。若令 c 為定常數，則在曲面 f(x, y, z) = c 上每一點均有同一值 c，此曲面為等位曲面。因此通過曲面 c 上的點 P(x, y, z)，而沿著曲線切線方向 f(x, y, z) 的變化為零，則式（5-49）

$$df = 0 = \nabla f \cdot dr \qquad (5\text{-}50)$$

故曲面上點 P 作為起始點的的向量∇f 垂直於曲面上的任意曲線的切線，所以梯度∇f 是垂直於曲面 f(x, y, z) = c，即曲面的法線向量，如圖 5-12 所示。

3. 方向導數

今若 f(x, y, z) 並非等位曲面，則由 P 點沿著一任意曲線 g 到 Q 點，因有 dx，dy 及 dz 的微小增量，因此使函數值 f 增加 df，如圖 5-13 所示。因 g 曲線方程式為 r = r(s)，我們想知道函數值 f 沿著 g 曲線對弧長 s 的變化率 $\frac{df}{ds}$，$\frac{df}{ds}$ 稱為函數 f(x, y, z) 在 g 曲線方向的**方向導數**（directional derivative）。

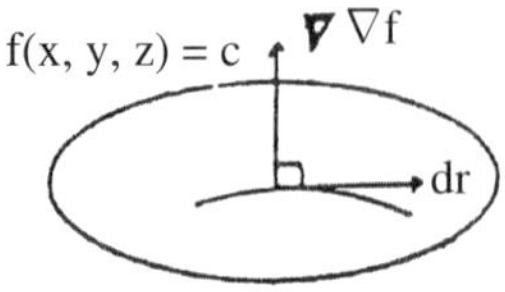

圖 5-12

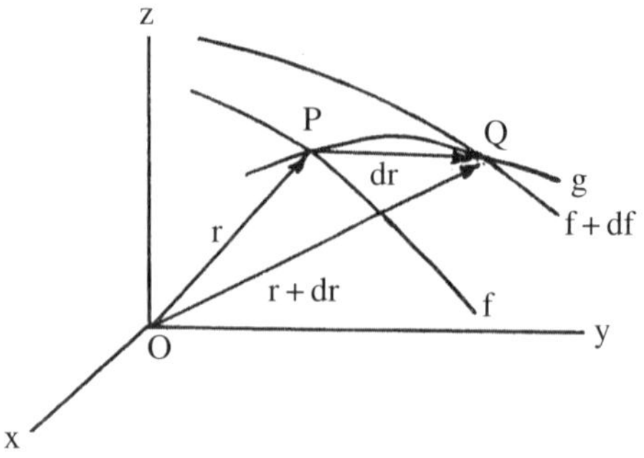

圖 5-13

因 r = r(s)，故 x，y，z，為 s 的函數，則

$$\frac{df}{ds}=\frac{\partial f}{\partial x}\frac{dx}{ds}+\frac{\partial f}{\partial y}\frac{dy}{ds}+\frac{\partial f}{\partial z}\frac{dz}{ds}$$

$$=\left(\frac{\partial f}{\partial x}i+\frac{\partial f}{\partial y}j+\frac{\partial f}{\partial z}k\right)\cdot\left(\frac{dx}{ds}i+\frac{dy}{ds}j+\frac{dz}{ds}k\right) \qquad (5\text{-}51)$$

式中第一項為函數 f(x, y, z) 通過 P 的梯度。第二項可寫為

$$\frac{dr}{ds}=\frac{dx}{ds}i+\frac{dy}{ds}j+\frac{dz}{ds}k$$

依式（5-33）得知 $\frac{dr}{ds}$ 為在 P 點切於曲線 g 的單位切線向量。所以式（5-51）可改寫為

$$\frac{df}{ds}=\nabla f\cdot \boldsymbol{\tau} \qquad (5\text{-}52)$$

因此方向導數 df/ds 可視為梯度∇f 在已知曲線 g 的切線方向的分量；換言之，函數 f(x, y, z) 沿著曲線 g 對弧長 s 的變化率 df/ds 的最大值為 |∇f|，即梯度的大小。因此梯度∇f 與曲線方向（即位移方向 dr）平行時，函數值 f 的變化量為最大值，即 df 為最大。

同理，向量函數 A(x, y, z) 的方向導數如同上述方法求之，即

$$\frac{dA}{ds}=\frac{\partial A}{\partial x}\frac{dx}{ds}+\frac{\partial A}{\partial y}\frac{dy}{ds}+\frac{\partial A}{\partial z}\frac{dz}{ds}$$

$$=\nabla A\cdot\frac{dr}{ds}=\nabla A\cdot\tau \qquad (5\text{-}53)$$

在此注意，上式（5-53）仍然是一向量。為了不使讀者混亂，式（5-53）可改寫為

$$\frac{dA}{ds}=\tau\cdot\nabla A=(\tau\cdot\nabla)A \qquad (5\text{-}54)$$

一般來說，微分演算子 $v\cdot\nabla$ 作用於 A 時，其結果為

$$(v\cdot\nabla)A=\left(v_x\frac{\partial}{\partial x}+v_y\frac{\partial}{\partial y}+v_z\frac{\partial}{\partial z}\right)A$$

$$=v_x\frac{\partial A}{\partial x}+v_y\frac{\partial A}{\partial y}+v_z\frac{\partial A}{\partial z} \qquad (5\text{-}55)$$

例 5-9 已知函數 $f(x, y, z)=3x^2y+y^2z^3$，試求 (a) ∇f，(b) 在已知點 (1, −1, 1) 的梯度 ∇f。

解 (a) $\nabla f=\left(\frac{\partial}{\partial x}i+\frac{\partial}{\partial y}j+\frac{\partial}{\partial z}k\right)(3x^2y+y^2z^3)$

$=6xy\,i+(3x^2+2yz^3)\,j+3y^2z^2k$

(b) $\nabla f\big|_{(1,-1,1)}=-6i+j+3k$

例 5-10 試求 $f(x, y, z)=x^2+y^2+z^2$ 於 P 點 (1, 2, 3) 處之方向導數 df/ds，其方向與向量 $a=i+j$ 相同。

解 $\nabla f=\left(\frac{\partial}{\partial x}i+\frac{\partial}{\partial y}j+\frac{\partial}{\partial z}k\right)f=(2x\,i+2y\,j+2z\,k)$

故在 P 點 (1, 2, 3) 處之梯度為

$$\nabla f\Big|_{(1,2,3)} = 2i + 4j + 6k$$

因此

$$\frac{df}{ds} = \nabla f \cdot \boldsymbol{\tau} = \nabla f \cdot \frac{a}{a} = \frac{1}{\sqrt{2}}(2+4) = 3\sqrt{2}$$

例 5-11 試求通過曲面上某點 $P_o(x_o, y_o, z_o)$ 的切平面（tangent plane）。

解 假設切平面上某點 $P(x, y, z)$，則 P_oP 的向量為

$$P_oP = r - r_o = (x - x_o)\, i + (y - y_o)\, j + (z - z_o)\, k$$

此向量必與通過曲面 $f(x, y, z)$ 上 P_o 點的梯度 $\nabla f\Big|_{P_o}$ 垂直，因此

$$\nabla f\Big|_{P_o} \cdot (r - r_o)$$

$$= \nabla f\Big|_{P_o} \cdot [(x - x_o)\, i + (y - y_o)\, j + (z - z_o)\, k]$$

$$= 0$$

或

$$\left[\frac{\partial f}{\partial x}(x - x_0) + \frac{\partial f}{\partial y}(y - y_0) + \frac{\partial f}{\partial z}(z - z_0)\right]_{P_o} = 0$$

此為切平面之方程式。

例 5-12 已知曲面 $f(x, y, z) = x^2 + y^2 + z^2$ 與已知點 $(1, 1, \sqrt{2})$，試求通過曲面上已知點的切平面之方程式。

解 通過已知點的梯度向量為

$$\nabla f\Big|_{(1,1,\sqrt{2})} = \left(\frac{\partial f}{\partial x} i + \frac{\partial f}{\partial y} j + \frac{\partial f}{\partial z} k\right)\Big|_{(1,1,\sqrt{2})}$$

$$= (2xi + 2yj + 2zk)\Big|_{(1,1,\sqrt{2})}$$

$$= 2i + 2j + 2\sqrt{2}k$$

切平面方程式為

$$2(x-1) + 2(y-1) + 2\sqrt{2}(z-\sqrt{2}) = 0$$

或 $x + y + \sqrt{2}z = 4$

例 5-13 已知在坐標中一點 (x, y, z) 的位置向量為 $\mathbf{r}$，大小為 $r = |\mathbf{r}|$。

試證 (a) $\nabla r = \dfrac{\mathbf{r}}{r} = \hat{r}$

(b) $\nabla\left(\dfrac{1}{r}\right) = -\dfrac{\mathbf{r}}{r^3} = -\dfrac{1}{r^2}\hat{r}$

解 (a) 位置和向量 $\mathbf{r}$ 的大小為

$$r = (x^2 + y^2 + z^2)^{\frac{1}{2}}$$

故

$$\nabla r = \left(\frac{\partial}{\partial x}i + \frac{\partial}{\partial y}j + \frac{\partial}{\partial z}k\right)r$$

$$= \frac{1}{(x^2 + y^2 + z^2)^{1/2}}(xi + yj + zk)$$

$$= \frac{\mathbf{r}}{r} = \hat{r}$$

(b) $\nabla\left(\dfrac{1}{r}\right) = \dfrac{d}{dr}\left(\dfrac{1}{r}\right)\nabla r = -\dfrac{1}{r^2}\dfrac{\mathbf{r}}{r} = -\dfrac{\mathbf{r}}{r^3} = -\dfrac{\hat{r}}{r^2}$

例 5-14 已知兩曲面方程式為 $3x^2 + 2y^2 - z = 0$ 與 $-2x + 7y^2 - z = 0$，兩曲面的交點為 $(1, 1, 5)$，試求兩曲面的夾角。

解　兩曲面的夾角相當於兩曲面的梯度向量的夾角，則

$\nabla f_1 \cdot \nabla f_2 = |\nabla f_1||\nabla f_2| \cos\theta$

或

$$\theta = \cos^{-1}\left\{\frac{\nabla f_1 \cdot \nabla f_2}{|\nabla f_1||\nabla f_2|}\right\}$$

$$= \cos^{-1}\left\{\frac{\nabla f_1}{|\nabla f_1|} \cdot \frac{\nabla f_2}{|\nabla f_2|}\right\}$$

$f_1(x, y, z)：3x^2 + 2y^2 - z = 0$，$\nabla f_1 = 6xi + 4yj - k$

$f_2(x, y, z)：-2x + 7y^2 - z = 0$，$\nabla f_2 = -2i + 14yj - k$

今交點為 (1, 1, 5)，則

$$\left.\frac{\nabla f_1}{|\nabla f_1|}\right|_{(1,1,5)} = \frac{1}{\sqrt{53}}(6i + 4j - k)$$

$$\left.\frac{\nabla f_2}{|\nabla f_2|}\right|_{(1,1,5)} = \frac{1}{\sqrt{201}}(-2i + 14j - k)$$

$$\theta = \cos^{-1}\left\{\frac{\nabla f_1}{|\nabla f_1|} \cdot \frac{\nabla f_2}{|\nabla f_2|}\right\} = \cos^{-1}\left\{\frac{45}{\sqrt{10653}}\right\}$$

5-4　散度（Divergence）

1. 散度定義

在上一節敘述的梯度所涉及之函數是屬於純量函數，這種函數為坐標 x, y, z 的顯函數。在物理方面我們稱之為純量場（scalar field）。例如在某一介質範圍內，其溫度及壓力隨位置點不同而改變，故溫度及壓力為位置函數，而這些函數皆屬於純量場函數，因此在介質範圍內，它的溫度梯度（temperature gradient），或壓力梯度（pressure gradient）必存在。以上這些都是將純量場函數利用梯度演算產生向量

場函數。同理，如果一物理量在介質範圍內每一點能以大小及方向來描述其特性，這種描述物理量的函數稱為向量函數，或稱之為**向量場**（vector field）。我們亦可將這些向量場以散度與旋度演算產生純量場與向量場。

今 A(x, y, z) 為一連續，可微分之向量函數，A_x, A_y, A_z 為 A 的分量函數，則向量 A 的發散定義為

$$\frac{\partial A_x}{\partial x}+\frac{\partial A_y}{\partial y}+\frac{\partial A_z}{\partial z}$$

或以∇ · A，divA 表示之，它是純量。∇ · A 可設想為向量演算子∇與向量 A 的純量積，即

$$\begin{aligned}\nabla \cdot \mathrm{A} &= \left(\frac{\partial}{\partial x}i+\frac{\partial}{\partial y}j+\frac{\partial}{\partial z}k\right)\cdot(A_x i+A_y j+A_z k)\\ &= \frac{\partial A_x}{\partial x}+\frac{\partial A_y}{\partial y}+\frac{\partial A_z}{\partial z} \qquad (5\text{-}56)\end{aligned}$$

2. 散度演算

設 f(x, y, z) 為純量函數，A(x, y, z)，B(x, y, z) 為向量函數則

$$\nabla \cdot (\mathrm{A}+\mathrm{B}) = \nabla \cdot \mathrm{A}+\nabla \cdot \mathrm{B} \qquad (5\text{-}57)$$

$$\nabla \cdot (f\mathrm{A}) = \nabla f \cdot \mathrm{A}+f\nabla \cdot \mathrm{A} \qquad (5\text{-}58)$$

式（5-57）的演算如下：

$$\begin{aligned}\nabla \cdot (\mathrm{A}+\mathrm{B}) &= \frac{\partial}{\partial x}(A_x+B_x)+\frac{\partial}{\partial y}(A_y+B_y)+\frac{\partial}{\partial z}(A_z+B_z)\\ &= \frac{\partial A_x}{\partial x}+\frac{\partial A_y}{\partial y}+\frac{\partial A_z}{\partial z}+\frac{\partial B_x}{\partial x}+\frac{\partial B_y}{\partial y}+\frac{\partial B_z}{\partial z}\\ &= \nabla \cdot \mathrm{A}+\nabla \cdot \mathrm{B}\end{aligned}$$

式（5-58）的演算如下：

$$\begin{aligned}\nabla\cdot(f\mathbf{A}) &= \frac{\partial}{\partial x}(fA_x)+\frac{\partial}{\partial y}(fA_y)+\frac{\partial}{\partial z}(fA_z)\\ &= \frac{\partial f}{\partial x}A_x+f\frac{\partial A_x}{\partial x}+\frac{\partial f}{\partial y}A_y+f\frac{\partial A_y}{\partial y}+\frac{\partial f}{\partial z}A_z+f\frac{\partial A_z}{\partial z}\\ &= \frac{\partial f}{\partial x}A_x+\frac{\partial f}{\partial y}A_y+\frac{\partial f}{\partial z}A_z+f\left(\frac{\partial A_x}{\partial x}+\frac{\partial A_y}{\partial y}+\frac{\partial A_z}{\partial z}\right)\\ &= \nabla f\cdot\mathbf{A}+f\nabla\cdot\mathbf{A}\end{aligned}$$

3. 散梯度

若向量 $\mathbf{A}$ 與 f 的關係為 $\mathbf{A}=\nabla f$，則 $A_x=\frac{\partial f}{\partial x}$，$A_y=\frac{\partial f}{\partial y}$，$A_z=\frac{\partial f}{\partial z}$，因此向量 $\mathbf{A}$ 的散度為

$$\nabla\cdot\mathbf{A}=\nabla\cdot(\nabla f)=\frac{\partial^2 f}{\partial x^2}+\frac{\partial^2 f}{\partial y^2}+\frac{\partial^2 f}{\partial z^2} \qquad (5\text{-}59)$$

式（5-59）又可寫為

$$\nabla\cdot(\nabla f)=\left(\frac{\partial^2}{\partial x^2}+\frac{\partial^2}{\partial y^2}+\frac{\partial^2}{\partial z^2}\right)f$$

上式中

$$\nabla^2=\left(\frac{\partial^2}{\partial x^2}+\frac{\partial^2}{\partial y^2}+\frac{\partial^2}{\partial z^2}\right) \qquad (5\text{-}60)$$

因此可設想 $\nabla\cdot(\nabla f)$ 是微分演算子 ∇^2 作用於 f 的結果，故

$$\nabla\cdot(\nabla f)=\nabla^2 f=\frac{\partial^2 f}{\partial x^2}+\frac{\partial^2 f}{\partial y^2}+\frac{\partial^2 f}{\partial z^2} \qquad (5\text{-}61)$$

∇^2 稱為**拉普拉斯**（Laplace）演算子，或稱為**拉普拉斯算符**（Laplacian）。

微分方程式 $\nabla^2 f=0$ 稱為**拉普拉斯方程式**（Laplace's equation），而滿足於其方程式的函數 $f(x, y, z)$ 為**諧和函數**（Harmonic function）。

拉普拉斯演算子也可應用於向量函數，即

$$\nabla^2 A = \frac{\partial^2 A}{\partial x^2} + \frac{\partial^2 A}{\partial y^2} + \frac{\partial^2 A}{\partial z^2} \quad (5\text{-}62)$$

於此注意，$\nabla^2 A$ 與 $\nabla(\nabla \cdot A)$ 是不相同的。

4. 散度的物理意義

一向量場的散度有一很重要的物理意義。一般上，它被廣泛地應用於流體力學上。今就流體流過一小長方形平行六面體之情形加以討論。如圖 5-14 所示，六面體的體積為 $d\tau = dx\ dy\ dz$，其各邊面分別垂直於坐標軸。

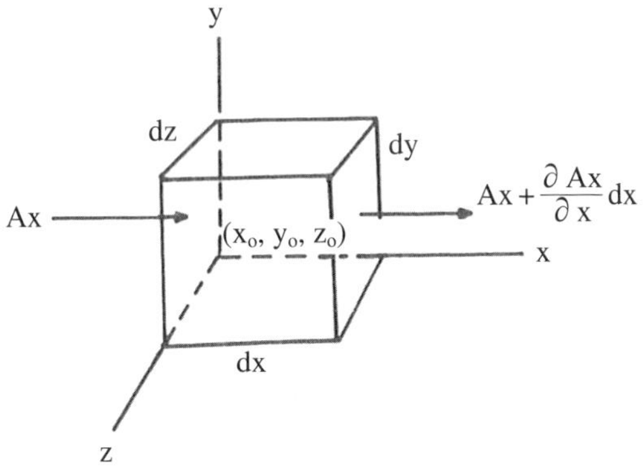

圖 5-14

我們以向量函數 A 的方向代表流體流動的方向，大小則是單位時間，通過垂直於此流動方向的單位面積上之流量。在圖 5-14 中，分量 A_x 代表在 x 軸方向的單位面積流量率，在 x_0 處以 $A_x(x_0)$ 表示之。若 A_x 在 x_0 與 $x_0 + dx$ 間有所變化。則在 $x_0 + dx$ 處，$A_x(x_0 + dx)$ 和在 x_0 處 $A_x(x_0)$ 之差應為（設在同 y, z 的地方）

$$A_x(x_0 + dx) - A_x(x_0) \simeq \left.\frac{\partial A_x}{\partial x}\right|_{x_0} dx \quad (5\text{-}63)$$

在已知點通過 dy dz 的面積內的流量率是等於 A_x 與面積之乘積：

$$\text{在 } x_0 \text{ 處：}\qquad \text{流量} = A_x\,dy\,dz$$

$$\text{在 } x_0 + dx \text{ 處：}\qquad \text{流量} = \left(A_x + \frac{\partial A_x}{\partial x}dx\right)dy\,dz$$

因此從體積 $d\tau = dx\,dy\,dz$ 往外流出流體的淨額量為

$$\left(A_x + \frac{\partial A_x}{\partial x}dx\right)dy\,dz - A_x\,dy\,dz$$

$$= \frac{\partial A_x}{\partial x}dx\,dy\,dz \qquad (5\text{-}64)$$

同理，另就 $d\tau$ 之其他二對平行面加以討論，可得出二相似的表示式，即

$$\frac{\partial A_y}{\partial y}dx\,dy\,dz \quad \text{及} \quad \frac{\partial A_z}{\partial z}dx\,dy\,dz$$

因此將此三式相加得流體往外流出的總流量率為

$$\left(\frac{\partial A_x}{\partial x} + \frac{\partial A_y}{\partial y} + \frac{\partial A_z}{\partial z}\right)dx\,dy\,dz = (\nabla \cdot A)d\tau \qquad (5\text{-}65)$$

故由上式可知 $\nabla \cdot A$ 明顯之物理意義，即 $\nabla \cdot A$ 代表單位體積內之往外淨流量率。

上面所討論的流量率是取正值，即散度為正。若散度 $\nabla \cdot A$ 為負值，即表示流體往內流入單位體積之流量率。若散度 $\nabla \cdot A = 0$，則表示流體是穩流現象，即流入體積內與流出體積之流量率完全相等。

例 5-15 已知 $A = xzi + (2x^2 - y)j - yz^2k$，試計算 $\nabla \cdot A$

解 $\nabla \cdot A = \dfrac{\partial A_x}{\partial x} + \dfrac{\partial A_y}{\partial y} + \dfrac{\partial A_z}{\partial z}$

$=z-1-2yz$

例 5-16 已知 $f(x, y, z)=xy+yz+zx$，$\mathbf{A}=x^2yi+y^2zj+z^2xk$，試計算 (a)$\nabla f\cdot\mathbf{A}$ (b)$\nabla\cdot\mathbf{A}$ (c)$\nabla\cdot(f\mathbf{A})$

解 (a) $\nabla f=(y+z)i+(x+z)j+(y+x)k$

$$\nabla f\cdot\mathbf{A}=[(y+z)i+(x+z)j+(y+x)k]\cdot(x^2yi+y^2zj+z^2xk)$$

$$=(y+z)x^2y+(x+z)y^2z+(y+x)z^2x$$

(b) $$\nabla\cdot\mathbf{A}=\frac{\partial}{\partial x}(x^2y)+\frac{\partial}{\partial y}(y^2z)+\frac{\partial}{\partial z}(z^2x)$$

$$=2xy+2yz+2zx$$

(c) $$\nabla\cdot(f\mathbf{A})=\nabla f\cdot\mathbf{A}+f\nabla\cdot\mathbf{A}$$

$$=(y+z)x^2y+(x+z)y^2z+(y+x)z^2x$$

$$+(xy+yz+zx)(2xy+2yz+2zx)$$

$$=3(x^2y^2+y^2z^2+z^2x^2)+5(x^2yz+y^2zx+z^2xy)$$

例 5-17 設 $\mathbf{r}$ 為坐標點的位置向量，試求$\nabla\cdot\mathbf{r}$。

解 $$\nabla\cdot\mathbf{r}=\left(\frac{\partial}{\partial x}i+\frac{\partial}{\partial y}j+\frac{\partial}{\partial z}k\right)\cdot(xi+yj+zk)$$

$$=\frac{\partial x}{\partial x}+\frac{\partial y}{\partial y}+\frac{\partial z}{\partial z}=1+1+1=3$$

例 5-18 設 $\mathbf{r}$ 為坐標點的位置向量，r 為 $\mathbf{r}$ 的大小，試求 $\mathbf{r}/r^3$ 的散度。

解 $$\nabla\cdot\left(\frac{\mathbf{r}}{r^3}\right)=\left(\nabla\frac{1}{r^3}\right)\cdot\mathbf{r}+\frac{1}{r^3}\nabla\cdot\mathbf{r}$$

$$= \frac{d}{dr}\left(\frac{1}{r^3}\right)\nabla r \cdot \mathbf{r} + \frac{3}{r^3}$$

$$= -\frac{3}{r^4}\frac{\mathbf{r}}{r} \cdot \mathbf{r} + \frac{3}{r^3} = -\frac{3}{r^3} + \frac{3}{r^3} = 0$$

例 5-19 設 r 為坐標點的位置向量 **r** 之大小，試證$\nabla^2\left(\frac{1}{r}\right)=0$

證 $\nabla^2\left(\frac{1}{r}\right) = \left(\frac{\partial^2}{\partial x^2} + \frac{\partial^2}{\partial y^2} + \frac{\partial^2}{\partial z^2}\right)\left(\frac{1}{r}\right)$

$$= \left(\frac{\partial^2}{\partial x^2} + \frac{\partial^2}{\partial y^2} + \frac{\partial^2}{\partial z^2}\right)(x^2 + y^2 + z)^{-\frac{1}{2}}$$

$$= \left(-\frac{1}{r^3} + \frac{3x^2}{r^5}\right) + \left(-\frac{1}{r^3} + \frac{3y^2}{r^5}\right) + \left(-\frac{1}{r^3} + \frac{3z^2}{r^5}\right)$$

$$= -\frac{3}{r^3} + \frac{3}{r^5}(x^2 + y^2 + z^2) = -\frac{3}{r^3} + \frac{3}{r^3} = 0$$

5-5 旋度（curl）

1. 旋度定義

向量演算子∇作用於一向量函數，可得上節所述的散度∇ · **A**，其結果為純量，但是它的結果亦可得另一向量函數，則**旋度**（curl）。向量演算子作用於向量所得兩種結果的運算形態不一樣；一個為∇ · **A**，即散度；另一個為∇ × **A**，即旋度。同時這兩種結果所代表的物理意義亦不同。假設已知向量函數為 **A**(x, y, z)，若將下列式

$$\frac{\partial A_z}{\partial y} - \frac{\partial A_y}{\partial z}, \qquad \frac{\partial A_x}{\partial z} - \frac{\partial A_z}{\partial x}, \qquad \frac{\partial A_y}{\partial x} - \frac{\partial A_x}{\partial y}$$

作為一向量的三分量，則此向量稱為向量 **A** 的旋度，其寫法為

$$\nabla \times \mathsf{A}，或 \text{ curl } \mathsf{A}$$

則

$$\nabla \times \mathsf{A} = \left(\frac{\partial A_z}{\partial y} - \frac{\partial A_y}{\partial z}\right)i + \left(\frac{\partial A_x}{\partial z} - \frac{\partial A_z}{\partial x}\right)j + \left(\frac{\partial A_y}{\partial x} - \frac{\partial A_x}{\partial y}\right)k \qquad (5\text{-}66)$$

上式又可藉行列式形式表示之，

$$\nabla \times \mathsf{A} = \begin{vmatrix} i & j & k \\ \frac{\partial}{\partial x} & \frac{\partial}{\partial y} & \frac{\partial}{\partial z} \\ A_x & A_y & A_z \end{vmatrix} \qquad (5\text{-}67)$$

若我們將向量演算子∇視為一向量，則∇×A 可視為∇與 A 的向量乘積。∇與 A 的向量乘積亦可寫為

$$\begin{aligned} \nabla \times \mathsf{A} &= \left(i\frac{\partial}{\partial x} + j\frac{\partial}{\partial y} + k\frac{\partial}{\partial z}\right) \times \mathsf{A} \\ &= i \times \frac{\partial \mathsf{A}}{\partial x} + j \times \frac{\partial \mathsf{A}}{\partial y} + k \times \frac{\partial \mathsf{A}}{\partial z} \qquad (5\text{-}68) \end{aligned}$$

式（6-68）中，右邊第一項為

$$\begin{aligned} i \times \frac{\partial \mathsf{A}}{\partial x} &= \frac{\partial}{\partial x}(i \times \mathsf{A}) = \frac{\partial}{\partial x}[i \times (A_x i + A_y j + A_z k)] \\ &= \frac{\partial}{\partial x}(A_y k - A_z j)] = \frac{\partial A_y}{\partial x} k - \frac{\partial A_z}{\partial x} j \end{aligned}$$

同理，

$$\begin{aligned} j \times \frac{\partial \mathsf{A}}{\partial y} &= \frac{\partial A_z}{\partial y} i - \frac{\partial A_x}{\partial y} k \\ k \times \frac{\partial \mathsf{A}}{\partial z} &= \frac{\partial A_x}{\partial z} j - \frac{\partial A_y}{\partial z} i \end{aligned}$$

因此三式相加可得式（5-66）。

2. 旋度演算

設 f(x, y, z) 為純量函數，A(x, y, z)，B(x, y, z) 為向量函數，則

$$\nabla \times (\mathbf{A}+\mathbf{B}) = \nabla \times \mathbf{A} + \nabla \times \mathbf{B} \tag{5-69}$$

$$\nabla \times (f\mathbf{A}) = \nabla f \times \mathbf{A} + f\nabla \times \mathbf{A} \tag{5-70}$$

3. 旋度的物理意義

今我們就物理觀念來看看向量的旋度之物理意義。令 A(x, y, z) 為圖 5-15 中流體內任何點的流速，同時其流速分量亦為 x, y, z 坐標軸的函數。流速分量 A_y 隨著 z 變化，如圖 5-15 所示（此處取$\partial A_y/\partial z$ 為正值），因此流體對 x 軸產生旋轉運動，但其旋轉方向是順時針方向，即取負 i 方向。同理，若$\partial A_z/\partial y$ 取正值，則流速分量 A_z，對 x 軸亦能產生旋轉運動，其方向是逆時針方向，即取正 i 方向。所以流速 A 的旋度之 x 軸分量應為

$$(\nabla \times \mathbf{A})_x = \frac{\partial A_z}{\partial y} - \frac{\partial A_y}{\partial z}$$

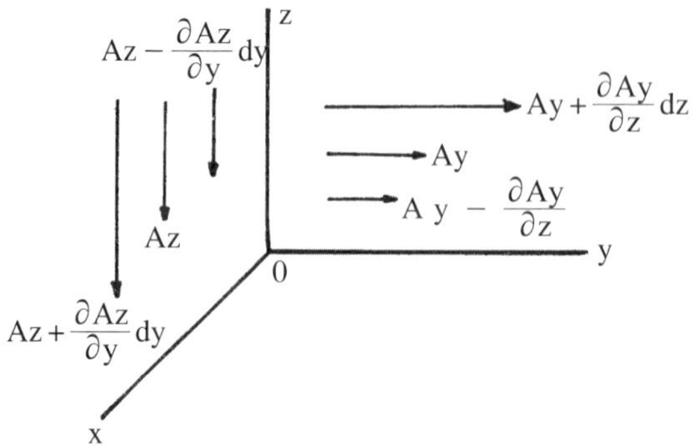

圖 5-15

同理，流速 A 對 y 軸及 z 軸的旋轉之分量分別為

$$(\nabla\times \mathsf{A})_y=\frac{\partial A_x}{\partial z}-\frac{\partial A_z}{\partial x},\qquad (\nabla\times \mathsf{A})_z=\frac{\partial A_y}{\partial x}-\frac{\partial A_x}{\partial y}$$

因此我們由此可得知一向量 A 之旋度之物理意義。有關一向量的旋度的物理解釋不如散度那麼相當明瞭。不過，它可清楚地說明，若 A 代表流體中的流速，則將一小水輪置放於 $\nabla\times \mathsf{A}\neq 0$ 之區域中，它會產生旋轉之現象，即小輪一方面在流動，一方面在旋轉，這種流速場稱為**旋渦場**（vortex field），同時流速的旋度是用來測旋渦場率（vorticity）。若水輪在 $\nabla\times \mathsf{A}=0$ 之區域內，則它沒有旋轉現象，因此水輪只有維持線性的流動。

例 5-20 就例 5-18 之向量 $\mathsf{A}=xzi+(2x^2-y)j-yz^2k$，計算 $\nabla\times \mathsf{A}$。

解

$$\nabla\times \mathsf{A}=\left(\frac{\partial}{\partial x}i+\frac{\partial}{\partial y}j+\frac{\partial}{\partial z}k\right)\times[xzi+(2x^2-y)j-yz^2k]$$

$$=\begin{vmatrix} i & j & k \\ \dfrac{\partial}{\partial x} & \dfrac{\partial}{\partial y} & \dfrac{\partial}{\partial z} \\ xz & 2x^2-y & -yz^2 \end{vmatrix}$$

$$=\left[\frac{\partial}{\partial y}(-yz^2)-\frac{\partial}{\partial z}(2x^2-y)\right]i$$

$$-\left[\frac{\partial}{\partial x}(-yz^2)-\frac{\partial}{\partial z}(xz)\right]j$$

$$+\left[\frac{\partial}{\partial x}(2x^2-y)-\frac{\partial}{\partial z}(xz)\right]k$$

$$=-z^2\,i+x\,j+4x\,k$$

例 5-21 已知向量 $\mathsf{A}=xz^2\,i-2x^2yz\,j+2yz^4\,k$，試求在 P 點 $(1,-1,1)$ 處的 $\nabla\times\mathsf{A}$

解

$$\nabla\times\mathsf{A}=\begin{vmatrix} i & j & k \\ \dfrac{\partial}{\partial x} & \dfrac{\partial}{\partial y} & \dfrac{\partial}{\partial z} \\ xz^2 & -2x^2yz & +2yz^4 \end{vmatrix}$$

$$=(2z^4+2x^2y)i+2xz\,j-4xyz\,k$$

因此

$$(\nabla\times\mathsf{A})\Big|_{(1,-1,1)}=2j+4k$$

例 5-22 試導出式（5-70）。

解

$$\nabla\times(f\mathsf{A})=\left(\frac{\partial}{\partial x}i+\frac{\partial}{\partial y}j+\frac{\partial}{\partial z}k\right)\times(f\mathsf{A})$$

$$=i\times\frac{\partial}{\partial x}(f\mathsf{A})+j\times\frac{\partial}{\partial y}(f\mathsf{A})+k\times\frac{\partial}{\partial z}(f\mathsf{A})$$

$$=i\times\left(\frac{\partial f}{\partial x}\mathsf{A}+f\frac{\partial\mathsf{A}}{\partial x}\right)+j\times\left(\frac{\partial f}{\partial y}\mathsf{A}+f\frac{\partial\mathsf{A}}{\partial y}\right)$$

$$+k\times\left(\frac{\partial f}{\partial z}\mathsf{A}+f\frac{\partial\mathsf{A}}{\partial z}\right)$$

$$=\left(\frac{\partial f}{\partial x}i\times\mathsf{A}+\frac{\partial f}{\partial y}j\times\mathsf{A}+\frac{\partial f}{\partial z}k\times\mathsf{A}\right)$$

$$+f\left(i\times\frac{\partial\mathsf{A}}{\partial x}+j\times\frac{\partial\mathsf{A}}{\partial y}+k\times\frac{\partial\mathsf{A}}{\partial z}\right)$$

$$=\left(\frac{\partial f}{\partial x}i+\frac{\partial f}{\partial y}j+\frac{\partial f}{\partial z}k\right)\mathsf{A}$$

$$+f\left\{\left(k\frac{\partial A_y}{\partial x}-j\frac{\partial A_z}{\partial x}\right)+\left(-k\frac{\partial A_x}{\partial y}+i\frac{\partial A_z}{\partial y}\right)\right.$$

$$+\left(j\frac{\partial A_x}{\partial z}-i\frac{\partial A_y}{\partial z}\right)\Bigg\}$$

$$=\nabla f\times \mathsf{A}+f\left\{i\left(\frac{\partial A_z}{\partial y}-\frac{\partial A_y}{\partial z}\right)-j\left(\frac{\partial A_z}{\partial x}-\frac{\partial A_x}{\partial z}\right)\right.$$

$$\left.+k\left(\frac{\partial A_y}{\partial x}-\frac{\partial A_x}{\partial y}\right)\right\}$$

$$=\nabla f\times \mathsf{A}+f\nabla\times \mathsf{A}$$

例 5-23 r 為坐標點 P(x, y, z) 的位置向量，試證$\nabla\times \mathbf{r}=0$。

解

$$\nabla\times \mathbf{r}=\begin{vmatrix} i & j & k \\ \dfrac{\partial}{\partial x} & \dfrac{\partial}{\partial y} & \dfrac{\partial}{\partial z} \\ x & y & z \end{vmatrix}$$

$$=i\left(\frac{\partial z}{\partial y}-\frac{\partial y}{\partial z}\right)+j\left(\frac{\partial x}{\partial z}-\frac{\partial z}{\partial x}\right)+k\left(\frac{\partial y}{\partial x}-\frac{\partial x}{\partial y}\right)$$

$$=0$$

5-6 一些有用的向量恆等式

向量微分演算子「∇」有三種演算方法，而產生三種不同形態向量：(a) 梯度演算產生向量，(b) 散度的演算產生純量，(c) 旋度的演算產生軸式向量。散度與旋度的演算時常出現於流體力學與電磁場，但少出現於質點的力學，主要因為散度與旋度往往涉及到場的現象。

在電磁場中有一很重要的向量恆等式，即向量 A 的旋度之旋度—$\nabla\times(\nabla\times \mathsf{A})$。若以卡氏坐標，將它展開得

$$[\nabla\times(\nabla\times \mathsf{A})]_x=\left[\frac{\partial}{\partial y}\left(\frac{\partial A_y}{\partial x}-\frac{\partial A_x}{\partial y}\right)-\frac{\partial}{\partial z}\left(\frac{\partial A_x}{\partial z}-\frac{\partial A_z}{\partial x}\right)\right]$$

$$= \left(\frac{\partial^2 A_y}{\partial y \partial x} + \frac{\partial^2 A_z}{\partial z \partial x} - \frac{\partial^2 A_x}{\partial y^2} - \frac{\partial^2 A_x}{\partial z^2}\right)$$

$$= \left[\frac{\partial}{\partial x}\left(\frac{\partial A_x}{\partial x} + \frac{\partial A_y}{\partial y} + \frac{\partial A_z}{\partial z}\right) - \left(\frac{\partial^2}{\partial x^2} + \frac{\partial^2}{\partial y^2} + \frac{\partial^2}{\partial z^2}\right) A_x\right]$$

$$= \frac{\partial}{\partial x}(\nabla \cdot \mathsf{A}) - (\nabla^2 \mathsf{A})_x$$

$$= [\nabla(\nabla \cdot \mathsf{A})]_x - (\nabla^2 \mathsf{A})_x$$

因此

$$\nabla \times (\nabla \times \mathsf{A}) = \nabla(\nabla \cdot \mathsf{A}) - \nabla^2 \mathsf{A} \tag{5-71}$$

我們亦可用同樣方法將下列向量恆等式證明：$f(x, y, z)$，$g(x, y, z)$ 為純量函數；$\mathsf{A}(x, y, z)$ 及 $\mathsf{B}(x, y, z)$ 為向量函數。

$$\nabla(fg) = (\nabla f)g + f(\nabla g)$$

$$\nabla \cdot (f\mathsf{A}) = (\nabla f) \cdot \mathsf{A} + f(\nabla \cdot \mathsf{A})$$

$$\nabla \times (f\mathsf{A}) = (\nabla f) \times \mathsf{A} + f(\nabla \times \mathsf{A})$$

$$\nabla \cdot (\mathsf{A} \times \mathsf{B}) = \mathsf{B} \cdot (\nabla \times \mathsf{A}) - \mathsf{A} \cdot (\nabla \times \mathsf{B})$$

$$\nabla \times (\mathsf{A} \times \mathsf{B}) = (\mathsf{B} \cdot \nabla)\mathsf{A} - (\mathsf{A} \cdot \nabla)\mathsf{B} + \mathsf{A}(\nabla \cdot \mathsf{B}) - \mathsf{B}(\nabla \cdot \mathsf{A})$$

$$\nabla(\mathsf{A} \cdot \mathsf{B}) = (\mathsf{B} \cdot \nabla)\mathsf{A} + (\mathsf{A} \cdot \nabla)\mathsf{B} + \mathsf{A} \times (\nabla \times \mathsf{B}) + \mathsf{B} \times (\nabla \times \mathsf{A})$$

上面一些公式中之 $(\mathsf{A} \cdot \nabla)\mathsf{B}$ 符號表示為

$$(\mathsf{A} \cdot \nabla)\mathsf{B} = i\left(A_x \frac{\partial B_x}{\partial x} + A_y \frac{\partial B_x}{\partial y} + A_z \frac{\partial B_x}{\partial z}\right) + j\left(A_x \frac{\partial A_y}{\partial x} + A_y \frac{\partial B_y}{\partial y} + A_z \frac{\partial B_y}{\partial z}\right) + k\left(A_x \frac{\partial B_z}{\partial x} + A_y \frac{\partial B_z}{\partial y} + A_z \frac{\partial B_z}{\partial z}\right)$$

上面這些公式中對工程與物理有其廣泛的用途。以上這些恆等式請讀者自行證明之。

另外還有兩個較重要的性質，即

$$\nabla \cdot (\nabla \times \mathsf{A}) = 0 \qquad (5\text{-}72)$$

$$\nabla \times (\nabla f) = 0 \qquad (5\text{-}73)$$

例 5-24 試證式（5-73）

證 $\nabla \times (\nabla f) = \left(\frac{\partial}{\partial x}i + \frac{\partial}{\partial y}j + \frac{\partial}{\partial z}k\right) \times \left(\frac{\partial f}{\partial x}i + \frac{\partial f}{\partial y}j + \frac{\partial f}{\partial z}k\right)$

$$= \begin{vmatrix} i & j & k \\ \frac{\partial}{\partial x} & \frac{\partial}{\partial y} & \frac{\partial}{\partial z} \\ \frac{\partial f}{\partial x} & \frac{\partial f}{\partial y} & \frac{\partial f}{\partial z} \end{vmatrix}$$

$$= i\left[\frac{\partial}{\partial y}\left(\frac{\partial f}{\partial z}\right) - \frac{\partial}{\partial z}\left(\frac{\partial f}{\partial y}\right)\right] - j\left[\frac{\partial}{\partial x}\left(\frac{\partial f}{\partial z}\right) - \frac{\partial}{\partial z}\left(\frac{\partial f}{\partial x}\right)\right]$$

$$+ k\left[\frac{\partial}{\partial x}\left(\frac{\partial f}{\partial y}\right) - \frac{\partial}{\partial y}\left(\frac{\partial f}{\partial x}\right)\right]$$

$$= 0$$

例 5-25 已知 $\mathsf{A} = (2x^2 - yz)i + (y^2 - 2xz)j + x^2z^3k$，

$f(x, y, z) = x^2y - 3xz^2 + 2xyz$

試證 (a)$\nabla \cdot (\nabla \times \mathsf{A}) = 0$，(b) $\nabla \times (\nabla f) = 0$

證 (a)

$$\nabla \times \mathsf{A} = \begin{vmatrix} i & j & k \\ \frac{\partial}{\partial x} & \frac{\partial}{\partial y} & \frac{\partial}{\partial z} \\ 2x^2 - yz & y^2 - 2xz & x^2z^3 \end{vmatrix}$$

$$= i\left[\frac{\partial}{\partial y}(x^2z^3) - \frac{\partial}{\partial z}(y^2 - 2xz)\right] - j\left[\frac{\partial}{\partial x}(x^2z^3)\right.$$

$$-\frac{\partial}{\partial z}(2x^2-yz)\Big]+k\left[\frac{\partial}{\partial x}(y^2-2xz)-\frac{\partial}{\partial y}(2x^2-yz)\right]$$

$$=2x\,i-(2xz^3+y)j-zk$$

$$\nabla\cdot(\nabla\times A)=\frac{\partial}{\partial x}(2x)+\frac{\partial}{\partial y}[-(2xz^3+y)]+\frac{\partial}{\partial z}(-z)$$

$$=2-1-1=0$$

$$\text{(b)}\nabla f=\frac{\partial}{\partial x}[x^2y-3xz^2+2xyz]i+\frac{\partial}{\partial y}[x^2y-3xz^2+2xyz]j$$

$$+\frac{\partial}{\partial z}[x^2y-3xz^2+2xyz]k$$

$$=(2xy-3z^2+2yz)i+(x^2+2xz)j+(-6xz+2xy)k$$

$$\nabla\times\nabla f=\begin{vmatrix} i & j & k \\ \frac{\partial}{\partial x} & \frac{\partial}{\partial y} & \frac{\partial}{\partial z} \\ 2xy-3z^2+2yz & x^2+2xz & -6xz+2xy \end{vmatrix}$$

$$=i\left[\frac{\partial}{\partial y}(-6xz+2xy)-\frac{\partial}{\partial z}(x^2+2xz)\right]$$

$$-j\left[\frac{\partial}{\partial x}(-6xz+2xy)-\frac{\partial}{\partial z}(2xy-3z^2+2yz)\right]$$

$$+k\left[\frac{\partial}{\partial x}(x^2+2xz)-\frac{\partial}{\partial y}(2xy-3z^2+2yz)\right]$$

$$=i[2x-2x]-j[(-6z+2y)-(-6z+2y)]$$

$$+k[(2x+2z)-(2x+2z)]$$

$$=0$$

例 5-26 已知 $A=3xz^2\,i-yz\,j+(x+2z)k$，計算$\nabla\times(\nabla\times A)$。

解

$$\nabla\times A=\begin{vmatrix} i & j & k \\ \frac{\partial}{\partial x} & \frac{\partial}{\partial y} & \frac{\partial}{\partial z} \\ 3xz^2 & -yz & x+2z \end{vmatrix}$$

$$= i\left[\frac{\partial}{\partial y}(x+2z) - \frac{\partial}{\partial z}(-yz)\right]$$

$$- j\left[\frac{\partial}{\partial x}(x+2z) - \frac{\partial}{\partial z}(3xz^2)\right]$$

$$+ k\left[\frac{\partial}{\partial x}(-yz) - \frac{\partial}{\partial y}(3xz^2)\right]$$

$$= yi + (6xz - 1)j$$

$$\nabla \times (\nabla \times \mathsf{A}) = \begin{vmatrix} i & j & k \\ \frac{\partial}{\partial x} & \frac{\partial}{\partial y} & \frac{\partial}{\partial z} \\ y & 6xz-1 & 0 \end{vmatrix}$$

$$= i\left[\frac{\partial}{\partial y}(0) - \frac{\partial}{\partial z}(6xz-1)\right] - j\left[\frac{\partial}{\partial x}(0) - \frac{\partial}{\partial z}(y)\right]$$

$$+ k\left[\frac{\partial}{\partial x}(6xz-1) - \frac{\partial}{\partial y}(y)\right]$$

$$= -6x\,i + (6z-1)\,k$$

例 5-27 設 r 為坐標點的位置向量，r 為其大小。試證

$$\nabla^2 r^n = n(n+1)r^{n-2}$$

證 因 $\nabla r^n = nr^{n-2}\mathsf{r}$

故

$$\nabla^2 r^n = \nabla \cdot \nabla r^n = n\nabla \cdot (r^{n-2}\mathsf{r})$$

$$= n\{\nabla(r^{n-2}) \cdot \mathsf{r} + r^{n-2}\nabla \cdot \mathsf{r}\}$$

$$= n\{(n-2)r^{n-4}\mathsf{r} \cdot \mathsf{r} + 3r^{n-2}\}$$

$$= n(n+1)r^{n-2}$$

例 5-28 試證 $\nabla \cdot (r^n\,\mathsf{r}) = (n+3)r^n$

證 $\nabla\cdot(r^n\mathbf{r})=\nabla(r^n)\cdot\mathbf{r}+r^n(\nabla\cdot\mathbf{r})$

$$=nr^{n-2}\mathbf{r}\cdot\mathbf{r}+3r^n=(n+3)r^n$$

習　題 5

1. 若 $\mathbf{c}$ 為定向量，則 $\dfrac{d\mathbf{c}}{dt}=0$，試證之。

2. 若向量 $\mathbf{A}(t)$ 的大小一定，而方向隨時變化，試證 $d\mathbf{A}/dt$ 與 $\mathbf{A}$ 互相垂直。

3 .$\mathbf{a}$，$\mathbf{b}$ 為一定向量，ω 為常數，

(a) $\mathbf{r}=\mathbf{a}\cos(\omega t)+\mathbf{b}\sin(\omega t)$，試證 $\dfrac{d^2\mathbf{r}}{dt^2}+\omega^2\mathbf{r}=0$，　$\mathbf{r}\times\dfrac{d\mathbf{r}}{dt}=\omega\mathbf{a}\times\mathbf{b}$

(b) $\mathbf{r}=\mathbf{a}e^{\omega t}+\mathbf{b}e^{-\omega t}$，試證 $\dfrac{d^2\mathbf{r}}{dt^2}-\omega^2\mathbf{r}=0$

4. 若 $\mathbf{r}$ 與 $\dfrac{d\mathbf{r}}{dt}=\mathbf{v}$ 為質點的位置向量與速度向量，而皆為時間的顯函數，試證

$$\frac{d}{dt}[\mathbf{r}\times(\mathbf{v}\times\mathbf{r})]=r^2\mathbf{a}+(\mathbf{r}\cdot\mathbf{v})\mathbf{v}-(v^2+\mathbf{r}\cdot\mathbf{a})\mathbf{r}$$

式中 $\mathbf{a}$ 為質點的加速度向量 $\dfrac{d^2\mathbf{r}}{dt^2}=\dfrac{d\mathbf{v}}{dt}$。

5. 曲線向量方程式

$$\mathbf{r}=t\mathbf{i}+\frac{1}{2}t^2\mathbf{j}+t\mathbf{k}$$

試求 (a) 單位切線向量 $\boldsymbol{\tau}$

(b) 單位法線向量 $\mathbf{n}$ 與曲率半徑 ρ

(c) 單位副法線向量 $\mathbf{b}$ 與扭率 τ。

6. 若質點的位置向量為

$r(t) = 2\sin(t)i + tj + 2\cos(t)k$

試求 (a) 速度、加速度

(b) 切線加速度與法線加速度

(c) 質點運動軌跡的曲率 k 與曲率半徑ρ

(d) 軌跡曲線的扭率。

7. 試證 $\frac{dr}{ds} \cdot \frac{d^2r}{ds^2} \times \frac{d^3r}{ds^3} = \frac{\tau}{\rho^2}$

8. $\varphi(x, y, z)$ 與 $\phi(x, y, z)$ 為任意函數，試證

$$\nabla\left(\frac{\varphi}{\phi}\right) = \frac{\phi\nabla\varphi - \varphi\nabla\phi}{\phi^2}$$

9. 若兩函數 $u(x, y, z)$，$v(x, y, z)$ 為函數 $F(u, v)$ 的變數，則證明：

$$\nabla F = \frac{\partial F}{\partial u}\nabla u + \frac{\partial F}{\partial v}\nabla v$$

10. 試證 $\nabla r^n = nr^{n-2}r$。

11. 試求在曲面上 P 點 (2, −2, 3) 的單位法線向量，曲面方程式為 $x^2y + 2xz = 4$。

12. 試求在曲面上 P 點 (2, 1, −1) 的切線向量，曲面方程式為 $x^2y - 2xz + 2y^2z^4 = 0$。

13. 設二個曲面 $xy - z^2 + 15 = 0$，$y^2 - 3z + 5 = 0$ 的相交曲線 C，C 上的 P 點為已知，其坐標點為 P(3, −2, 3)。試求在 P 點兩曲面的線夾角之餘弦值。並求在 P 點切於曲線 C 的單位切線向量。

14. 已知曲面方程式 $x^2 - 2y^2 + z^4 = 0$ 及其上一已知點 (1, 1, 1)，試求通過該已知點切於曲面的切平面方程式。

15. 設一曲面 $f(x, y, z) = x^2y + y^2z - xyz$ 上一點 P(1, −4, 8) 的位置向量為 r。試求過 P 點沿著 r 方向的 f(x, y, z) 的方向導數。

16. 已知曲面 $f(x, y, z) = 2xy - 3xz^2$，試求通過曲面上一點 (1, 2, 1) 沿著向量 $2i + 3i - k$ 之方向的方向導數。
17. 設 r 為坐標點的位置向量，r 為 r 之大小，試求$\nabla \cdot \left(\frac{r}{r^2}\right)$。
18. 若 $A = 3xyz^2i + 2xy^3j - x^2yzk$，$\phi = 3x^2 - yz$，試求在點 (1, −1, 1) 的 (a)$\nabla \cdot A$，(b)$A \cdot \nabla\phi$，(c)$\nabla \cdot (\phi A)$，(d)$\nabla^2\phi$
19. A 的位意向量，r 為位置向量，試證 $(A \cdot \nabla)r = A$。
20. A 為定向量，r 為位置向量，試證
    (a) $\nabla(r \cdot A) = A$
    (b) $\nabla \cdot (r - A) = 3$
    (c) $\nabla \times (r - A) = 0$

計算下列 21-22 題之$\nabla \cdot A$，$\nabla \times A$，$\nabla \cdot (\nabla \times A)$，$\nabla \times (\nabla \times A)$

21. $A = x^2zi - yj + z^3k$
22. $A = 3xz^2i - yzj + (x + 2z)k$
23. r 為坐標點的位置向量，其大小為 r，試證 $\nabla \times (r^2r) = 0$。
24. 若$\nabla \times A = 0$，試求 $\nabla \cdot (A \times r)$。r 為位置向量，A 為任意向量。
25. 若 $V = w \times r$，試證 (a) $w = \frac{1}{2}\nabla \times V$，(b) $\nabla \cdot V = 0$，w 為一定向量，r 為位置向量。
26. 試證 $\nabla(\ln r) = \frac{r}{r^2}$，r 為位置向量的大小。
27. 試證 $(A \cdot \nabla)A = \frac{1}{2}\nabla A^2 - A \times (\nabla \times A)$。
28. f_1 與 f_2 為純量函數，試證 $\nabla \cdot (\nabla f_1 \times \nabla f_2) = 0$。

第六章 向量積分

到目前為止，我們已研討向量微分的演算，現在將進入介紹純量函數，或向量函數對於空間曲線、曲面與區域的積分，即所謂向量積分。特別在向量場函數的線積分（用來說明作用力場對物體沿著曲線的作功），而後介紹面積分（說明跨愈過一曲面的通量率）。這幾種線積分，面積分與體積分間的連結導致有關的一些定理——高斯定理（Gauss's Theorem）與史托克斯定理（Stockes' Theorem）。

6-1 線積分

圖 6-1 所示為一任意曲線C。P, Q 為曲線 C 的兩端點，同時在 C 上的連續函數為 f(x, y, z)。今 $P_1, P_2, \cdots, P_{n-1}$ 將曲線 C 分割成 n 個微小的線段，其各線段為Δs_1, Δs_2, ⋯, Δs_n；而各線段上的點 $P_1, P_2, \cdots, P_n$ 的函數值各為 $f_1, f_2, \cdots, f_n$，並作下列之和

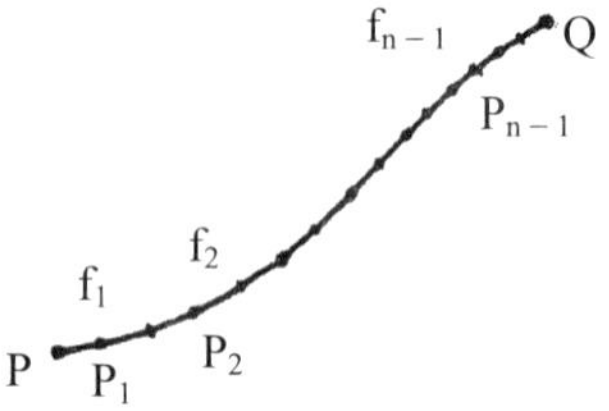

圖 6-1

$$\sum_{i=1}^{n} f_i \Delta s_i = f_1\Delta s_1 + f_2\Delta s_2 + \cdots + f_n\Delta s_n \qquad (6\text{-}1)$$

若上面的分割分得甚小時，則 $n\to\infty$，$\Delta s_i\to 0$，則式（6-1）的總和有一極限值，這個極限值稱為連續函數 f(x, y, z) 沿著曲線 C 的線積分，以下式表示之，即

$$\lim_{\substack{n\to\infty \\ \Delta s\to 0}} \sum_{i=1}^{n} f_i \,\Delta s_i = \int_c f(x, y, z)ds \qquad (6\text{-}2)$$

有關空間曲線已於第五章敘述過。一般曲線 C 以參數表示時，即

$$x = x(t), \qquad y = y(t), \qquad z = z(t) \qquad (6\text{-}3)$$

$t_1 \le t \le t_2$，t 為參數，曲線上任意點的位置向量為

$$r(t) = x(t)i + y(t)j + z(t)k \qquad (6\text{-}4)$$

而其該點的單位線切向量 $\tau = \dfrac{dr}{ds}$，或 $dr = \boldsymbol{\tau}\, ds$。dr 所表示為曲線上鄰近兩點的位移，ds 為兩點間的線段，即式（6-2）中的 ds，式（6-2）為純量函數 f(x, y, z) 的**線積分**。

至於向量函數 A(x, y, z) 的線積分，可作下列的敘述。

若有一向量函數 A(x, y, z) 在曲線 C 上各點都有定義，則在 C 上可作向量 A 與 $\boldsymbol{\tau}$ 的純量積 $A \cdot \boldsymbol{\tau}$，因此沿著曲線 C 上所作的線積分為 $\int_c A \cdot \boldsymbol{\tau}\, ds$，$\int_c A \cdot \boldsymbol{\tau}\, ds$ 稱為向量 A 沿曲線 C 的線積分，即

$$\int_c (A \cdot \boldsymbol{\tau})\, ds \qquad (6\text{-}5)$$

或寫為

$$\int_c (A \cdot \boldsymbol{\tau})\, ds = \int_c A \cdot (\boldsymbol{\tau}\, ds) = \int_c A \cdot dr \qquad (6\text{-}6)$$

而

$$A \cdot dr = A_x\, dx + A_y\, dy + A_z\, dz$$

因此式（6-6）中，向量函數 A 的線積分定義為

$$\int_c A \cdot dr = \int_c (A_x\, dx + A_y\, dy + A_z\, dz) \qquad (6\text{-}7)$$

於此注意，式（6-7）的積分不能分開一項一項的積分。若以參數 t 表示時，則

$$\begin{aligned}\int_c A \cdot dr &= \int_c A(x(t), y(t), z(t)) \cdot \frac{dr}{dt} dt \\ &= \int_c \left[A_x(t)\frac{dx}{dt} + A_y(t)\frac{dy}{dt} + A_z(t)\frac{dz}{dt}\right] dt \\ &= \int_c g(t) dt \end{aligned} \qquad (6\text{-}8)$$

就可以直接以參數 t 進行積分之。

線積分的演算

1. 定積分

式（6-2）、（6-6）等為線積分的不定積分。若曲線 C 上有兩定點 P 與 Q，則純量函數 f(x, y, z)，或向量函數 A(x, y, z) 沿曲線 C 由 P

至 Q 所作的線積分為

$$\int_{P\,c}^{Q} f(x, y, z)ds, \qquad \int_{P\,c}^{Q} A \cdot dr$$

2. 分段積分

若曲線 C 為連續曲線，且含有分段曲線 $C_1, C_2, \cdots C_n$ 則

$$\int_c A \cdot dr = \int_{c_1} A \cdot dr + \int_{c_2} A \cdot dr + \cdots\cdots + \int_{c_n} A \cdot dr \qquad (6\text{-}9)$$

3. 反向積分

若我們將曲線 C 反向沿曲線方程式作線積分，則

$$\int_{P\,c}^{Q} A \cdot dr = \int_{P\,(-c)}^{Q} A \cdot dr \qquad (6\text{-}10)$$

4. 迴路積分

若我們將所作的線積分的起點 P 與終點 Q 重合一起，而使得曲線 C 形成一封閉曲線（closed curve），則此積分稱為**迴路積分**，即

$$\oint_c A \cdot dr \qquad (6\text{-}11)$$

5. 其他線積分

其他向量函數 A 沿曲線 C 所作的線積分還有兩種形式：

① $\int_c A ds = i\int_c A_x ds + j\int_c A_y ds + k\int_c A_z ds$ （6-12）

② $\int_c A \times \boldsymbol{\tau} ds = \int_c A \times dr = i\int_c (A_y dz - A_z dy)$ （6-13）

$$+ j\int_c (A_z dx - A_x dz) + k\int_c (A_x dy - A_y dx)$$

其實上面這兩種線積分在物理方面較無重要，因此在本章不加以討

論，而式（6-6）的線積分在物理方面的應用很有其重要性。例如，物體受力 F 沿著一路徑運動，則此力 F 對物體所作之功為 $\int_c \mathrm{F}\cdot \boldsymbol{\tau} ds = \int_c \mathrm{F}\cdot d\vec{r}$。

例 6-1 已知純量函數 $f(x, y, z) = x^2 - yz$，與曲線 C：$x = t, y = \sqrt{t}$，$z = \sqrt{t}$，參數 t 的區域為 t：1→4，計算

(a) $\int_c f(x, y, z)ds$，(b) $\int_c f(x, y, z)dx$，(c) $\int_c f(x, y, z)dy$

解 以參數 t 表示時，

$f(x, y, z) = x^2 - yz = t^2 - t$

而線段 ds 可由 $\boldsymbol{\tau} = \frac{dr}{ds}$ 得知為 $ds = |dr|$，因此

$ds^2 = dx^2 + dy^2 + dz^2$

或以參數 t 表示時，則

$$ds = \left[\left(\frac{dx}{dt}\right)^2 + \left(\frac{dy}{dt}\right)^2 + \left(\frac{dz}{dt}\right)^2\right]^{1/2} dt$$

$$= \left[1 + \left(\frac{1}{2\sqrt{t}}\right)^2 + \left(\frac{1}{2\sqrt{t}}\right)^2\right]^{1/2} dt$$

$$= \left(1 + \frac{1}{2t}\right)^{1/2} dt$$

則

(a) $\int_c f(x, y, z)ds = \int_1^4 (t^2 - t)\left(1 + \frac{1}{2t}\right)^{1/2} dt$

以基本積分方法難以完成計算。

(b) $\int_c f(x, y, z)dx = \int_1^4 (t^2 - t)dt = \frac{81}{6}$

(c) $\int_c f(x, y, z)dy = \int_1^4 (t^2 - t)\frac{1}{2\sqrt{t}}dt = \frac{58}{15}$

例 6-2 已知向量函數 $A=-yi+xy\,j+x^2k$，曲線 C 為 $x=y=t$, $z=3t$，t 的區域為 0→4，計算 $\int_c A\cdot dr$

解 $dx=dt,\ dy=dt,\ dz=3dt$

$dr=dx\,i+dy\,j+dz\,k$

$$\int_c A\cdot dr=\int_c(-y\,dx+xy\,dy+x^2\,dz)$$

$$=\int_0^4(4t^2-t)dt$$

$$=\frac{256}{3}-8=\frac{232}{3}$$

例 6-3 試求向量函數 $A=x^2i+y^3j$ 在 xy 平面沿著一拋物曲線 $y=x^2$ 由原點到 P 點 (1, 1, 0) 的線積分值。

解 (1) 以參數解法

令 $x=t$，則 $y=t^2$

因此　$A=t^2\,i+t^6\,j$

$dr=dx\,i+dy\,j$

$=dt\,i+2t\,dt\,j$

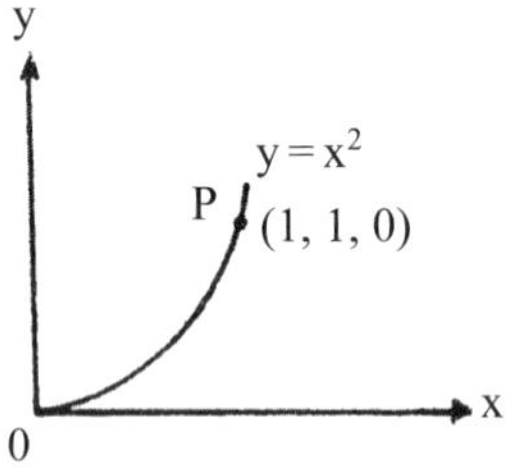

圖 6-2

則

$$\int_0^P A\cdot\boldsymbol{\tau}ds=\int_0^P A\cdot dr=\int_0^1(t^2\,i+t^6\,j)\cdot(dt\,i+2t\,dt\,j)$$

$$=\int_0^1(t^2+2t^7)\,dt=\frac{7}{12}$$

(2)直接解法

C：$y=x^2$，因此　$dy=2x\,dx$

$$\int_0^P A \cdot dr = \int_0^P (x^2\,dx + y^3\,dy) = \int_0^P [x^2\,dx + x^6(2x\,dx)]$$
$$= \int_0^1 (2x^7 + x^2)\,dx = \frac{7}{12}$$

例 6-4 已知 $A = x^2 i + y j + xyz k$ 中，計算由 (0, 0, 0) 到 (1, 1, 1) 的 $\int A \cdot dr$ 的積分值

(a) 沿著圖 6-3 所示兩點的直線路徑 C。

(b) 沿著圖 6-3 所示 C_1, C_2 及 C_3 等路徑。

解 (a) 沿著路徑 C：

由路徑 C 所連結之兩點 (0, 0, 0) 與 (1, 1, 1) 得知其路徑C的方程式為 $x = y = z$，因此 $dx = dy = dz$，則

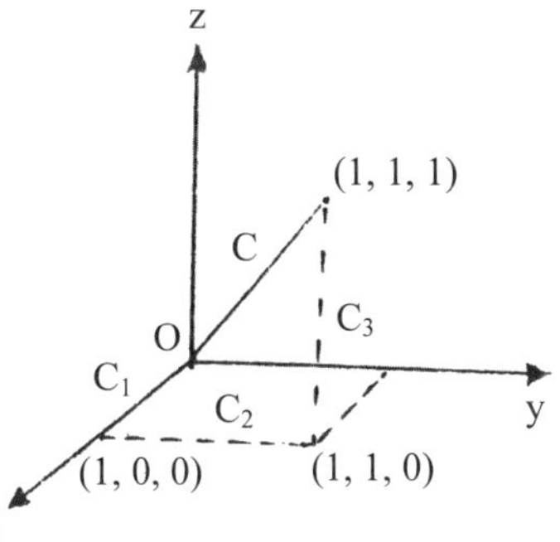

圖 6-3

$$\int_c A \cdot dr$$
$$= \int_C (x^2\,dx + y\,dy + xyz\,dz)$$
$$= \int_0^1 (x^2 + x + x^3)\,dx = \frac{13}{12}$$

(b) 沿著路徑 C_1, C_2 及 C_3：此處 C_1, C_2 及 C_3 的路徑為已知，即

C_1：$y = z = 0$，因此 $dy = dz = 0$

C_2：$x = 1, z = 0$，因此 $dx = dz = 0$

C_3：$x = 1, y = 1$，因此 $dx = dy = 0$

故

$$\int_c A \cdot dr = \int_{c_1} A \cdot dr + \int_{c_2} A \cdot dr + \int_{c_3} A \cdot dr$$
$$= \int_{c_1} x^2\,dx + \int_{c_2} y\,dy + \int_{c_3} xyz\,dz$$
$$= \int_0^1 x^2\,dx + \int_0^1 y\,dy + \int_0^1 z\,dz = \frac{1}{3} + \frac{1}{2} + \frac{1}{2} = \frac{4}{3}$$

因此沿著 (i) 及 (ii) 所示之路徑的線積分值不一樣。

6-2 保守向量場

若令一向量函數 A 為一位置純量函數 $\phi(x, y, z)$ 的梯度，即 $A = \nabla\phi$，則向理 A 的線積分為

$$\int_P^Q A \cdot dr = \int_P^Q (\nabla\phi) \cdot dr$$
$$= \int_P^Q \left(\frac{\partial\phi}{\partial x} dx + \frac{\partial\phi}{dy} dy + \frac{\partial\phi}{\partial z} dz \right) \quad (6\text{-}14)$$

又依全微分定義

$$d\phi = \frac{\partial\phi}{\partial x} dx + \frac{\partial\phi}{dy} dy + \frac{\partial\phi}{\partial z} dz$$

所以式（6-14）可寫成

$$\int_P^Q A \cdot dr = \int_P^Q d\phi = \phi(Q) - \phi(P) \quad (6\text{-}15)$$

式中 $\phi(P)$ 與 $\phi(Q)$ 分別為 P 點和 Q 點的 ϕ 之函數值。因為純量函數 $\phi(x, y, z)$ 為連續，可微分及單值函數。因此任何一種位置純量函數的梯度環繞一封閉曲線的線積分等於零，因為 P 點與 Q 點重合一點，所以 $\phi(P) = \phi(Q)$，則

$$\oint A \cdot dr = \oint \nabla\phi \cdot dr = 0 \quad (6\text{-}16)$$

若我們假設 A 的線積分有關於空間的每一封閉路徑為零，同時其

積分路徑如圖 6-4 所示，則

$$\oint A \cdot dr = \int_{c_1} A \cdot dr + \int_{c_2} A \cdot dr = 0$$

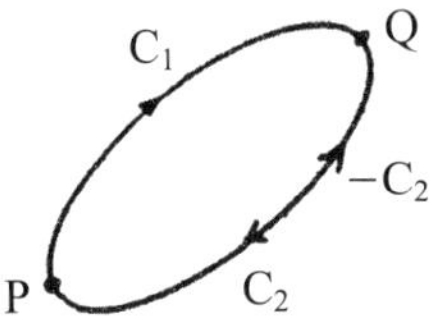

圖 6-4

或

$$\int_{c_1} A \cdot dr = -\int_{c_2} A \cdot dr = \int_{-c_2} A \cdot dr \quad (6\text{-}17)$$

因此由 P 到 Q，A 的線積分與圖 6-4 所示之路徑無關，而只與路徑的端點 P 及 Q 有關，即

$$\int_P^Q A \cdot dr = \phi(Q) - \phi(P)$$

所以這種情況，向量函數 A 稱為**保守向量場**（conservative vector field），而 $\phi(x, y, z)$ 為其向量的**位勢**（potential），$A(x, y, z)$ 與 $\phi(x, y, z)$ 的關係如前述，即 $A = \nabla\phi$。

若式（6-17）的等號不能成立，向量場 A 為**非保守向量場**（nonconservative vector field），同時 $A \neq \nabla\phi$。

若我們依第五章向量恆等式（5-73）可得知

$$\nabla \times A = \nabla \times (\nabla\phi) = 0 \quad (6\text{-}18)$$

因此式（6-18）可作為判斷一向量場 A 為保守場的條件，故有關向量 A 的線積分就可直接以式（6-15）去計算之。

例 6-5 (a) 試證 $A = (2xy + z^3)\,i + x^2\,j + 3xz^2\,k$ 為保守向量場。

(b) 試求向量場 A 的位勢 $\phi(x, y, z)$。

(c) 計算上 $\int A \cdot dr$ 由 (1, −2, 1) 到 (3, 1, 4)。

解 (a)

$$\nabla \times A = \begin{vmatrix} i & j & k \\ \dfrac{\partial}{\partial x} & \dfrac{\partial}{\partial y} & \dfrac{\partial}{\partial z} \\ 2xy + z^3 & x^2 & 3xz^2 \end{vmatrix} = i(0) + j(3z^2 - 3z^2) + k(2x - 2x)$$

$$= 0$$

故 A 為保守場。

(b) 第一方法

$$A = \nabla\phi = \frac{\partial\phi}{\partial x} i + \frac{\partial\phi}{\partial y} j + \frac{\partial\phi}{\partial z} k$$

$$= (2xy + z^3)\, i + x^2\, j + 3xz^2\, k$$

故

$$\frac{\partial\phi}{\partial x} = 2xy + z^2 \quad \Rightarrow \quad \phi = x^2 y + xz^3 + f(y, z)$$

$$\frac{\partial\phi}{\partial y} = x^2 \quad \Rightarrow \quad \phi = x^2 y + g(x, z)$$

$$\frac{\partial\phi}{\partial z} = 3xz^2 \quad \Rightarrow \quad \phi = xz^3 + h(x, y)$$

上面三式完全相等的條件為

$f(y, z) = 0$，　$g(x, z) = xz^3$，　$h(x, y) = x^2 y$

故

$$\phi(x, y, z) = x^2 y + xz^3 + \text{常數}$$

第二方法

$$A \cdot dr = \nabla\phi \cdot dr$$

$$= \frac{\partial\phi}{\partial x} dx + \frac{\partial\phi}{\partial y} dy + \frac{\partial\phi}{\partial z} dz = d\phi$$

$$\therefore d\phi = A_x\, dx + A_y\, dy + A_z\, dz$$

$$= (2xy + z^3)\, dx + x^2\, dy + 3xz^2\, dz$$

$$= (2xy\,dx + x^2\,dy) + (3xz^2\,dz + z^3\,dx)$$
$$= d(x^2y) + d(xz^3)$$
$$= d(x^2y + xz^3)$$

故

$$\phi = x^2y + xz^3 + \text{常數}$$

(c) $\int A \cdot dr = \int_{(1,-2,1)}^{(3,1,4)} d\phi = \phi(3, 1, 4) - \phi(1, -2, 1)$

$$= (x^2y + xz^3)\Big|_{(3,1,4)} - (x^2y + xz^3)\Big|_{(1,-2,1)} = 202$$

例 6-6 設 $\phi(x, y, z) = x^3 - y^3 + 2xy - y^2 + 4x$ 為保守力場中所對應的位勢函數，若此力場對質點作功，其起點為 $(1, -1, 2)$，終點為 $(2, 3, -1)$，計算作功之結果。

解 依物理意義，保守力與位勢函數的關係為

$$F = -\nabla\phi$$

因此，F 的作功為

$$\int_P^Q F \cdot dr = -\int_P^Q \nabla\phi \cdot dr = -\int_P^Q d\phi$$
$$= -[\phi(Q) - \phi(P)]$$
$$= \phi(P) - \phi(Q)$$
$$= (x^3 - y^3 + 2xy - y^2 + 4x)\Big|_{(1,-1,2)}$$
$$- (x^3 - y^3 + 2xy - y^2 + 4x)\Big|_{(2,3,-1)}$$
$$= 15$$

例 6-7 (a)已知 $A=(4xy-3x^2z^2)\,i+(4y+2x^2)\,j+(1-2x^3z)k$，C 為已知兩點間的曲線，試證 $\int_c A\cdot dr$ 的積分與曲線 C 無關。

(b)若 (a) 的曲線 C 的兩點為 $(1,-1,1),(2,-2,-1)$，則計算 $\int_c A\cdot dr$。

解 (a)

$$\nabla\times A=\begin{vmatrix} i & j & k \\ \dfrac{\partial}{\partial x} & \dfrac{\partial}{\partial y} & \dfrac{\partial}{\partial z} \\ 4xy-3x^2z^2 & 4y+2x^2 & 1-2x^3z \end{vmatrix}$$

$$=i\left[\frac{\partial}{\partial y}(1-2x^3z)-\frac{\partial}{\partial z}(4y+2x^2)\right]$$

$$-j\left[\frac{\partial}{\partial x}(1-2x^3z)-\frac{\partial}{\partial z}(4xy-3x^2z^2)\right]$$

$$+k\left[\frac{\partial}{\partial x}(4y+2x^2)-\frac{\partial}{\partial y}(4xy-3x^2z^2)\right]$$

$$=i(0)-j[(-6x^2z)-(-6x^2z)]+k[(4x)-(4x)]$$

$$=0$$

因此依式（6-18）可將向量 A 寫為$\nabla\phi$，則

$$\int_c A\cdot dr=\int_c \nabla\phi\cdot dr=\int_P^Q d\phi=\phi(Q)-\phi(P)$$

故$\int_C A\cdot dr$ 的結果與曲線 C 無關，只與已知兩點 P、Q 等有關。

(b)

$$\int_c A\cdot dr=\int_c [(4xy-3x^2z^2)\,dx+(4y+2x^2)\,dy+(1-2x^3z)dz]$$

$$=\int[d(2x^2y)+d(2y^2)-d(x^3z^2)+dz]$$

$$= \int_P^Q d(2x^2y + 2y^2 - x^3z^2 + z)$$
$$= (2x^2y + 2y^2 - x^3z^2 + z)\Big|_{(1,-1,1)}^{(2,-2,-1)} = -17$$

6-3　面積分

接著我們來定義函數的面積分，其過程有如線積分，就是將曲面替代曲線的積分。首先介紹純量函數 f(x, y, z) 的面積分。令 S 代表一由封閉曲線 C 所圍成之平滑曲面，而同時 f(x, y, z) 在曲面範圍內是連續函數，且為單值函數。因此 f(x, y, z) 對整個曲面 S 之面積分為，

$$\int_s f(x, y, z)ds \qquad (6\text{-}19)$$

上面的面積分可由下列的方法所求得總和之極限值定義之。

今將曲面 S 分許多細微的長方形，如圖 6-5 所示。在每一個細微長方形中選擇一點，如在第 i 個長方形中選擇 P 點 (x_i, y_i, z_i)，P 點的函數值為 $f(x_i, y_i, z_i)$，則 $f(x_i, y_i, z_i)\Delta s_i$ 代表在 Δs_i 方格中某一物理量的乘積值，因此對整個曲面 S 的總值為

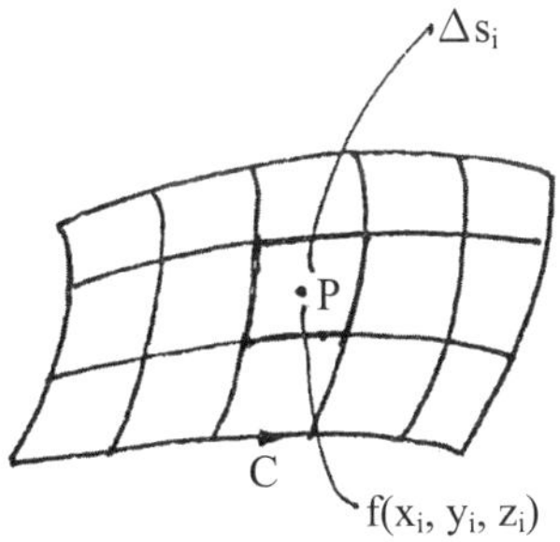

圖 6-5

$$\sum_{i=1}^{n} f(x_i, y_i, z_i)\Delta s_i$$

其中 Δs_i 為第 i 個方格，在完全不相干之情形下，逐漸將 n 增加到無限大時，則 $\Delta s_i \to 0$，因此上式的極限值為

$$\lim_{\substack{n\to\infty \\ \Delta s_i \to 0}} \sum_{i=1}^{n} f(x_i, y_i, z_i)\Delta s_i = \int_s f(x, y, z)ds$$

稱為 f(x, y, z) 對曲面 S 的**面積分**。

一般上，曲面有兩側，一為正側（外側），一為負側（內側）。曲面 S 的單位法線向量為 n，即曲面的梯度方向，

$$n = \frac{\nabla s}{|\nabla s|} \tag{6-20}$$

式中 S 為曲面方程式。在曲面上各點之法線向量 n 的方向是曲面的正側方向。

若在曲面 S 範圍內的函數為向量函數 A(x, y, z)。如同前述方法，在曲面 S 上各點作向量 A 與 n 的純量積 A · n，則它對曲面 S 的面積分為

$$\int_s A \cdot n ds \tag{6-21}$$

A · n 為向量 A 在 n 方向的分量，即 $A_n = A \cdot n$，如圖 6-6 所示，因此，

$$\int_s A \cdot n\, ds = \int_s A_n\, ds \tag{6-22}$$

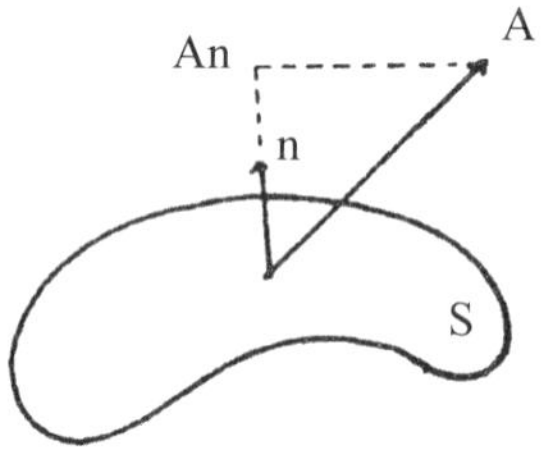

圖 6-6

如同前述，將曲面S分割許多細微小方格，其中一面積為Δs，而單位法線向量為 n。向量 n 的分量即是其方向餘弦 n_x，n_y 及 n_z，因此面積向量 nΔs 的分量為 $n_x\Delta s, n_y\Delta s, n_z\Delta s$，即

$$n_x\Delta s = \Delta s_1, \qquad n_y\Delta s = \Delta s_2, \qquad n_z\Delta s = \Delta s_3$$

式中 Δs_1 是面積 Δs 在 yz 平面上正投影所得之面積，Δs_2 是 Δs 在 xz 平面上之正投影面積，Δs_3 是 Δs 在 xy 平面上方之正投影面積。

今以Δs 表示 nΔs，則

$$n\Delta s = \Delta s = \Delta s_1 i + \Delta s_2 j + \Delta s_3 k$$

因此

$$\mathbf{A}\cdot\mathbf{n}\Delta s=\mathbf{A}\cdot\Delta\mathbf{s}=A_x\Delta s_1+A_y\Delta s_2+A_z\Delta s_3$$

而Δs_1, Δs_2及Δs_3為坐標平面上的面積

$$\Delta s_1=\Delta y\Delta z\text{，}\qquad \Delta s_2=\Delta z\Delta x\text{，}\qquad \Delta s_3=\Delta x\Delta y$$

故向量 $\mathbf{A}$ 對曲面 S 的面積分為

$$\int_s \mathbf{A}\cdot\mathbf{n}\,ds=\int_s \mathbf{A}\cdot d\mathbf{s}=\int_s (A_x\,dy\,dz+A_y\,dz\,dx+A_z\,dx\,dy) \quad (6\text{-}23)$$

式中 $\mathbf{n}ds=d\mathbf{s}$，向量 $d\mathbf{s}$ 的分量為

$$n_x\,ds=dy\,dz=ds_1\text{，}\qquad n_y\,ds=dz\,dx=ds_2\text{，}\qquad n_z\,ds=dx\,dy=ds_3$$

今若曲面 S 是一封閉曲面，則向量 $\mathbf{A}$ 對封閉曲面的面積分寫為

$$\oint_s A\cdot ds$$

或曲面 S 含有一些其他曲面 S_1，S_2……S_n 等組合而成，則

$$\int_s \mathbf{A}\cdot d\mathbf{s}=\int_{s_1}\mathbf{A}\cdot d\mathbf{s}_1+\int_{s_2}\mathbf{A}\cdot d\mathbf{s}_2+\cdots\cdots+\int_{s_n}\mathbf{A}\cdot d\mathbf{s}_n$$

關於式（6-19）及（6-21）的物理意義應視 f(x, y, z) 及 $\mathbf{A}$(x, y, z) 所代表的物理量而定之。例如，若 f(x, y, z) 代表單位面積的熱流率，則其面積分為單位時間內的熱流量。若 $\mathbf{A}$(x, y, z) 代表電磁場，則面積分為電磁通量（electromagnetic flux）。又若 $\mathbf{A}$(x, y, z) 代表流體的流速，則其面積分為質量通量。由此可知一向量場對整個曲面 S 的面積分，稱為通過曲面 S 的通量數。

一般上，若由式（6-23）來計算一向量對曲面的面積分是較為困難，因為曲面向量 $d\mathbf{s}$ 的方向是隨意方向。因此為了計算面積分方便起見，我們可將它面積大小與其投影在某一平面的面積間的關係找出來，而形成一已知平面的面積分，成為一簡單的雙重積分式。

假設曲面 S 在 xy 平面上有一投影，因此投影面積為

$$ds_3 = dx\ dy = d\mathbf{s} \cdot k = |\mathbf{n} \cdot k|ds$$

故

$$ds = \frac{ds_3}{|n \cdot k|} = \frac{dx\ dy}{|n \cdot k|} \qquad (6\text{-}24)$$

將式（6-24）代入式（6-23）得向量 A 對曲面 S 的面積分

$$\int_s \mathbf{A} \cdot \mathbf{n}\ ds = \int_{s_3} \mathbf{A} \cdot \mathbf{n} \frac{dx\ dy}{|n \cdot k|} \qquad (6\text{-}25)$$

例 6-8　一已知平面 $2x+2y+z=2$ 與坐標軸相交於三點 A，B 及 C，而形成一三角形 S，如圖 6-7 所示。今在 S 上有一函數 $f(x, y, z)=x^2+2y+z-1$，試求函數 $f(x, y, z)$ 對三角形 S 的面積分。

解　三角形 S 面的單位法線向量 n 為

$$\mathbf{n} = \frac{\nabla s}{|\nabla s|} = \frac{2i+2j+k}{3}$$

故

$$d\mathbf{s} \cdot k = ds_3 = dx\ dy$$

則

$$ds = \frac{dx\ dy}{|n \cdot k|} = 3dx\ dy$$

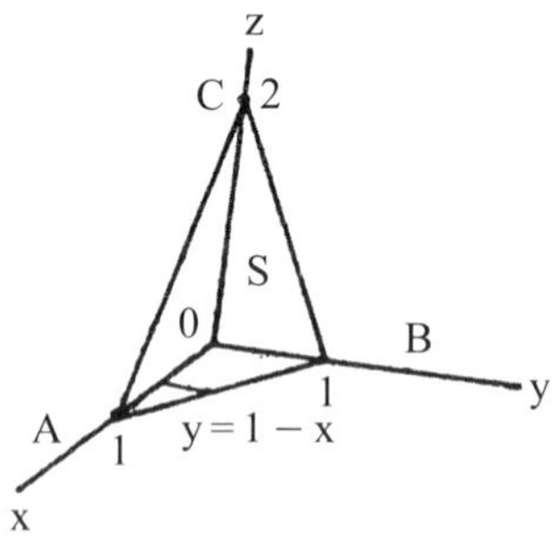

圖 6-7

因此

$$\int_s f(x, y, z)ds = \iint (x^2+2y+z-1)3dxdy$$
$$= 3\iint [x^2+2y+(1-2x-2y)]dxdy$$
$$= 3\iint (x-1)^2 dxdy$$

$$= 3\int_0^1 (x-1)^2 dx \int_0^{1-x} dy = -3\int_0^1 (x-1)^3\, dx$$

$$= \frac{3}{4}$$

例 6-9 已知一平面 $2x+3y+6z=12$ 與坐標相交於三點 A, B 及 C，其所形成的三角形 S 於第一象限。試求一向量函數 $\mathbf{A} = 18z\mathbf{i} - 12\mathbf{j} + 3y\mathbf{k}$ 對於 S 的面積分。

解 S 面的面積方向為

$$\mathbf{n} = \frac{\nabla s}{|\nabla s|} = \frac{2\mathbf{i}+3\mathbf{j}+6\mathbf{k}}{\sqrt{2^2+3^2+6^2}}$$

$$= \frac{1}{7}(2\mathbf{i}+3\mathbf{j}+6\mathbf{k})$$

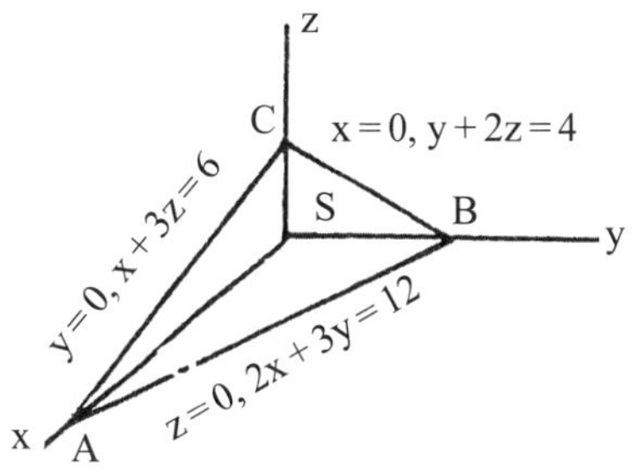

圖 6-8

因此

$$\mathbf{n} \cdot \mathbf{k} = \frac{6}{7},$$

$$ds = \frac{dx\,dy}{|\mathbf{n}\cdot\mathbf{k}|} = \frac{7}{6}\,dx\,dy$$

又

$$\mathbf{A}\cdot\mathbf{n} = (18z\,\mathbf{i} - 12\mathbf{j} + 3y\,\mathbf{k}) \cdot \frac{1}{7}(2\mathbf{i}+3\mathbf{j}+6\mathbf{k}) = \frac{1}{7}(36-12x)$$

上式曾利用 $z = \frac{1}{6}(12-2x-3y)$，則

$$\int_s \mathbf{A}\cdot\mathbf{n}\,ds = \int_{s_3} \mathbf{A}\cdot\mathbf{n}\frac{dx\,dy}{|\mathbf{n}\cdot\mathbf{k}|} = \int_{s_3}(6-2x)dxdy$$

$$= \int_0^6 (6-2x)dx \int_0^{\frac{1}{3}(12-2x)} dy$$

$$= \int_0^6 \left(24 - 12x + \frac{4}{3}x^2\right)dx$$

$$= 24$$

6-4　體積分

體積分是上一節面積分的推廣，在一有限由封閉曲面 S 所包圍的空間區域τ中，純量場 f(x, y, z) 與向量場 A(x, y, z) 是連續函數，則這些函數對空間區域τ的積分稱為**體積分**，即

$$\int_\tau f(x, y, z)d\tau$$

或

$$\int_\tau \mathsf{A}(x, y, z)d\tau = i\int_\tau A_x\, d\tau + j\int_\tau A_y\, d\tau + k\int_\tau A_z\, d\tau$$

式中 dτ為空間區域的體積元素，其一般的表示法：

卡氏直角坐標：$d\tau = dx\, dy\, dz$

圓柱坐標：$d\tau = \rho\, d\rho\, d\varphi\, dz$

圓球坐標：$d\tau = r^2\, dr\, \sin\theta\, d\theta\, d\varphi$

例 6-10　試求函數 $f(x, y, z) = 45x^2y$ 對於 $4x + 2y + z = 8$，$x = 0$，$y = 0$，$z = 0$ 所圍成體積之體積分。

解　原題所圍成的區域如圖 6-9 所示

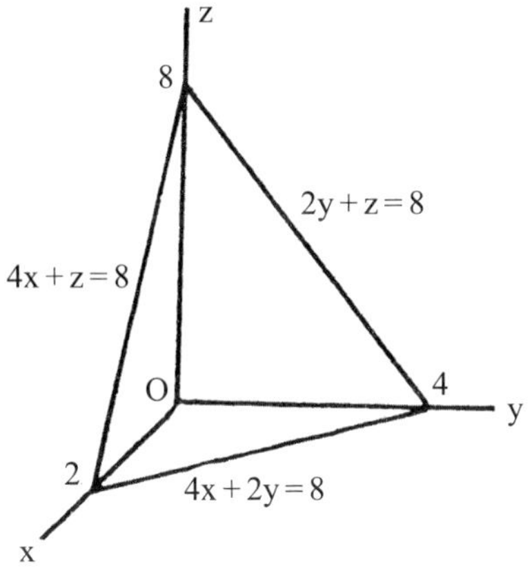

圖 6-9

$f(x, y, z) = 45x^2y$ 之體積分為

$$I = \int_\tau f(x, y, z)d\tau = \int 45x^2y\, dx\, dy\, dz$$

$$= 45\int_0^2 x^2\, dx \int_0^{4-2x} y\, dy \int_0^{z=8-4x-2y} dz$$

$$= 45\int_0^2 x^2\, dx \int_0^{4-2x} (8y - 4xy - 2y^2)\, dy$$

$$= 15\int_0^2 x^2(4-2x)^3 dx = 128$$

6-5 高斯發散定理

這是一個在物理學中非常重要的定理。這個定理所敘述的是有關於在空間一區域τ內，一連續可微分向量函數A，其散度的體積分可換成A之法線分量在τ之邊界曲面S上的面積分。令τ為空間中一封閉有限區城，其邊界為一分段平滑可定向之曲面S，又向量函數A為一在含有τ之區域中具有連續性函數之特性，則A的散度對體積τ的積分等於向量函數A流過封閉曲面S的通量，即

$$\int_\tau \nabla \cdot \mathbf{A} d\tau = \oint_s \mathbf{A} \cdot d\mathbf{s} \qquad (6\text{-}26)$$

上式（6-26）稱為**高斯發散定理**（Gauss's divergence theorem），其證明如下：

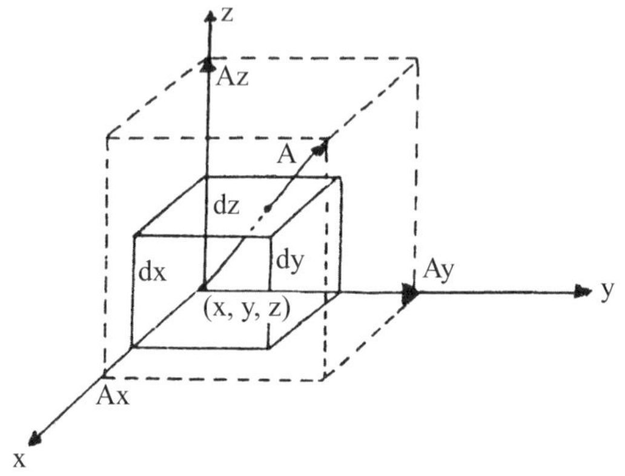

圖 6-10

我們先就一微小體積元素 $d\tau = dx\ dy\ dz$ 和一向量函數 $\mathbf{A}$ 來考慮，如圖 6-10 所示。向量 $\mathbf{A}$ 的分量 A_x, A_y, A_z 皆為 x, y, z 的函數，同時又只考慮到向量 $\mathbf{A}$ 的第一階變更。

在 $x+dx$ 的 yz 平面處，A_x 的值和在 x 的 yz 平面處稍有不同，其值應約為

$$A_x + \frac{\partial A_x}{\partial x} dx$$

因其離開 x 處有 dx 的距離。往外流過於 $x=x+dx$ 和 $x=x$，兩處的 dy dz 面的通量分別以 $d\Phi_+$ 與 $d\Phi_-$ 表示，那麼

$$d\Phi_+ = \left(A_x + \frac{\partial A_x}{\partial x} dx\right) dy\ dz \quad \text{流出區域}$$

$$d\Phi_- = -A_x\, dy\, dz \qquad \text{流入區域}$$

因此流過正、負兩面往外的淨通量為

$$d\Phi_x = d\Phi_+ + d\Phi_- = \frac{\partial A_x}{\partial x} dx\, dy\, dz = \frac{\partial A_x}{\partial x} d\tau$$

同理，若以同樣方法計算流過另外幾個對面之淨通量，則我們可得通過體積元素 $d\tau$ 往外的總通量為

$$d\Phi = d\Phi_x + d\Phi_y + d\Phi_z$$

$$= \left(\frac{\partial A_x}{\partial x} + \frac{\partial A_y}{\partial y} + \frac{\partial A_z}{\partial z}\right) d\tau = (\nabla \cdot \mathsf{A}) d\tau$$

或

$$\Phi = \int_r (\nabla \cdot \mathsf{A}) d\tau$$

然而，往外的總流量又等於向量 A 之法線分量的面積分，因此

$$\oint \mathsf{A} \cdot d\mathsf{s} = \int_r \nabla \cdot \mathsf{A} d\tau$$

故得證。

這個定理的物理意義可以流體例子來加以說明，假設流體為不可壓縮性，則 $\nabla \cdot \mathsf{A}$ 表示為單位體積流體由區域往外流出的流量，因此整個區域往外流出的總流量為

$$\int_r \nabla \cdot \mathsf{A} d\tau$$

但流體往外流出必須跨過此區域的界面，即曲面 S，因此由曲面 S 流出的總流量需計算

$$\oint_s \mathsf{A} \cdot d\mathsf{s}$$

由此可知道這兩種計算是等效的，因而建立此定理。

例 6-11 試以分別進行$\oint_s \mathsf{A} \cdot ds$與$\oint_\tau \nabla \cdot \mathsf{A} d\tau$的計算，而後檢示高斯發散定理的成立。$\mathsf{A} = 4xzi - y^2 j + yzk$。封閉曲面 S 為 $x = 0, x = 1, y = 0, y = 1$；$z = 0, z = 1$。

解 (1) 體積分

$$\int_\tau \nabla \cdot \mathsf{A} d\tau = \int_\tau (4z - y)dx\,dy\,dz$$
$$= 4\int_0^1 dx \int_0^1 dy \int_0^1 z\,dz - \int_0^1 dx \int_0^1 y\,dy \int_0^1 dz$$
$$= \frac{3}{2}$$

(2) 面積分

$$\oint_s \mathsf{A} \cdot ds = \int_{s_1} \mathsf{A} \cdot ds_1 + \int_{s_2} \mathsf{A} \cdot ds_2 + \int_{s_3} \mathsf{A} \cdot ds_3 + \int_{s_4} \mathsf{A} \cdot ds_4 + \int_{s_5} \mathsf{A} \cdot ds_5 + \int_{s_6} \mathsf{A} \cdot ds_6$$

在 S_1 面：$x = 1$，$ds_1 = i ds_1$

$$\int_{s_1} \mathsf{A} \cdot ds_1 = 4\int xz\,dy\,dz = 4\int_0^1 dy \int_0^1 z\,dz = 2$$

在 S_2 面：$y = 1$，$ds_2 = j ds_2$

$$\int_{s_2} \mathsf{A} \cdot ds_2 = -\int y^2\,dx\,dz = -1$$

在 S_3 面：$x = 0$，$ds_3 = -i\,ds_3$

$$\int_{s_3} \mathsf{A} \cdot ds_3 = -4\int xz\,dy\,dz = 0$$

在 S_4 面：$y = 0$，$ds_4 = -j\,ds_4$

$$\int_{s_4} \mathsf{A} \cdot ds_4 = \int y^2\,dx\,dz = 0$$

在 S_5 面：$z = 0$，$ds_5 = -k\,ds_5$

$$\int_{s_5} \mathsf{A} \cdot ds_5 = -\int yz\,dx\,dy = 0$$

在 S_6 面：$z = 1$，$ds_6 = k\,ds_6$

$\int_{s_6} \mathbf{A} \cdot d\mathbf{s}_6 = \int yz\,dx\,dy = \int_0^1 dx \int_0^1 y\,dy = \frac{1}{2}$

因此

$\oint_s \mathbf{A} \cdot ds = 2 - 1 + 0 + 0 + 0 + \frac{1}{2} = \frac{3}{2}$

結果兩種積分值一致，故證明高斯發散定理成立。

例 6-12 若封閉曲面 S 為一拋物碗狀曲面，如圖 6-11 所示，此曲面 S 含有兩部分，

S_1 為拋物碗面

S_1：$z = x^2 + y^2$，$x^2 + y^2 \le 1$

S_2 為碗口頂面

S_2：$x = r\cos\theta$

$y = r\sin\theta$，

$z = 1$

$0 \le r \le 1$，$0 \le \theta \le 2\pi$

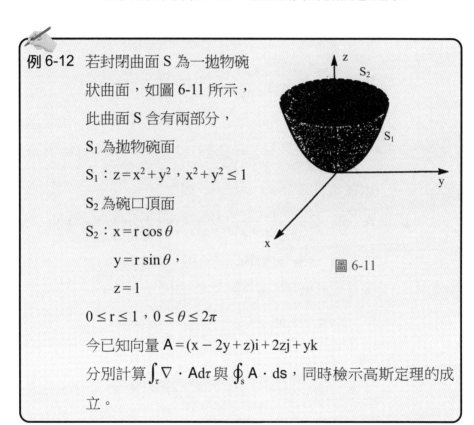

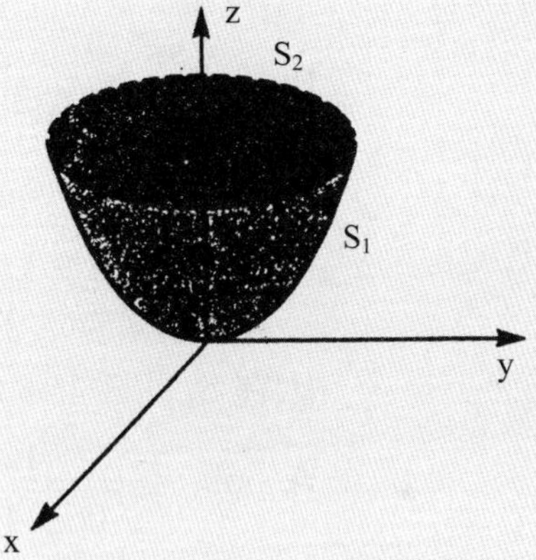

圖 6-11

今已知向量 $\mathbf{A} = (x - 2y + z)\mathbf{i} + 2z\mathbf{j} + y\mathbf{k}$

分別計算 $\int_\tau \nabla \cdot \mathbf{A} d\tau$ 與 $\oint_s \mathbf{A} \cdot ds$，同時檢示高斯定理的成立。

解 (1) 體積分

$$\int_\tau \nabla \cdot \mathbf{A} d\tau = \int dx\,dy\,dz$$
$$= \int_{-1}^{1}\left[\int_{-\sqrt{1-x^2}}^{\sqrt{1-x^2}}\left(\int_{x^2+y^2}^{1} dz\right)dy\right]dx$$
$$= \int_{-1}^{1}\left[\int_{-\sqrt{1-x^2}}^{\sqrt{1-x^2}}(1 - x^2 - y^2)\,dy\right]dx$$

上式以 S_2 曲面的極坐標進行積分較容易，因此

$$\int_\tau \nabla \cdot \mathsf{A} d\tau = \int_{-1}^{1}\left[\int_{-\sqrt{1-x^2}}^{\sqrt{1-x^2}}(1-x^2-y^2)\,dy\right]dx$$

$$= \int_0^1 (1-r^2)\, r\, dr \int_0^{2\pi} d\theta = \frac{\pi}{2}$$

(2) 面積分

$$\oint_s \mathsf{A} \cdot d\mathsf{s} = \int_{s_1} \mathsf{A} \cdot d\mathsf{s}_1 + \int_{s_2} \mathsf{A} \cdot d\mathsf{s}_2$$

於 S_1 曲面：

$$\mathsf{n}_1 = \frac{\nabla \mathsf{s}_1}{|\nabla \mathsf{s}_1|} = \frac{1}{\sqrt{4x^2+4y^2+1}}(2xi+2yj-k)$$

$$\mathsf{A} \cdot d\mathsf{s}_1 = \mathsf{A} \cdot \mathsf{n}_1 ds_1$$

$$= \frac{1}{\sqrt{4x^2+4y^2+1}}[2x(x-2y+z)+4yz-y]ds_1$$

因在 S_1 曲面上，$z=x^2+y^2$，因此

$$\mathsf{A} \cdot d\mathsf{s}_1 = \frac{1}{\sqrt{4x^2+4y^2+1}}[2x^2-4xy+2x^3+2y^2x+4x^2y$$

$$+4y^3-y]ds_1$$

今將此面積分轉換為對 xy 平面積分，即

$$dx\,dy = n_1 d\mathsf{s}_1 \cdot k = -\frac{1}{\sqrt{4x^2+4y^2+1}}ds_1$$

則

$$\int_{s_1} \mathsf{A} \cdot d\mathsf{s}_1 = \int (2x^2-4xy+2x^3+2y^2x+4x^2y$$

$$+4y^3-y)dx\,dy$$

上式以極坐標 $x=r\cos\theta, y=r\sin\theta$，且 $r：0\to 1$，$\theta：0\to 2\pi$，

則

$$\int_{s_1} \mathsf{A} \cdot d\mathsf{s}_1 = \int (2r^2\cos\theta - 4r^2\cos\theta\sin\theta + 2r^3\cos^3\theta$$

$$+2r^3\cos\theta\sin^2\theta + 4r^3\cos^2\theta\sin\theta + 4r^3\sin^3\theta$$

$$-\, r\sin\theta)\, r\, dr\, d\theta$$

$$=\frac{\pi}{2}$$

於 S_2 曲面：

$$n_2=\frac{\nabla s_2}{|\nabla s_2|}=k$$

$$\int_{s_2} A\cdot ds_2=\int A\cdot n_2\, ds_2=\int y\, dx\, dy=\int r\sin\theta\, r\, dr\, d\theta$$

$$=\int_0^1 r^2\, dr\int_0^{2\pi}\sin\theta\, d\theta$$

$$=0$$

故

$$\oint_s A\cdot ds=\int_{s_1} A\cdot ds_1+\int_{s_2} A\cdot ds_2=\frac{\pi}{2}$$

因此高斯定理成立，

$$\int_\tau \nabla\cdot A d\tau=\oint_s A\cdot ds=\frac{\pi}{2}$$

例 6-13 試證 $\int_\tau A\cdot f\nabla f d\tau=\oint_s fA\cdot ds-\int_\tau f\nabla\cdot A d\tau$

解 依高斯的發散定理

$$\int_\tau \nabla\cdot (fA) d\tau=\oint_v fA\cdot ds$$

又

$$\nabla\cdot (fA)=\nabla f\cdot A+f\nabla\cdot A$$

故

$$\int_\tau \nabla\cdot (fA) d\tau=\int_\tau \nabla f\cdot A d\tau+\int_\tau f\nabla\cdot A d\tau$$

或

$$\int_\tau A\cdot \nabla f d\tau=\oint fA\cdot ds-\int_\tau f\nabla\cdot A d\tau$$

6-6 史托克斯定理

這個定理所敘述的是有關向量函數 A 的線積分與其旋度的面積分。今有一開放式的曲面 S，係由一封閉曲線 C 所圍成，dr 為曲線 C 的線段，ds 為曲面的面積單元向量，則此定理所敘述為

$$\int_s (\nabla \times A) \cdot ds = \oint_c A \cdot dr \qquad (6\text{-}27)$$

此線積分應為完全迴路的線積分。

今我們要證實一向量函數積分及其旋度的面積分關係式的成立。首先我們考慮在 xy 平面上，向理函數 A 環繞一微小矩形路徑的線積分，如圖 6-12 所示，即計算繞 ABCDA 路徑之 $\oint_c A \cdot dr$，我們可將圖 6-12 各種路徑中 A 的分量的變化對線積分有所幫助積分部分寫出：

沿 AB 路徑：$A_x \Delta_x$

沿 BC 路徑：$\left(A_y + \frac{\partial A_y}{\partial x}\Delta x\right)\Delta y$

沿 CD 路徑：$-\left(A_x + \frac{\partial A_x}{\partial y}\Delta y\right)\Delta x$

沿 DA 路徑：$-A_y \Delta y$

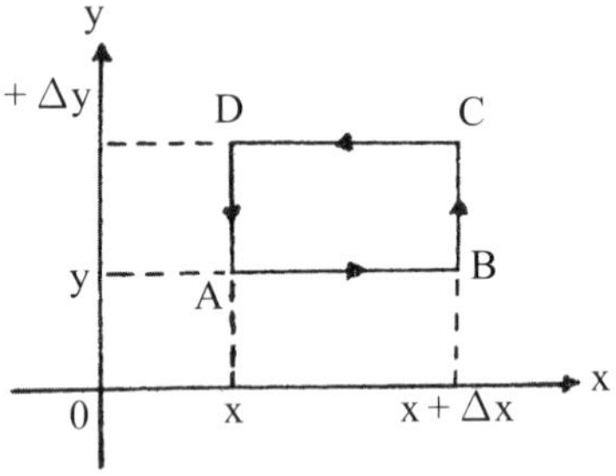

圖 6-12

Δx 及 Δy 代表微小的路段，將上列相加得

$$\oint_{ABCDA} A \cdot dr = \left(\frac{\partial A_y}{\partial x} - \frac{\partial A_x}{\partial y}\right)\Delta x \Delta y \qquad (6\text{-}28)$$

或

$$\oint_{ABCDA} A \cdot dr = (\nabla \times A)_3\, ds_3 \qquad (6\text{-}29)$$

式中 $(\nabla \times A)_3\, ds_3$ 表示向量 A 旋度 z 軸的分量，ds_3 為在 xy 平面上矩形

ABCD 的面積，而其方向是在 z 軸，即 $d\mathbf{s}_3 = ds_3\,\mathbf{k}$。接著我們就 xy 平面的一封閉曲線加以討論，如圖 6-13 所示。將圖 6-13 中封閉曲線細分成一些微小矩形網狀，則環繞各種不同網狀的線積分之總和為

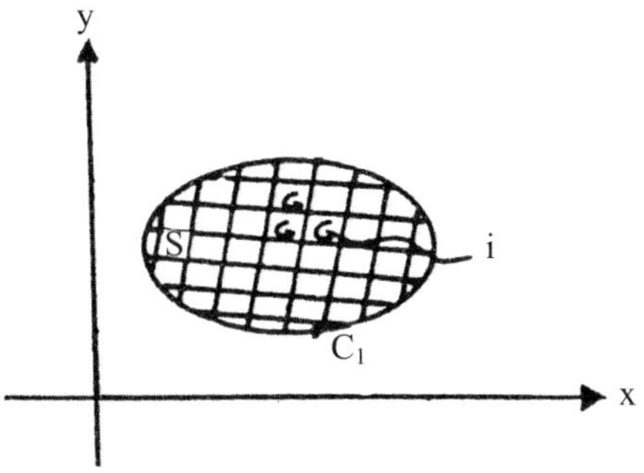

圖 6-13

$$\sum_{i=1}^{\infty}\oint_{i}\mathbf{A}\cdot d\mathbf{r} = \sum_{i=1}^{\infty}(\nabla\times\mathbf{A})_3\,ds_{3i} \qquad (6\text{-}30)$$

由圖 6-13 中可看出每一個網狀的線積分中有部分是被抵消，因為它們的積分路徑的方向是相異，因此上式（6-30）之積分中只剩下曲面的周圍，故

$$\sum_{i=1}^{\infty}\oint_{i}\mathbf{A}\cdot d\mathbf{r} = \oint_{c_1}\mathbf{A}\cdot d\mathbf{r} \qquad (6\text{-}31)$$

上式（6-31）右邊線積分的路徑是以圖 6-13 中所示箭頭方向沿著曲線邊界。

又上式（6-30）右邊式的總和可化為積分式

$$\sum_{i=1}^{\infty}(\nabla\times\mathbf{A})_3\,ds_{3i} = \int_{s_3}(\nabla\times\mathbf{A})_3\,ds_3 \qquad (6\text{-}32)$$

將式（6-31），（6-32）代入式（6-30）得

$$\oint_{c_1}\mathbf{A}\cdot d\mathbf{r} = \int_{s_3}(\nabla\times\mathbf{A})_3\,ds_3 \qquad (6\text{-}33)$$

式（6-33）的意義是敘述一向量 $\mathbf{A}$ 沿著曲面周圍 C_1 的線積分，等於該向量旋度對曲面 S 之法線分量之面積分。

同理，就 yz, zx 等平面的一封閉曲線而言，

$$\oint_{c_2} \mathsf{A} \cdot d\mathrm{r} = \int_{s_1} (\nabla \times \mathsf{A})_1 \, ds_1 \qquad (6\text{-}34)$$

$$\oint_{c_3} \mathsf{A} \cdot d\mathrm{r} = \int_{s_2} (\nabla \times \mathsf{A})_2 \, ds_2 \qquad (6\text{-}35)$$

今假設 S 為空間封閉曲線 C 的曲面，因我們可將微小曲面面積單元向量 ds 寫為

$$d\mathrm{s} = ds_1 \, i + ds_2 \, j + ds_3 \, k$$

ds_1, ds_2 及 ds_3 分別為曲面 S 在 yz，zx 及 xy 等平面上的分量，亦即 ds_1 係為 yz 平面上 S_1 曲面的面積單元，而 S_1 曲面係由封閉曲線 C_1 所圍成，但 S_1 曲面是空間曲面 S 在 yz 平面上的投影曲面，因此曲線 C_1 亦應為空間封閉曲線 C 在 yz 平面上的投影，故式（6-33），（6-34）與（6-35）等三式為分量一一對等之式，因此三式相加

$$\oint_{c_1} \mathsf{A} \cdot d\mathrm{r} + \oint_{c_2} \mathsf{A} \cdot d\mathrm{r} + \oint_{c_3} \mathsf{A} \cdot d\mathrm{r} = \oint_{c} \mathsf{A} \cdot d\mathrm{r}$$

$$\int_{s_1} (\nabla \times \mathsf{A})_1 \, ds_1 + \int_{s_2} (\nabla \times \mathsf{A})_2 \, ds_2 + \int_{s_3} (\nabla \times \mathsf{A})_3 \, ds_3 = \int_{s} (\nabla \times \mathsf{A}) \cdot d\mathrm{s}$$

則

$$\int_{s} (\nabla \times \mathsf{A}) \cdot d\mathrm{s} = \oint_{c} \mathsf{A} \cdot d\mathrm{r}$$

這種關係稱為**史托克斯定理**（Stoke's theorem）。此定理敘述一向量 A 之旋度對任何曲面 S 的面積分等於該向量 A 環繞曲面周圍的線積分。

若向量函數 A 於曲面 S 的區域中具有

$$\nabla \times \mathsf{A} = 0$$

則

$$\oint_{c} \mathsf{A} \cdot d\mathrm{r} = 0$$

即向量 A 環繞封閉曲線 C 的線積分等於零，因此依向量恆等式，向量

A 必為一純量函數的梯度，$A=\nabla\phi$，或

$$\oint_c A\cdot dr=\oint_c \nabla\phi\cdot dr=\oint_c d\phi=0$$

例 6-14　若 $A=(x^2+y^2)\,yi-(x^2+y^2)\,xj+(a^3+z^3)\,k$，曲線 C 為 $x^2+y^2=a^2$，$z=0$。試驗證史托克斯定理是否能成立。

證　(1) 線積分

$$\oint_c A\cdot dr=\oint_c (A_x\,dx+A_y\,dy+A_z\,dz)$$
$$=\oint_c [(x^2+y^2)\,ydx-(x^2+y^2)\,xdy+(a^3+z^3)\,dz]$$

因為曲線 C 上，

$x^2+y^2=a^2$

$z=0\quad\Rightarrow dz=0$

則

$$\oint_c A\cdot dr=a^2\oint_c (y\,dx-x\,dy)$$

令

$x=a\cos\theta$，$y=a\sin\theta$

故

$$\oint A\cdot dr=-a^4\oint_c (\sin^2\theta+\cos^2\theta)\,d\theta$$
$$=-a^4\oint_c d\theta$$
$$=-2\pi a^4$$

(2) 面積分

$$\nabla \times \mathsf{A} = \begin{vmatrix} i & j & k \\ \dfrac{\partial}{\partial x} & \dfrac{\partial}{\partial y} & \dfrac{\partial}{\partial z} \\ (x^2+y^2)y & -(x^2+y^2)y & a^3+z^3 \end{vmatrix} = -4(x^2+y^2)\,k$$

$$\mathsf{ds} = \mathsf{n}ds = kds$$

故

$$\int_s (\nabla \times \mathsf{A}) \cdot \mathsf{n}ds = -4\int_s (x^2+y^2)\,ds$$
$$= -4\int (x^2+y^2)\,dx\,dy$$
$$= -4\left[\int_{-a}^{+a} x^2\,dx \int_{-\sqrt{a^2-x^2}}^{\sqrt{a^2-x^2}} dy + \int_{-a}^{+a} dx \int_{-\sqrt{a^2-x^2}}^{\sqrt{a^2-x^2}} y^2\,dy\right]$$
$$= -\left[\frac{\pi a^4}{4} + \frac{\pi a^4}{4}\right]$$
$$= -2\pi a^4$$

因此向量 A 的線積分與其面積分能符合於史托克斯定理。

例 6-15 試證 $\oint_c \nabla\phi \cdot dr = 0$

證 依史托克斯定理

$$\oint_c \nabla\phi \cdot dr = \int_s (\nabla \times \nabla\phi) \cdot \mathsf{n}ds$$

但因 $\nabla \times \nabla\phi = 0$，故

$$\oint_c \nabla\phi \cdot dr = 0$$

習　題6

1. 已知向量函數$A = xi + 2yj + zk$，依例 6-4 所指示路徑計算$\int_c A \cdot dr$。
2. 若 $A = (2x + y)i + (3y - x)j$，試計算$\int_c A \cdot dr$，C 為 xy 平面上的曲線，其路徑分為兩段，即 $C = C_1 + C_2$。C_1是由 (0, 0) 到 (2, 0)，C_2是由 (2, 0) 到 (2, 3)。
3. 若 $A = yi + 2xyj$，計算$\oint_c A \cdot dr$，C 為xy平面上的封閉路徑，而含三線段 C_1, C_2與 C_3直線，C_1是由（0, 0) 到 (1, 0)，C_2是由 (1, 0) 到 (1, 1)，C_3是由 (1, 1) 至 (0, 0)，如圖 6-14 所示。

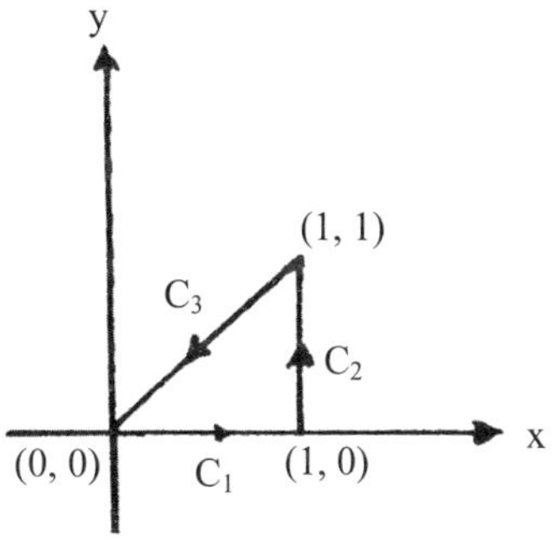

圖 6-14

4. 已知 $A = y^2 i - j$，計算$\oint_c A \cdot dr$，路徑 C 為 xy 平面上的三角形，其三頂點為 (1, 0), (2, 0), (2, 4)。
5. 已知向量函數 $A = yi - xj$，計算由 (0, 0, 0) 到 (1, 1, 0) 的$\int A \cdot dr$之積分值。
   (a) 沿著圖 6-15 所示之拋物線 C：$y = x^2$。
   (b) 沿著圖 6-15 所示之路標$C' = C_1 + C_2$。

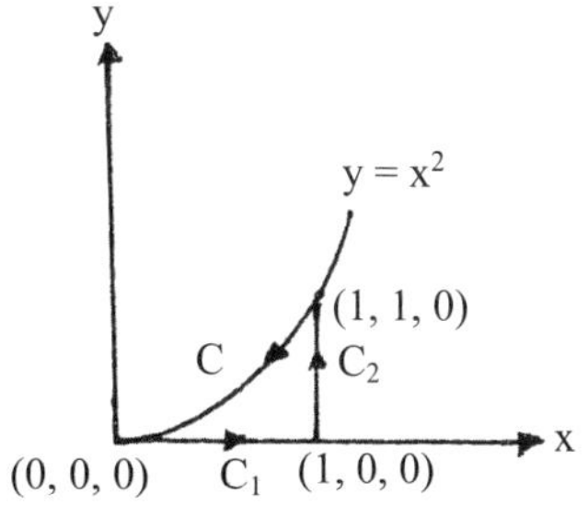

圖 6-15

6. 已知向量函數$A = 2xyi + (x^2 - y^2)\, j$，試計算$\int A \cdot dr$在 xy 平面上沿著拋物曲線 $x = y^2$ 由原點到 P 點 (1, 1, 0) 的積分值。

7. 試證 $\mathsf{A}=(y^2z^3-6xz^2)\,i+2xyz^3j+(3xy^2z^2-6x^2z)k$ 為保守力場。

8. 試求上題所對應之位勢函數。

9. (a) 試證 $\mathsf{A}=2xye^zi+x^2e^zj+x^2ye^zk$ 為保守向量場。

 (b) 試求向量場 A 的位勢 $\phi(x, y, z)$。

 (c) 計算 $\int \mathsf{A}\cdot dr$ 由 (1, 1, 0) 到 (3, 2, 0)

10. (a) 試證 $\mathsf{A}=(4xy-3x^2z^2)\,i+2x^2j-2x^3zk$ 為保守向量場。

 (b) 試求向量 A 的位勢 $\phi(x, y, z)$。

 (c) 計算 $\int_c \mathsf{A}\cdot dr$ 由 (0, 0, 0) 到 (1, 1, 1)。

11. 設路徑 C 為連結兩點的曲線，若向量函數 A 為 (a) $2xyzi+x^2zj+x^2yk$，(b) $2xzi+(x^2-y)j+(2z-x^2)\,k$ 時，確定 $\int_c \mathsf{A}\cdot dr$ 是否與路徑 C 無關。若與路徑無關時，則求出其所對應的位勢函數 f(x, y, z)。

12. 試證 $\oint_c r\cdot dr=0$。

13. 試證 $\oint_c f\nabla g\cdot dr=-\oint_c g\nabla f\cdot dr$。

14. 已知 $\mathsf{A}=x^2i-yj+k$，曲面 S 為 $x-3y+2z=0$，$1\le y\le 3$，$2\le z\le 5$，計算 $\int_s \mathsf{A}\cdot ds$。

15. 已知 $\mathsf{A}=xyi-2yj+(z-x)k$，曲面 S 為 $z=x-3y$，$0\le x\le 1$，$0\le y\le 2$，計算 $\int_s \mathsf{A}\cdot ds$。

16. 一已知平面 $2x+2y+z=2$ 與坐標軸相交於三點 A、B 及 C，而形成一三角形 S。今在 S 上有一向量函數 $\mathsf{A}=yi+zj$，試求向量 A 對 S 面的面積分。

17. 一已知平面 $6x+3y+2z=6$ 與三

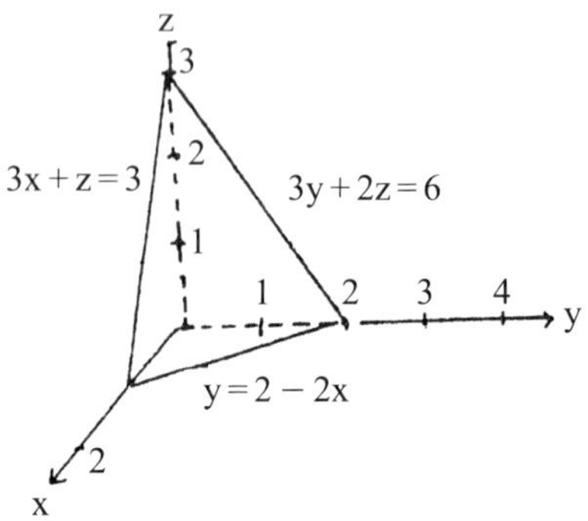

圖 6-16

平面 $x=0$，$y=0$ 及 $z=0$ 所圍成的三角形為 S，如圖 6-16 所示。試求函數 $f(x, y, z)=x+y$ 在 S 面上的面積分。

18. 若上題的函數為一向量函數 $\mathbf{A}=xi+y^2j$。試求向量函數 A 對 S 面的面積分。

19. 試計算 $\int_s \mathbf{A}\cdot \mathbf{n}ds$，$\mathbf{A}=zi+xj-3y^2zk$，而 S 為圓柱面 $x^2+y^2=16$ 在 $z=0$ 與 $z=5$ 間的第一象限曲面，如圖 6-17 所示。

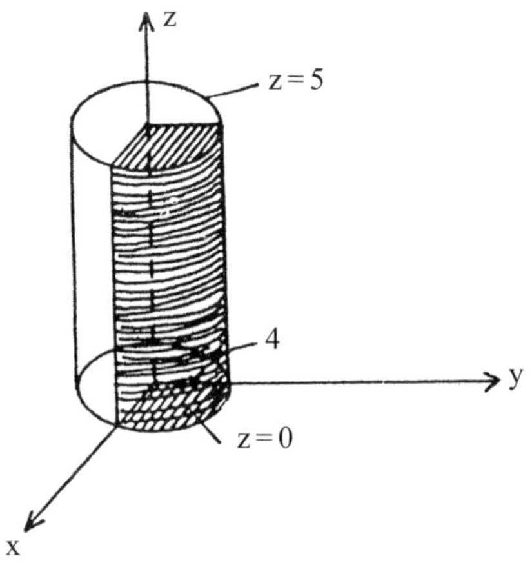

圖 6-17

20. 已知向量函數 $\mathbf{A}=xyi-yzj+3k$，封閉曲面 S 為圓柱面，圓筒面為 $x^2+y^2=4$，$0\leq z\leq 2$，頂面為 $x^2+y^2\leq 4$，$z=2$，底面為 $x^2+y^2\leq 4$，$z=0$，試證高斯定理的向量 A 使用成立。

21. 試證 $\int_\tau \mathbf{A}\cdot(\nabla\times\mathbf{B})d\tau=\oint_s(\mathbf{B}\times\mathbf{A})\cdot\mathbf{n}ds+\int_\tau\mathbf{B}\cdot(\nabla\times\mathbf{A})d\tau$。

22. 試證 $\int_\tau \nabla f\cdot(\nabla\times\mathbf{A})d\tau=-\int_s(\nabla f\times\mathbf{A})\cdot\mathbf{n}ds$。

23. 若 $\mathbf{A}=\nabla f$，又 $\nabla^2 f=0$，試證 $\int_\tau \mathbf{A}^2 d\tau=\int_s f\mathbf{A}\cdot\mathbf{n}ds$。

24. 若 $\mathbf{A}=(y-z+2)i+(yz+4)j-xzk$，而 S 為立方體 $x=y=z=0$，

$x=y=z=2$ 的 xy 平面上的面，試證史托克斯定理能成立。

25. 若 $\mathbf{A}=(x^2+y-4)\mathbf{i}+3xy\mathbf{j}+(2xz+z^2)\ \mathbf{k}$，S 為 xy 平面上的半圓球 $x^2+y^2+z^2=16$ 的球面。試計算 $\int_s (\nabla\times\mathbf{A})\cdot\mathbf{n}ds$。

26. 試證 $\int_s (\nabla\phi\times\mathbf{A})\cdot\mathbf{n}ds+\int_s \phi(\nabla\times\mathbf{A})\cdot\mathbf{n}ds=\int_c \phi\mathbf{A}\cdot d\mathbf{r}$。

27. 若 S 為封閉曲面，試證 $\oint_s (\nabla\times\mathbf{A})\cdot\mathbf{n}ds=0$。

第七章

正交曲線坐標

在主要研討質點的速度與加速度當中，最常使用的坐標是卡氏坐標，但是在一些數學特殊而含蓋有對稱性的話，有另外一些較為有易於處理的效果的坐標。其他物理的向量場中往往亦有對稱性存在。卡氏坐標在應用上有時反而較為麻煩，因此有需要將卡氏坐標加以轉換為所謂**曲線坐標**而使物理問題由複雜轉為簡單而易於理解。這些所要介紹的曲線坐標，在所有較可能用到的曲線坐標系中，圓球坐標（spherical coordinate）與圓柱坐標（cylindrical coordinate）。本章就應用這些坐標系統來計算梯度、散度、旋度以及散梯度等等。

7-1 曲線坐標

在卡氏坐標系中，任意點為 (x, y, z)，同時想像中的另外一坐標系所對應此點的坐標為 (u_1, u_2, u_3)。兩者坐標系的關係設為

$$x = x(u_1, u_2, u_3), \qquad y = y(u_1, u_2, u_3), \qquad z = z(u_1, u_2, u_3) \qquad (7\text{-}1)$$

若上式兩者坐標系中的**雅可比**（Jacobi）行列式不等於零，即

$$J = \frac{\partial(x, y, z)}{\partial(u_1, u_2, u_3)} = \begin{vmatrix} \frac{\partial x}{\partial u_1} & \frac{\partial x}{\partial u_2} & \frac{\partial x}{\partial u_3} \\ \frac{\partial y}{\partial u_1} & \frac{\partial y}{\partial u_2} & \frac{\partial y}{\partial u_3} \\ \frac{\partial z}{\partial u_1} & \frac{\partial z}{\partial u_2} & \frac{\partial z}{\partial u_3} \end{vmatrix} \neq 0 \qquad (7\text{-}2)$$

則式（7-1）可解出以 x, y, z 表為 u_1, u_2, u_3，即

$$u_1 = u_1(x, y, z), \qquad u_2 = u_2(x, y, z), \qquad u_3 = u_3(x, y, z) \qquad (7\text{-}3)$$

因此式（7-1）和式（7-3）的關係一一對應，即表示在 (x, y, z) 系中某一點 $P(x, y, z)$ 對應於 (u_1, u_2, u_3) 系中，只有唯一一點 $P(u_1, u_2, u_3)$ 存在，因此 u_1, u_2, u_3 等函數造成一組坐標，這組坐標稱為**曲線坐標系**。

例 7-1 圓球坐標與卡氏坐標

解 如圖 7-1 所示，卡氏坐標為

$x = x(r, \theta, \varphi) = r \sin\theta \cos\varphi$

$y = y(r, \theta, \varphi) = r \sin\theta \sin\varphi$

$z = z(r, \theta, \varphi) = r \cos\varphi$

而於圓球坐標為

$r=(x^2+y^2+z^2)^{1/2}=r(x, y, z)$

$\theta=\sin^{-1}\left(\dfrac{x^2+y^2}{x^2+y^2+z^2}\right)^{1/2}$

$\quad=\theta(x, y, z)$

$\varphi=\cos^{-1}\left(\dfrac{x}{(x^2+y^2)^{1/2}}\right)$

$\quad=\varphi(x, y, z)$

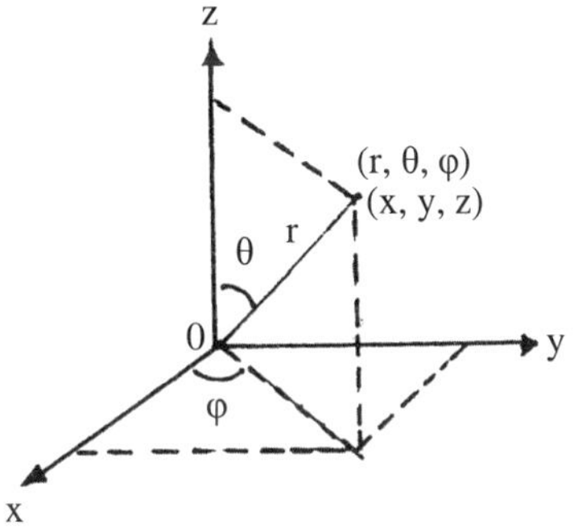

圖 7-1

$0\le r\le\infty$，　$0\le\theta\le\pi$，　$0\le\varphi\le 2\pi$

因此在曲線坐標系中，$u_1=r$，　$u_2=\theta$，　$u_3=\varphi$

例 7-2　圓柱坐標與卡氏坐標

解　如圖 7-2 所示，卡氏坐標為

$x=x\,(\rho, \theta, z)=\rho\cos\theta$

$y=y\,(\rho, \theta, z)=\rho\sin\theta$

$z=z\,(\rho, \theta, z)=z$

而圓柱坐標為

$\rho=(x^2+y^2)^{1/2}=\rho(x, y, z)$

$\theta=\tan^{-1}\left(\dfrac{y}{x}\right)=\theta(x, y, z)$

$z=z=z(x, y, z)$

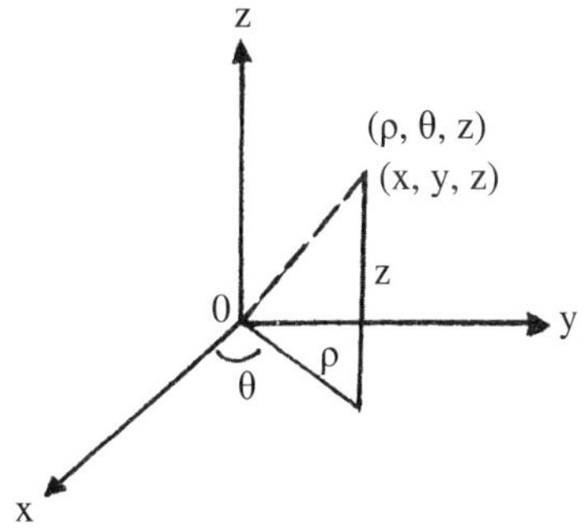

圖 7-2

$0\le\rho\le\infty, 0\le\theta\le 2\pi, -\infty\le z\le\infty$

因此在曲線坐標系中，$u_1=\rho$，　$u_2=\theta$，　$u_3=z$。

我們可從卡氏坐標系推廣延伸為曲線坐標系。x 軸，y 軸以及 z 軸可視為三條直線（曲線的特殊線）的正交。x 軸直線為 xy 平面與 xz 平面的交線，y 軸直線為 xy 平面與 yz 平面的交線，z 軸直線為 xz 平面與 yz 平面的交線，而這些 xy, yz, zx 等為互相垂直之平面，因此產生 x 軸，y 軸與 z 軸等互相垂直之直線。同理，在曲線坐標系中亦有類似於 x 軸、y 軸、z 軸等三條曲線 u_1, u_2 與 u_3，亦有類似三個互相垂直平面的三個曲面。

圖 7-3 中有三個曲面，即 $u_1 = c_1, u_2 = c_2, u_3 = c_3$，$c_1, c_2$ 及 c_3 為常數，這三個曲面稱為**坐標曲面**，而每兩個曲面的交線稱為**坐標曲線**。若坐標曲面是正交性，則坐標曲線是互相正交。因此一曲線坐標系的坐標曲線 u_1, u_2, u_3 如同卡氏直角坐標系的 x 軸，y 軸與 z 軸。

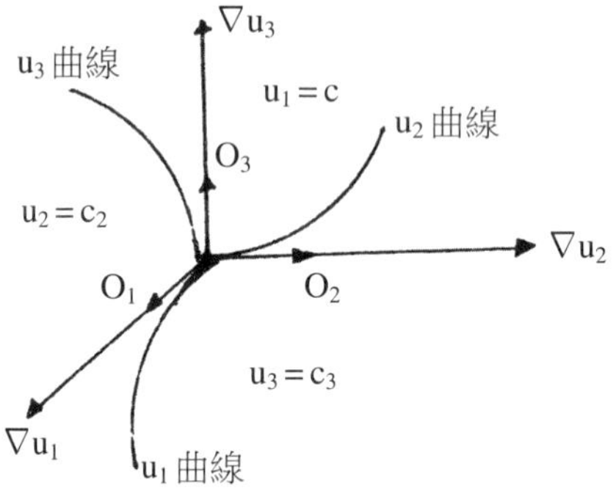

圖 7-3

u_1 曲線為 $u_2 = c_2$ 與 $u_3 = c_3$ 兩曲面的交線，則式（7-1）變為

$$x = x(u_1, c_2, c_3), \quad y = (u_1, c_2, c_3), \quad z = z(u_1, c_2, c_3) \qquad (7\text{-}4)$$

同理，u_2 曲線及 u_3 曲線的方程式為

u_2 曲線：$x = x(c_1, u_2, c_3)$， $y = (c_1, u_2, c_3)$， $z = z(c_1, u_2, c_3)$ （7-5）

u_3曲線：$x = (c_1, c_2, u_3)$， $y = (c_1, c_2, u_3)$， $z = z(c_1, c_2, u_3)$ （7-6）

在正交卡氏坐標系中，我們有一組正交的基本向量 i, j, k 分沿著 x 軸，y，及 z 軸。同理，我們亦能介紹一組正交的基本向量適合於曲線坐標系。在一般情形，在空間每一點 P 有兩組正交的基本向量。第一組的單位向量 $\hat{u}_1, \hat{u}_2$及 $\hat{u}_3$ 在 P 點切於坐標曲線。第二組的單位向量$\hat{U}_1$，$\hat{U}_2$及$\hat{U}_3$在 P 點正垂直於坐標曲面。這兩組單位向量的方向隨點的變化而改變，這現象不同於 i, j 及 k 的固定方向。通常在物理方面所採用曲線坐標的單位向量是屬於第一組 $\hat{u}_1, \hat{u}_2$及 $\hat{u}_3$ 。

第一組的單位向量如下

$$\hat{u}_1 = \frac{\partial r}{\partial u_1} \Big/ \left| \frac{\partial r}{\partial u_1} \right|, \qquad \hat{u}_2 = \frac{\partial r}{\partial u_2} \Big/ \left| \frac{\partial r}{\partial u_2} \right|,$$

$$\hat{u}_3 = \frac{\partial r}{\partial u_3} \Big/ \left| \frac{\partial r}{\partial u_3} \right| \tag{7-7}$$

第二組的單位向量如下

$$\hat{U}_1 = \frac{\nabla u_1}{|\nabla u_1|}，\hat{U}_2 = \frac{\nabla u_2}{|\nabla u_2|}，\hat{U}_3 = \frac{\nabla u_3}{|\nabla u_3|} \tag{7-8}$$

7-2 曲線坐標的線段、體積單元

1. 比例因素（scale factors）

空間任意點 $P(x, y, z)$ 的位置向量為

$$r = xi + yj + zk = r(x, y, z) \tag{7-9}$$

若轉換為曲線坐標時，則

$$r = r(x, y, z) = r(u_1, u_2, u_3) \tag{7-10}$$

在 P 點切於 u_1 曲線的切線向量 $\frac{\partial r}{\partial u_1}$，因此，在 P 點切於 u_1 曲線的單位切線向量為

$$\hat{u}_1 = \frac{\partial r}{\partial u_1} \Big/ \left| \frac{\partial r}{\partial u_1} \right|,$$

$$\frac{\partial r}{\partial u_1} = h_1 \hat{u}_1 \tag{7-11}$$

式中 $h_1 = \left| \frac{\partial r}{\partial u_1} \right|$，或

$$h_1 = \sqrt{\frac{\partial r}{\partial u_1} \cdot \frac{\partial r}{\partial u_1}} = \sqrt{\left(\frac{\partial x}{\partial u_1}\right)^2 + \left(\frac{\partial y}{\partial u_1}\right)^2 + \left(\frac{\partial z}{\partial u_1}\right)^2} \tag{7-12}$$

同理，在 P 點切於 u_2 與 u_3 曲線的單位切線向量分別為

$$\hat{u}_2 = \frac{\partial r}{\partial u_2} \Big/ \left| \frac{\partial r}{\partial u_2} \right|, \qquad \text{或} \frac{\partial r}{\partial u_2} = h_2 \hat{u}_2 \tag{7-13}$$

$$\hat{u}_3 = \frac{\partial r}{\partial u_3} \Big/ \left| \frac{\partial r}{\partial u_3} \right|, \qquad \text{或} \frac{\partial r}{\partial u_3} = h_3 \hat{u}_3 \tag{7-14}$$

式中

$$h_2 = \sqrt{\frac{\partial r}{\partial u_2} \cdot \frac{\partial r}{\partial u_2}} = \sqrt{\left(\frac{\partial x}{\partial u_2}\right)^2 + \left(\frac{\partial y}{\partial u_2}\right)^2 + \left(\frac{\partial z}{\partial u_2}\right)^2} \tag{7-15}$$

$$h_3 = \sqrt{\frac{\partial r}{\partial u_3} \cdot \frac{\partial r}{\partial u_3}} = \sqrt{\left(\frac{\partial x}{\partial u_3}\right)^2 + \left(\frac{\partial y}{\partial u_3}\right)^2 + \left(\frac{\partial z}{\partial u_3}\right)^2} \tag{7-16}$$

上面一些式中的 $\hat{u}_1, \hat{u}_2$ 及 $\hat{u}_3$ 是單位切線向量，其方向分別為 u_1, u_2 及 u_3 的增加量方向；h_1, h_2 及 h_3 稱為**比例因素**（scale factor）。

2. 曲線線段單元

空間任一點 P(x, y, z) 的位置向量為 r，其微小的位移所產生的線段元素，為 ds，則

$$ds^2 = d\mathbf{r} \cdot d\mathbf{r} = dx^2 + dy^2 + dz^2$$

今曲線坐標中

$$\mathbf{r} = \mathbf{r}(u_1, u_2, u_3)$$

故

$$d\mathbf{r} = \frac{\partial \mathbf{r}}{\partial u_1} du_1 + \frac{\partial \mathbf{r}}{\partial u_2} du_2 + \frac{\partial \mathbf{r}}{\partial u_3} du_3$$

因 $\frac{\partial \mathbf{r}}{\partial u_1}, \frac{\partial \mathbf{r}}{\partial u_2}$ 及 $\frac{\partial \mathbf{r}}{\partial u_3}$ 分別是在 $\hat{u}_1, \hat{u}_2$ 及 $\hat{u}_3$ 的方向量，又 $\hat{u}_1, \hat{u}_2, \hat{u}_3$ 是正交向量，因此

$$ds^2 = \left(\frac{\partial \mathbf{r}}{\partial u_1} \cdot \frac{\partial \mathbf{r}}{\partial u_1}\right) du_1^2 + \left(\frac{\partial \mathbf{r}}{\partial u_2} \cdot \frac{\partial \mathbf{r}}{\partial u_2}\right) du_2^2 + \left(\frac{\partial \mathbf{r}}{\partial u_3} \cdot \frac{\partial \mathbf{r}}{\partial u_3}\right) du_3^2$$

或

$$ds^2 = (h_1 du_1)^2 + (h_2 du_2)^2 + (h_3 du_3)^2 \qquad (7\text{-}17)$$

沿 u_1 曲線，u_2 及 u_3 是常數，因此 $d\mathbf{r} = h_1 du_1 \hat{u}_1$，故在 P 點沿著 u_1 曲線的微小線段元素 ds_1 是 $h_1 du_1$。同理，在 P 點沿著 u_2 曲線，u_3 曲線線段元素 ds_2 及 ds_3 分別為 $h_2 du_2$ 及 $h_3 du_3$，如圖 7-4 所示，因此式（7-17）可寫為

$$ds^2 = ds_1^2 + ds_2^2 + ds_3^2 \qquad (7\text{-}18)$$

上式如同於在直角卡氏坐標中的線段元素 $ds^2 = dx^2 + dy^2 + dz^2$。

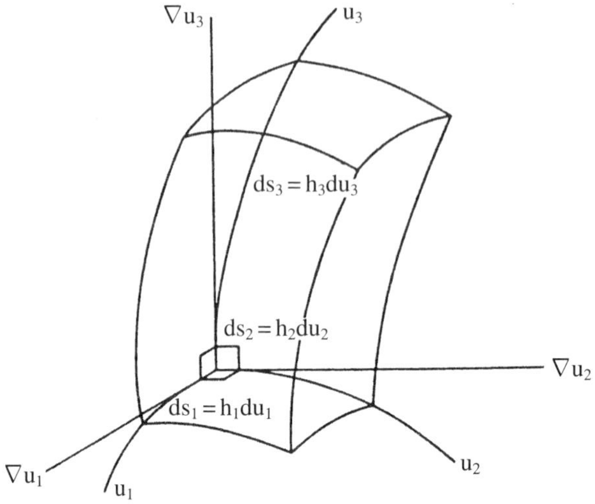

圖 7-4

3. 面積、體積單元

在曲線坐標系中，面積單元為

$$da_1 = ds_2ds_3 = h_2h_3du_2du_3 \tag{7-19}$$

$$da_2 = ds_3ds_1 = h_3h_1du_3du_1 \tag{7-20}$$

$$da_3 = ds_1ds_2 = h_1h_2du_1du_2 \tag{7-21}$$

分別為 u_1 曲面，u_2 曲面與 u_3 曲面上的面積單元，如同 yz 平面，zx 平面與 xy 平面的面積單元。

$$da_1 = dydz, \qquad da_2 = dzdx, \qquad da_3 = dxdy$$

至於體積單元為

$$d\tau = ds_1ds_2ds_3 = h_1h_2h_3du_1\,du_2\,du_3 \tag{7-22}$$

如同卡氏直角坐標，$d\tau = dxdydz$。

7-3 曲線坐標的梯度、散度、旋度及散梯度

1. 曲面向量與切線向量

u_1 曲面方程式為 $u_1 = u_1(x, y, z) = c_1$，其梯度 ∇u_1 向量垂直於曲面，因此

$$\nabla u_1 = \frac{\partial u_1}{\partial x} i + \frac{\partial u_1}{\partial y} j + \frac{\partial u_1}{\partial z} k$$

又

$$\begin{aligned}
du_1 &= \frac{\partial u_1}{\partial x} dx + \frac{\partial u_1}{\partial y} dy + \frac{\partial u_1}{\partial z} dx \\
&= \left(\frac{\partial u_1}{\partial x} i + \frac{\partial u_1}{\partial y} j + \frac{\partial u_1}{\partial z} k\right) \cdot (dx\, i + dy\, j + dz\, k) \\
&= \nabla u_1 \cdot dr \\
&= \nabla u_1 \cdot \left(\frac{\partial r}{\partial u_1} du_1 + \frac{\partial r}{\partial u_2} du_2 + \frac{\partial r}{\partial u_3} du_3\right) \\
&= \left(\nabla u_1 \cdot \frac{\partial r}{\partial u_1}\right) du_1 + \left(\nabla u_1 \cdot \frac{\partial r}{\partial u_2}\right) du_2 + \left(\nabla u_1 \cdot \frac{\partial r}{\partial u_3}\right) du_3 \qquad (7\text{-}23)
\end{aligned}$$

因此

$$\nabla u_1 \cdot \frac{\partial r}{\partial u_1} = 1, \qquad (7\text{-}24)$$

$$\nabla u_1 \cdot \frac{\partial r}{\partial u_2} = 0, \qquad (7\text{-}25)$$

$$\nabla u_1 \cdot \frac{\partial r}{\partial u_3} = 0, \qquad (7\text{-}26)$$

由式（7-24）可知 ∇u_1 梯度之曲面向量與 $\frac{\partial r}{\partial u_1}$ 之 u_1 曲線切線向量同方向，即

$$\nabla u_1 \cdot (h_1 \hat{u}_1) = 1$$

或

$$|\nabla u_1| = \frac{1}{h_1} = \frac{1}{\left|\frac{\partial \vec{r}}{\partial u_1}\right|} \qquad (7\text{-}27)$$

則 u_1 曲面梯度向量為

$$\nabla u_1 = \frac{1}{h_1}\hat{u}_1 \qquad (7\text{-}28)$$

依式（7-28）之結果，式（7-25）與式（7-26）確知為 u_1 曲面梯度向量與其他兩 u_2 曲線與 u_3 曲線等切線向量垂直。

同理，u_2 曲面，u_3 曲面等的梯度曲面向量為

$$\nabla u_2 = \frac{1}{h_2}\hat{u}_2 \qquad (7\text{-}29)$$

$$\nabla u_3 = \frac{1}{h_3}\hat{u}_3 \qquad (7\text{-}30)$$

綜合式（7-8）、（7-28）、（7-29）與（7-30）

$$\hat{u}_1 = h_1\nabla u_1 = \frac{1}{|\nabla u_1|}\nabla u_1 = \hat{U}_1 \qquad (7\text{-}31)$$

$$\hat{u}_2 = h_2\nabla u_2 = \frac{1}{|\nabla u_2|}\nabla u_2 = \hat{U}_2 \qquad (7\text{-}32)$$

$$\hat{u}_3 = h_3\nabla u_3 = \frac{1}{|\nabla u_3|}\nabla u_3 = \hat{U}_3 \qquad (7\text{-}33)$$

在正交曲線坐標系的單位中採取這一組 $(\hat{u}_1, \hat{u}_2, \hat{u}_3)$ 來使用。因此任何向量 A 在正交曲線坐標系中可寫為

$$A(u_1, u_2, u_3) = A_1(u_1, u_2, u_3)\,\hat{u}_1 + A_2(u_1, u_2, u_3)\,\hat{u}_2 + A_3(u_1, u_2, u_3)\,\hat{u}_3 \qquad (7\text{-}34)$$

2. 梯度

設 $f(u_1, u_2, u_3)$ 為正交曲線坐標的函數。在直角坐標中，f的梯度為

$$\nabla f = \frac{\partial f}{\partial x}i + \frac{\partial f}{\partial y}j + \frac{\partial f}{\partial z}k$$

今想以正交曲線坐標 u_1, u_2 及 u_3 表示上式。因 $f = f(u_1, u_2, u_3) = f[u_1(x, y, z), u_2(x, y, z), u_3(x, y, z)]$，故

$$\frac{\partial f}{\partial x} = \frac{\partial f}{\partial u_1}\frac{\partial u_1}{\partial x} + \frac{\partial f}{\partial u_2}\frac{\partial u_2}{\partial x} + \frac{\partial f}{\partial u_3}\frac{\partial u_3}{\partial x}$$

$$\frac{\partial f}{\partial y} = \frac{\partial f}{\partial u_1}\frac{\partial u_1}{\partial y} + \frac{\partial f}{\partial u_2}\frac{\partial u_2}{\partial y} + \frac{\partial f}{\partial u_3}\frac{\partial u_3}{\partial y}$$

$$\frac{\partial f}{\partial z} = \frac{\partial f}{\partial u_1}\frac{\partial u_1}{\partial z} + \frac{\partial f}{\partial u_2}\frac{\partial u_2}{\partial z} + \frac{\partial f}{\partial u_3}\frac{\partial u_3}{\partial z}$$

因此

$$\begin{aligned}\nabla f &= \frac{\partial f}{\partial u_1}\left(\frac{\partial u_1}{\partial x}i + \frac{\partial u_1}{\partial y}j + \frac{\partial u_1}{\partial z}k\right) + \frac{\partial f}{\partial u_2}\left(\frac{\partial u_2}{\partial x}i + \frac{\partial u_2}{\partial y}j\right.\\ &\quad \left. + \frac{\partial u_2}{\partial z}k\right) + \frac{\partial f}{\partial u_3}\left(\frac{\partial u_3}{\partial x}i + \frac{\partial u_3}{\partial y}j + \frac{\partial u_3}{\partial z}k\right)\\ &= \frac{\partial f}{\partial u_1}\nabla u_1 + \frac{\partial f}{\partial u_2}\nabla u_2 + \frac{\partial f}{\partial u_3}\nabla u_3 \qquad (7\text{-}35)\end{aligned}$$

故 $f = f(u_1, u_2, u_3)$ 的梯度為

$$\nabla f = \frac{1}{h_1}\frac{\partial f}{\partial u_1}\hat{u}_1 + \frac{1}{h_2}\frac{\partial f}{\partial u_2}\hat{u}_2 + \frac{1}{h_3}\frac{\partial f}{\partial u_3}\hat{u}_3 \qquad (7\text{-}36)$$

3. 散度

設 $A(u_1, u_2, u_3)$ 為正交曲線座標的函數，而以曲線坐標計算此向量函數的散度 $\nabla \cdot A$。因為在正交曲線坐標系中，每一點的基本向量 $\hat{u}_1$, $\hat{u}_2$, $\hat{u}_3$ 是在變化，因此取向量 A 的散度中所涉及到對這些基本向量的微分要注意其方向的變化。令

$$\mathsf{A} = A_1\hat{u}_1 + A_2\hat{u}_2 + A_3\hat{u}_3$$

則其散度為

$$\begin{aligned}\nabla \cdot \mathsf{A} &= \nabla \cdot (A_1\hat{u}_1 + A_2\hat{u}_2 + A_3\hat{u}_3) \\ &= \nabla \cdot (A_1\hat{u}_1) + \nabla \cdot (A_2\hat{u}_2) + \nabla \cdot (A_3\hat{u}_3) \qquad (7\text{-}37)\end{aligned}$$

在進行上式的計算過程中需有用下列等式

①比例因素

$$h_i = \left|\frac{\partial r}{\partial u_i}\right| = \sqrt{\frac{\partial r}{\partial u_i} \cdot \frac{\partial r}{\partial u_i}} = h_i(u_1, u_2, u_3)$$

② $\hat{u}_1 = \hat{u}_2 \times \hat{u}_3 = (h_2\nabla u_2) \times (h_3\nabla u_3) = h_2h_3(\nabla u_2 \times \nabla u_3)$，等等

③ $\nabla \cdot (B \times C) = C \cdot (\nabla \times B) - B \cdot (\nabla \times C)$

④ $\nabla \times \nabla u = 0$

⑤式（7-35）

⑥ $\hat{u}_i = h_i\nabla u_i$

今先化簡式（7-37）的第一項

$$\begin{aligned}\nabla \cdot (A_1\hat{u}_1) &= \nabla A_1 \cdot \hat{u}_1 + A_1\nabla \cdot \hat{u}_1 \\ &= \left(\frac{1}{h_1}\frac{\partial A_1}{\partial u_1}\hat{u}_1 + \frac{1}{h_2}\frac{\partial A_1}{\partial u_2}\hat{u}_2 + \frac{1}{h_3}\frac{\partial A_1}{\partial u_3}\hat{u}_3\right) \cdot \hat{u}_1 \\ &\quad + A_1\nabla \cdot (\hat{u}_2 \times \hat{u}_3) \\ &= \frac{1}{h_1}\frac{\partial A_1}{\partial u_1} + A_1\nabla \cdot (h_2h_3\nabla u_2 \times \nabla u_3) \\ &= \frac{1}{h_1}\frac{\partial A_1}{\partial u_1} + A_1[\nabla(h_2h_3) \cdot (\nabla u_2 \times \nabla u_3) \\ &\quad + h_2h_3\nabla \cdot (\nabla u_2 \times \nabla u_3)] \\ &= \frac{1}{h_1}\frac{\partial A_1}{\partial u_1} + A_1\left\{\nabla(h_2h_3) \cdot \left(\frac{1}{h_2h_3}\hat{u}_2 \times \hat{u}_3\right)\right. \\ &\quad \left. + h_2h_3[\nabla u_3 \cdot (\nabla \times \nabla u_2) - \nabla u_2 \cdot (\nabla \times \nabla u_3)]\right\}\end{aligned}$$

$$= \frac{1}{h_1}\frac{\partial A_1}{\partial u_1} + \frac{A_1}{h_2 h_3}\nabla(h_2 h_3) \cdot \hat{u}_1$$

$$= \frac{1}{h_1}\frac{\partial A_1}{\partial u_1} + \frac{A_1}{h_1 h_2 h_3}\frac{\partial}{\partial u_1}\nabla(h_2 h_3)$$

$$= \frac{1}{h_1 h_2 h_3}\left[h_2 h_3 \frac{\partial A_1}{\partial u_1} + A_1 \frac{\partial}{\partial u_1}(h_2 h_3)\right]$$

$$= \frac{1}{h_1 h_2 h_3}\frac{\partial}{\partial u_1}(A_1 h_2 h_3)$$

同理

$$\nabla \cdot (A_2 \hat{u}) = \frac{1}{h_1 h_2 h_3}\frac{\partial}{\partial u_2}(A_2 h_3 h_1)$$

$$\nabla \cdot (A_3 \hat{u}) = \frac{1}{h_1 h_2 h_3}\frac{\partial}{\partial u_3}(A_3 h_1 h_2)$$

因此式（7-37）為

$$\nabla \cdot A = \frac{1}{h_1 h_2 h_3}\left[\frac{\partial}{\partial u_1}(A_1 h_2 h_3) + \frac{\partial}{\partial u_2}(A_2 h_3 h_1) + \frac{\partial}{\partial u_3}(A_3 h_1 h_2)\right] \quad (7\text{-}38)$$

4. 旋度

向量 A 的旋度為

$$\nabla \times A = \nabla \times (A_1 \hat{u}_1 + A_2 \hat{u}_2 + A_3 \hat{u}_3)$$

$$= \nabla \times (A_1 \hat{u}_1) + \nabla \times (A_2 \hat{u}_2) + \nabla \times (A_3 \hat{u}_3)$$

比照散度所用到的一些式。先取第一項演算

$$\nabla \times (A_1 \hat{u}_1) = \nabla A_1 \times \hat{u}_1 + A_1 \nabla \times \hat{u}_1$$

$$= \left(\frac{1}{h_1}\frac{\partial A_1}{\partial u_1}\hat{u}_1 + \frac{1}{h_2}\frac{\partial A_1}{\partial u_2}\hat{u}_2 + \frac{1}{h_3}\frac{\partial A_1}{\partial u_3}\hat{u}_3\right) \times \hat{u}_1$$

$$+ A_1 \nabla \times (h_1 \nabla u_1)$$

$$= -\frac{1}{h_2}\frac{\partial A_1}{\partial u_2}\hat{u}_3 + \frac{1}{h_3}\frac{\partial A_1}{\partial u_3}\hat{u}_2 + A_1[\nabla h_1 \times \nabla u_1$$
$$+ h_1 \nabla \times \nabla u_1]$$
$$= -\frac{1}{h_2}\frac{\partial A_1}{\partial u_2}\hat{u}_3 + \frac{1}{h_3}\frac{\partial A_1}{\partial u_3}\hat{u}_2 + A_1 \nabla h_1 \times \frac{1}{h_1}\hat{u}_1$$
$$= -\frac{1}{h_2}\frac{\partial A_1}{\partial u_2}\hat{u}_3 + \frac{1}{h_3}\frac{\partial A_1}{\partial u_3}\hat{u}_2 + A_1\left[-\frac{1}{h_1 h_2}\frac{\partial h_1}{\partial u_2}\hat{u}_3\right.$$
$$\left.+\frac{1}{h_1 h_3}\frac{\partial h_1}{\partial u_3}\hat{u}_2\right]$$
$$= \left(\frac{1}{h_3}\frac{\partial A_1}{\partial u_3} + \frac{A_1}{h_1 h_3}\frac{\partial h_1}{\partial u_3}\right)\hat{u}_2 - \left(\frac{1}{h_2}\frac{\partial A_1}{\partial u_2} + \frac{A_1}{h_1 h_2}\frac{\partial h_1}{\partial u_2}\right)\hat{u}_3$$
$$= \frac{1}{h_3 h_1}\frac{\partial}{\partial u_3}(h_1 A_1)\hat{u}_2 - \frac{1}{h_2 h_1}\frac{\partial}{\partial u_2}(h_1 A_1)\hat{u}_3$$

同理

$$\nabla \times (A_2 \hat{u}_2) = \frac{1}{h_1 h_2}\frac{\partial}{\partial u_1}(h_2 A_2)\hat{u}_3 - \frac{1}{h_3 h_2}\frac{\partial}{\partial u_3}(h_2 A_2)\hat{u}_1$$
$$\nabla \times (A_3 \hat{u}_3) = \frac{1}{h_2 h_3}\frac{\partial}{\partial u_2}(h_3 A_3)\hat{u}_1 - \frac{1}{h_1 h_3}\frac{\partial}{\partial u_1}(h_3 A_3)\hat{u}_2$$

因此

$$\nabla \times \mathsf{A} = \frac{1}{h_2 h_3}\left[\frac{\partial}{\partial u_2}(h_3 A_3) - \frac{\partial}{\partial u_3}(h_2 A_2)\right]\hat{u}_1$$
$$+ \frac{1}{h_3 h_1}\left[\frac{\partial}{\partial u_3}(h_1 A_1) - \frac{\partial}{\partial u_1}(h_3 A_3)\right]\hat{u}_2$$
$$+ \frac{1}{h_1 h_2}\left[\frac{\partial}{\partial u_1}(h_2 A_2) - \frac{\partial}{\partial u_2}(h_1 A_1)\right]\hat{u}_3 \qquad (7\text{-}39)$$

或以行列式表之，則

$$\nabla \times \mathsf{A} = \frac{1}{h_1 h_2 h_3}\begin{vmatrix} h_1 \hat{u}_1 & h_2 \hat{u}_2 & h_3 \hat{u}_3 \\ \frac{\partial}{\partial u_1} & \frac{\partial}{\partial u_2} & \frac{\partial}{\partial u_3} \\ h_1 A_1 & h_2 A_2 & h_3 A_3 \end{vmatrix} \qquad (7\text{-}40)$$

5. 散梯度

若於式（7-38）中，令 A = ∇f，則

$$A_1 = \frac{1}{h_1}\frac{\partial f}{\partial u_1}，A_2 = \frac{1}{h_2}\frac{\partial f}{\partial u_2}，A_3 = \frac{1}{h_3}\frac{\partial f}{\partial u_3}$$

因此 $f(u_1, u_2, u_3)$ 的散梯度為

$$\begin{aligned}\nabla^2 f &= \nabla \cdot \nabla f \\ &= \frac{1}{h_1h_2h_3}\left[\frac{\partial}{\partial u_1}\left(\frac{h_2h_3}{h_1}\frac{\partial f}{\partial u_1}\right)+\frac{\partial}{\partial u_2}\left(\frac{h_3h_1}{h_2}\frac{\partial f}{\partial u_2}\right) \right.\\ &\quad \left. +\frac{\partial}{\partial u_3}\left(\frac{h_1h_2}{h_3}\frac{\partial f}{\partial u_3}\right)\right]\end{aligned} \tag{7-41}$$

7-4 圓球坐標

參考例 7-1 與圖 7-1，則在圓球坐標系中，其比例因素為

$$\begin{aligned}h_r &= \sqrt{\frac{\partial \mathbf{r}}{\partial r}\cdot\frac{\partial \mathbf{r}}{\partial r}} = \sqrt{\left(\frac{\partial x}{\partial r}\right)^2+\left(\frac{\partial y}{\partial r}\right)^2+\left(\frac{\partial z}{\partial r}\right)^2} \\ &= \sqrt{(\sin\theta\cos\varphi)^2+(\sin\theta\sin\varphi)^2+\cos^2\theta} = 1\end{aligned}$$

$$\begin{aligned}h_\theta &= \sqrt{\frac{\partial \mathbf{r}}{\partial \theta}\cdot\frac{\partial \mathbf{r}}{\partial \theta}} = \sqrt{\left(\frac{\partial x}{\partial \theta}\right)^2+\left(\frac{\partial y}{\partial \theta}\right)^2+\left(\frac{\partial z}{\partial \theta}\right)^2} \\ &= \sqrt{(r\cos\theta\cos\varphi)^2+(r\cos\theta\sin\varphi)^2+(-r\sin\theta)^2} = r\end{aligned}$$

$$\begin{aligned}h_\varphi &= \sqrt{\frac{\partial \mathbf{r}}{\partial \varphi}\cdot\frac{\partial \mathbf{r}}{\partial \varphi}} = \sqrt{\left(\frac{\partial x}{\partial \varphi}\right)^2+\left(\frac{\partial y}{\partial \varphi}\right)^2+\left(\frac{\partial z}{\partial \varphi}\right)^2} \\ &= \sqrt{(-r\sin\theta\sin\varphi)^2+(r\sin\theta\cos\varphi)^2+0} \\ &= r\sin\theta\end{aligned}$$

1. 線段單元

卡氏直角坐標：$ds^2=(dx)^2+(dy)^2+(dz)^2$

圓球坐標：
$$\begin{aligned}(ds)^2&=(ds_1)^2+(ds_2)^2+(ds_3)^2\\&=(h_1dr)^2+(h_2d\theta)^2+(h_3d\varphi)^2\\&=(dr)^2+(rd\theta)^2+(r\sin\theta\, d\varphi)^2\end{aligned} \tag{7-42}$$

2. 面積單元——圓球面

在半徑為 r 之圓球面之面積單元為

$$\begin{aligned}da&=ds_2\, ds_3=h_2\, h_3\, d\theta\, d\varphi\\&=r^2\sin\theta\, d\theta\, d\varphi\end{aligned} \tag{7-43}$$

3. 體積單元

卡氏直角坐標：$d\tau=dxdydz$

圓球坐標：

$$\begin{aligned}d\tau&=(ds_1)(ds_2)(ds_3)\\&=h_1h_2h_3(dr)(d\theta)(d\varphi)\\&=r^2\sin\theta\, dr\, d\theta\, d\varphi\end{aligned} \tag{7-44}$$

4. 梯度：依式（7-36）

$$\begin{aligned}\nabla f&=\frac{1}{h_1}\frac{\partial f}{\partial u_1}\hat{u}_1+\frac{1}{h_2}\frac{\partial f}{\partial u_2}\hat{u}_2+\frac{1}{h_3}\frac{\partial f}{\partial u_3}\hat{u}_3\\&=\frac{\partial f}{\partial r}\hat{r}+\frac{1}{r}\frac{\partial f}{\partial\theta}\hat{\theta}+\frac{1}{r\sin\theta}\frac{\partial f}{\partial\varphi}\hat{\varphi}\end{aligned} \tag{7-45}$$

5. 散度

在圓球坐標系，任意向量 A 可依式（7-34）寫為

$$\mathbf{A} = A_r\hat{r} + A_\theta\hat{\theta} + A_\varphi\hat{\varphi}$$

因此其散度可依式（7-38）寫為

$$\begin{aligned}\nabla\cdot\mathbf{A} &= \frac{1}{h_1h_2h_3}\left[\frac{\partial}{\partial u_1}(A_1h_2h_3)+\frac{\partial}{\partial u_2}(A_2h_3h_1)+\frac{\partial}{\partial u_3}(A_3h_1h_2)\right]\\ &= \frac{1}{r^2\sin\theta}\left[\frac{\partial}{\partial r}(r^2\sin\theta A_r)+\frac{\partial}{\partial\theta}(r\sin\theta A_\theta)+\frac{\partial}{\partial\varphi}(rA_\varphi)\right]\\ &= \frac{1}{r^2}\frac{\partial}{\partial r}(r^2A_r)+\frac{1}{r\sin\theta}\frac{\partial}{\partial\theta}(\sin\theta A_\theta)+\frac{1}{r\sin\theta}\frac{\partial A_\varphi}{\partial\varphi} \qquad (7\text{-}46)\end{aligned}$$

6. 旋度：依式（7-40）

$$\nabla\times\mathbf{A} = \frac{1}{h_1h_2h_3}\begin{vmatrix} h_1\hat{u}_1 & h_2\hat{u}_2 & h_3\hat{u}_3\\ \dfrac{\partial}{\partial u_1} & \dfrac{\partial}{\partial u_2} & \dfrac{\partial}{\partial u_3}\\ h_1A_1 & h_2A_2 & h_3A_3\end{vmatrix}$$

$$= \frac{1}{r^2\sin\theta}\begin{vmatrix} \hat{r} & r\hat{\theta} & r\sin\theta\hat{\varphi}\\ \dfrac{\partial}{\partial r} & \dfrac{\partial}{\partial\theta} & \dfrac{\partial}{\partial\varphi}\\ A_r & rA_\theta & r\sin\theta A_\varphi\end{vmatrix}$$

$$\begin{aligned}&= \frac{1}{r\sin\theta}\left[\frac{\partial}{\partial\theta}(\sin\theta A_\varphi)-\frac{\partial A_\theta}{\partial\varphi}\right]\hat{r}\\ &\quad+\frac{1}{r}\left[\frac{1}{\sin\theta}\frac{\partial A_r}{\partial\varphi}-\frac{\partial}{\partial r}(rA_\varphi)\right]\hat{\theta}\\ &\quad+\frac{1}{r}\left[\frac{\partial}{\partial r}(rA_\theta)-\frac{\partial A_r}{\partial\theta}\right]\hat{\varphi} \qquad (7\text{-}47)\end{aligned}$$

7. 散梯度：依式（7-41）

$$\nabla^2 f=\frac{1}{h_1h_2h_3}\left[\frac{\partial}{\partial u_1}\left(\frac{h_2h_3}{h_1}\frac{\partial f}{\partial u_1}\right)+\frac{\partial}{\partial u_2}\left(\frac{h_3h_1}{h_2}\frac{\partial f}{\partial u_2}\right)\right.$$
$$\left.+\frac{\partial}{\partial u_3}\left(\frac{h_1h_2}{h_3}\frac{\partial f}{\partial u_3}\right)\right.$$
$$=\frac{1}{r^2\sin\theta}\left[\frac{\partial}{\partial r}\left(r^2\sin\theta\frac{\partial f}{\partial r}\right)+\frac{\partial}{\partial\theta}\left(\sin\theta\frac{\partial f}{\partial\theta}\right)\right.$$
$$\left.+\frac{\partial}{\partial\varphi}\left(\frac{1}{\sin\theta}\frac{\partial f}{\partial\varphi}\right)\right]$$
$$=\frac{1}{r^2}\frac{\partial}{\partial r}\left(r^2\frac{\partial f}{\partial r}\right)+\frac{1}{r^2\sin\theta}\frac{\partial}{\partial\theta}\left(\sin\theta\frac{\partial f}{\partial\theta}\right)$$
$$+\frac{1}{r^2\sin^2\theta}\frac{\partial^2 f}{\partial\varphi^2} \qquad (7\text{-}48)$$

7-5 圓柱坐標

參考例 7-2 與圖 7-2，在此圓柱坐標系中的比例因素為

$$h_\rho=\sqrt{\frac{\partial r}{\partial\rho}\cdot\frac{\partial r}{\partial\rho}}=\sqrt{\left(\frac{\partial x}{\partial\rho}\right)^2+\left(\frac{\partial y}{\partial\rho}\right)^2+\left(\frac{\partial z}{\partial\rho}\right)^2}=1$$

$$h_\theta=\sqrt{\frac{\partial r}{\partial\theta}\cdot\frac{\partial r}{\partial\theta}}=\sqrt{\left(\frac{\partial x}{\partial\theta}\right)^2+\left(\frac{\partial y}{\partial\theta}\right)^2+\left(\frac{\partial z}{\partial\theta}\right)^2}=\rho$$

$$h_z=\sqrt{\frac{\partial r}{\partial z}\cdot\frac{\partial r}{\partial z}}=\sqrt{\left(\frac{\partial x}{\partial z}\right)^2+\left(\frac{\partial y}{\partial z}\right)^2+\left(\frac{\partial z}{\partial z}\right)^2}=1$$

1. 線段單元

$$(ds)^2=(h_1\,du_1)^2+(h_2\,du_2)^2+(h_3\,du_3)^2$$
$$=(d\rho)^2+(\rho d\theta)^2+(dz)^2 \qquad (7\text{-}49)$$

2. 面積單元——圓筒曲面

以ρ為半徑的圓筒曲面之面積單元為

$$da = ds_2\, ds_3 = h_2\, h_3\, d\theta\, dz = \rho\, d\theta\, dz \qquad (7\text{-}50)$$

3. 體積單元

$$\begin{aligned} d\tau &= ds_1\, ds_2\, ds_3 = h_1\, h_2\, h_3\, du_1\, du_2\, du_2 \\ &= \rho\, d\rho\, d\theta\, dz \end{aligned} \qquad (7\text{-}51)$$

4. 梯度

$$\begin{aligned} \nabla f &= \frac{1}{h_1}\frac{\partial f}{\partial u_1}\hat{u}_1 + \frac{1}{h_2}\frac{\partial f}{\partial u_2}\hat{u}_2 + \frac{1}{h_3}\frac{\partial f}{\partial u_3}\hat{u}_3 \\ &= \frac{\partial f}{\partial \rho}\hat{\rho} + \frac{1}{\rho}\frac{\partial f}{\partial \theta}\hat{\theta} + \frac{\partial f}{\partial z}\hat{z} \end{aligned} \qquad (7\text{-}52)$$

5. 散度

$$\mathsf{A} = A_1\,\hat{u}_1 + A_2\,\hat{u}_2 + A_3\,\hat{u}_3 = A_\rho\hat{\rho} + A_\theta\hat{\theta} + A_z\,\hat{z}$$

$$\begin{aligned} \nabla \cdot \mathsf{A} &= \frac{1}{h_1 h_2 h_3}\left(\frac{\partial}{\partial u_1}(A_1\, h_2\, h_3) + \frac{\partial}{\partial u_2}(A_2\, h_3\, h_1) + \frac{\partial}{\partial u_3}(A_3\, h_1\, h_2)\right) \\ &= \frac{1}{\rho}\left[\frac{\partial}{\partial \rho}(\rho A_\rho) + \frac{\partial}{\partial \theta}(A_\theta) + \frac{\partial}{\partial z}(\rho A_z)\right) \\ &= \frac{1}{\rho}\frac{\partial}{\partial \rho}(\rho A_\rho) + \frac{1}{\rho}\frac{\partial A_\theta}{\partial \theta} + \frac{\partial A_z}{\partial z} \end{aligned} \qquad (7\text{-}53)$$

6. 旋度

$$\nabla\times \mathsf{A}=\frac{1}{h_1h_2h_3}\begin{vmatrix} h_1\hat{u}_1 & h_2\hat{u}_2 & h_3\hat{u}_3 \\ \frac{\partial}{\partial u_1} & \frac{\partial}{\partial u_2} & \frac{\partial}{\partial u_3} \\ h_1A_1 & h_2A_2 & h_3A_3 \end{vmatrix}$$

$$=\frac{1}{\rho}\begin{vmatrix} \hat{\rho} & \rho\hat{\theta} & \hat{z} \\ \frac{\partial}{\partial \rho} & \frac{\partial}{\partial \theta} & \frac{\partial}{\partial z} \\ A_\rho & \rho A_\theta & A_z \end{vmatrix}$$

$$=\left(\frac{1}{\rho}\frac{\partial A_z}{\partial\theta}-\frac{\partial A_\theta}{\partial z}\right)\hat{\rho}+\left(\frac{\partial A_\rho}{\partial z}-\frac{\partial A_z}{\partial \rho}\right)\hat{\theta}$$

$$+\frac{1}{\rho}\left(\frac{\partial}{\partial\rho}(\rho A_\theta)-\frac{A_\rho}{\partial\theta}\right)\hat{z} \qquad (7\text{-}54)$$

7. 散梯度

$$\nabla^2 f=\frac{1}{h_1h_2h_3}\left[\frac{\partial}{\partial u_1}\left(\frac{h_2h_3}{h_1}\frac{\partial f}{\partial u_1}\right)+\frac{\partial}{\partial u_2}\left(\frac{h_3h_1}{h_2}\frac{\partial f}{\partial u_2}\right)\right.$$

$$\left.+\frac{\partial}{\partial u_3}\left(\frac{h_1h_2}{h_3}\frac{\partial f}{\partial u_3}\right)\right]$$

$$=\frac{1}{\rho}\left[\frac{\partial}{\partial\rho}\left(\rho\frac{\partial f}{\partial\rho}\right)+\frac{\partial}{\partial\theta}\left(\frac{1}{\rho}\frac{\partial f}{\partial\theta}\right)+\frac{\partial}{\partial z}\left(\rho\frac{\partial f}{\partial z}\right)\right]$$

$$=\frac{1}{\rho}\frac{\partial}{\partial\rho}\left(\rho\frac{\partial f}{\partial\rho}\right)+\frac{1}{\rho^2}\frac{\partial^2 f}{\partial\theta^2}+\frac{\partial^2 f}{\partial z^2} \qquad (7\text{-}55)$$

習　題 7

1. 試證

(a) $\hat{r}=\sin\theta\cos\varphi\,i+\sin\theta\sin\varphi\,j+\cos\theta\,k$

$\hat{\theta}=\cos\theta\cos\varphi\,\mathrm{i}+\cos\theta\sin\varphi\,\mathrm{j}-\sin\theta\,\mathrm{k}$

$\hat{\varphi}=\sin\varphi\,\mathrm{i}-\cos\varphi\,\mathrm{j}$

(b) $\mathrm{i}=\sin\theta\cos\varphi\,\hat{\mathrm{r}}+\cos\theta\cos\varphi\hat{\theta}+\sin\varphi\hat{\varphi}$

$\mathrm{j}=\sin\theta\sin\varphi\,\hat{\mathrm{r}}+\cos\theta\sin\varphi\hat{\theta}-\cos\varphi\hat{\varphi}$

$\mathrm{k}=\cos\theta\hat{\mathrm{r}}-\sin\theta\,\hat{\theta}$

2. 若一向量 A 的表示式為

   $\mathbf{A}=A_x\,\mathrm{i}+A_y\,\mathrm{j}+A_z\,\mathrm{k}=A_r\,\hat{\mathrm{r}}+A_\theta\,\hat{\theta}+A_\varphi\,\hat{\varphi}$

   試求 A_x, A_y, A_z 與 A_r, A_θ, A_φ 間的關係式

3. 若向量 $\mathbf{A}=x\mathrm{i}+y\mathrm{j}+z\mathrm{k}$，試證

   (a) 在圓柱坐標系 $\mathbf{A}=\rho\hat{\rho}+z\,\hat{\mathrm{k}}$

   (b) 在圓球坐標系 $\mathbf{A}=r\,\hat{\mathrm{r}}$

4. 試證雅可比

   $$J=\frac{\partial(x,y,z)}{\partial(u_1,u_2,u_3)}=h_1\,h_2\,h_3$$

   試以圓球坐標 (r，θ，φ) 證之

5. 若一已知向量 $\mathbf{A}=z\mathrm{i}-2x\mathrm{j}+y\mathrm{k}$，試以圓柱坐標求出向量 A 的分量 A_ρ, A_θ 及 A_z。

6. 若一已知向量 $\mathbf{A}=2y\mathrm{i}-z\mathrm{j}+3x\mathrm{k}$，試以圓球坐標求出向量 A_r, A_θ 及 A_φ。

7. 試證 (a) $\dfrac{d\hat{\mathrm{r}}}{dt}=\dfrac{d\theta}{dt}\hat{\theta}$，(b) $\dfrac{d\hat{\theta}}{dt}=-\dfrac{d\theta}{dt}\hat{\mathrm{r}}$

8. 試以圓柱坐標表示一質點運動的速度 v。

9. 試以圓球坐標表示一質點運動的速度 v。

10. 已知 $f(r,\theta,\varphi)=2r\sin\theta+r^2\cos\varphi$，計算$\nabla^2 f$。

第八章 簡易微分方程式

物體承受一作用力產生運動，此運動將會受定律約束而產生運動模式，例如等加速運動，彈簧的振盪，單擺的擺動，弦線的振動等等都有一種運動模式，但這些模式運動方程式必定以數學方式來敘述，這數學方式就是微分方程式。

微分與方程式兩詞確定可提供解決一些含有導數的某種方程式。這種方程式告訴我們，您可認識物體開始運動後的整個故事。在您開始解決任何事前，必須學習某些基本定義和主題名詞。

微分方程式是科學和工程在很多方面是數學的骨幹，因而以這種數學來公式化，或描述確定物理系統。

凡含有變數和其導數的任何函數，均稱為微分表示式，而包含這些微分表示式的方程式，稱為微分方式程（differential equations）。一般微分方程式可分兩大類，即常微分方式程（ordinary differential equations）和偏微分方程式（partial differential equations）。前者只含有自變數和其導數，後者含有兩個以上的自變數及其偏導數。在本章中我們只著重於物理所需要用的微分方程式，以及其求解方法之技術，這些微分方程式是線性一次，二階常微分方程式及線性偏微分方程式。

8-1 定義

(1) 常微分方程式：一方程式中只含有一個自變數和其導數。例如

$$dy = (x+4)dx \text{，或} \frac{dy}{dx} = x+4 \tag{8-1}$$

$$\frac{d^2y}{dx^2} + 4\frac{dy}{dx} + 6y = 0 \tag{8-2}$$

$$\left(\frac{d^2y}{dx^2}\right)^2 + 3\frac{dy}{dx} + 5y^2 = 0 \tag{8-3}$$

$$\frac{d^3y}{dx^3} + 9\left(\frac{d^2y}{dx^2}\right)\left(\frac{dy}{dx}\right)^{1/3} = \frac{x}{\left(\frac{d^3y}{dx^3}\right)} \tag{8-4}$$

$$\sin(x^2 + ye^x)\left(\frac{dy}{dx}\right)^2 + (\cos x)y = 7 \tag{8-5}$$

上面每一例子中的 x 是自變數，y 是因變數。

(2) 微分方程式的階次（Order）：在微分方程式中，導數的最高階次為該方程式的階次。例如式（8-1）為一階，式（8-2）為二階，式（8-3）為二階，式（8-4）為三階。

微分方程式的一般**解**（solution）的任意常數（arbitrary constants）的多寡是，決定於微分方程式的階次，即二階方程式的一般解中有兩個任意常數。換言之，n 階次方程式的解就該有 n 個常數。

(3) 微分方程式的因次（Degree）：微分方程式所有項的指數經過有理化後，即全部的分數指數化為整數指數，則其導數的最高階次的因次為該方程式的因次。

例如，若方程式中有此項形式

$$\left(\frac{d^n y}{dx^n}\right)^p$$

n 為正整數，而又是方程式中的最高階次；p 亦為正整數，因此 p 為方程式的因次。例如式（8-1）為一次，式（8-2）為一次，式（8-3）為二次，式（8-4）為六次，式（8-5）為二次等方程式。

(4) **線性（Linear）微分方程式**：在一微分方程式中所有的因變數和其導數的因次皆為一次，即有下列形式

$$P_0\frac{d^n y}{dx^n}+P_1\frac{d^{n-1}y}{dx^{n-1}}+P_2\frac{d^{n-2}y}{dx^{n-2}}+\cdots\cdots$$
$$+P_{n-1}\frac{dy}{dx}+P_n y=Q \qquad (8\text{-}6)$$

式中 P_0（$\neq 0$），P_1，P_2，……P_n和 Q 皆為 x 的函數或常數，n 為正整數，因此式（8-6）稱為 n 階線性微分方程式。若 Q=0，式（8-6）為**齊次方程式**，$Q\neq 0$ 為**非齊次方程式**。若 P_n等係數為常數，式（8-6）稱為**常係數線性方程式**。

線性微分方程式是日後最常遇見的微分方程式，主要是因為它們容易解，所以很多物理或工程上的問題都想辦法，去化成線性方程式，在（8-6）式中，如果Q=0我們就稱為此線性方程式是齊次式，如果$Q\neq 0$則是非齊次式，因為解微分方程式的方法，隨各型的改變有很大的不同，所以辨認一個方程式是屬於那一型，是有幫助於解此方程式的。

今就上面所述的定義，來判別下列例子是何種方程式：

① $\frac{d^2y}{dx^2}+6\frac{dy}{dx}+3y=xe^x$ 為二階一次，非齊次，線性，常係數方程式。

②$\frac{d^2y}{dx^2}-3\frac{dy}{dx}+2y=0$ 為二階一次，齊次，線性，常係數方程式。

③$\frac{d^4y}{dx^4}-5\left(\frac{d^2y}{dx^2}\right)^2+4\left(\frac{dy}{dx}\right)+6y^2=x\sin x$ 為四階一次，非齊次，非線性方程式。

④$\frac{d^3y}{dx^3}+9\left(\frac{dy}{dx}\right)^{1/2}+7e^x y=x\sin x$ 為三階一次，非齊次，非線性方程式。

習題 8-1

依 8-1 節的一些定義將下列微分方程式分類：

1. $\frac{dy}{dx}+\sin y+x=0$
2. $\left(\frac{d^3y}{dx^3}\right)^{1/5}+9x\left(\frac{dy}{dx}\right)+7y=0$
3. $\left(\frac{d^3y}{dx^3}\right)^{1/2}+\left[9x\left(\frac{dy}{dx}\right)+7y\right]^{1/3}=0$
4. $\frac{d^4y}{dx^4}+3\frac{d^2y}{dx^2}+9\frac{dy}{dx}+7\ln y=0$
5. $dy=\sqrt{1-y^2}\,dx$
6. $y^{1/2}+\frac{dy}{dx}=\frac{d^3y}{dx^3}$
7. $\frac{d^2y}{dx^2}+x^2\frac{dy}{dx}+xy=\sin x$
8. $\frac{d^4y}{dx^4}+2xy=x^3+x+3$

8-2 一階一次常微分方程式

通常一階一次常微分方程式的公式為

$$\frac{dy}{dx} = f(x, y) \tag{8-7}$$

或

$$M(x, y)dx + N(x, y)dy = 0 \tag{8-8}$$

若 f(x, y)、N(x, y) 及 M(x, y) 等函數為已知，則能解出其一般解。茲將式（8-7）或（8-8）的一般解法敘述於下：

1. 變數分離法（Separation of Variables）

若式（8-8）中的 M 和 N 函數分別形成為 x 及 y 兩變數的單獨函數，則式（8-8）可寫成為

$$\int M(x)dx + \int N(y)dy = C \tag{8-9}$$

式中 C 為任意常數，或稱為**積分常數**，其值決定於常微分方程式的已知條件，此條件稱為**起始條件**（Initial condition）

例 8-1 $y(x + x^2)\,dx + x(1 - y)dy = 0$

解 依變數分離法將原式改寫為

$$(1 + x)dx + \left(\frac{1 - y}{y}\right)dy = 0$$

積分上式得

$$x + \frac{x^2}{2} + \ln y - y = C$$

例 8-2 $\frac{dy}{dx}+e^x y=e^x y^2$

解 依變數分離法將原式寫成

$$\frac{dy}{y-y^2}+e^x\,dx=0$$

分別積分得

$$\ln\frac{y}{1-y}+e^x=C$$

又式（8-8）亦可以以另一種適當的變數轉變法，將方程式的變數分離。這一種過程時常是比較困難處理，但在此仍願加以介紹。

令 $y=zx$ 代入式（8-8），得

$$[P(z)+zQ(z)]dx+xQ(z)dz=0 \qquad (8\text{-}10)$$

或

$$\frac{dx}{x}+\frac{Q(z)}{P(z)+zQ(z)}dz=0 \qquad (8\text{-}11)$$

上式分別積分得

$$\ln x+\int\frac{Q(z)dz}{P(z)+zQ(z)}=C \qquad (8\text{-}12)$$

然後再以 $z=y/x$ 代入式（8-12）的結果式，即可得式（8-8）的一般解。

例 8-3 $x\frac{dy}{dx}=y+xe^{y/x}$

解 設 $y=zx$ 代入原式，經化簡得

$$\frac{dz}{e^z}-\frac{dx}{x}=0$$

分別積分得

$$\ln x+\frac{1}{e^z}=C$$

以 $z=y/x$ 代入上式，則可得原式的一般解

$$\ln x+e^{-y/x}=C$$

習題 8-2

試解下列微分方程式。（註：$y'=\frac{dy}{dx}$，$y''=\frac{d^2y}{dx^2}$）

1. $x(y^2-1)dx-y(x^2-1)dy=0$
2. $\cos x\cos y\,dx+\sin x\sin y\,dy=0$
3. $y'=y$
4. $2xy\,y'-y^2+x^2=0$
5. $2xy\,dx+(x^2+y^2)\,dy=0$
6. $y'=xy^2-x$
7. $(x^4+y^4)\frac{dy}{dx}=x^3y$
8. $\frac{dy}{dx}=xy\,e^x$
9. $3xy^2y'=4y^3-x^3$
10. $xy'-y=2\sqrt{xy}$

2. 正合方程式

若設 $F(x, y)=C$ 為一連續函數，而其偏導數能存在，則此函數的全微分為（C 為常數）

$$dF(x, y)=\frac{\partial F}{\partial x}dx+\frac{\partial F}{\partial y}dy=0 \qquad (8\text{-}13)$$

若將上式（8-13）與式（8-8）比較之，得

$$M(x, y) = \frac{\partial F}{\partial x}，N(x, y) = \frac{\partial F}{\partial y} \tag{8-14}$$

又因 $\frac{\partial^2 F}{\partial x \partial y} = \frac{\partial^2 F}{\partial y \partial x}$，因此

$$\frac{\partial M(x, y)}{\partial y} = \frac{\partial N(x, y)}{\partial x} \tag{8-15}$$

則有上式的條件存在，故式（8-8）稱為**正合微分方程式**（exact differential equation），而式（8-15）為正合方程式的必要與充分之條件。

由於式（8-15）的成立，就可找到一函數 F(x, y)。今 M，N，$\frac{\partial M}{\partial y}$，及 $\frac{\partial N}{\partial x}$ 均為連續函數，因此先積分式（8-14）的第一式，進行對 x 積分時，y 當作參數看待，則

$$F(x, y) = \int M\,dx + C(y) \tag{8-16}$$

C(y) 是一個積分常數，因為 y 是視為參數，因此 C(y) 是一任意可微分性的 y 函數。其次決定 C(y) 使致符合式（8-14）的第二式。將式（8-16）對 y 偏微分，而後等於 N(x, y)，得

$$\frac{\partial F(x, y)}{\partial y} = \frac{\partial}{\partial y}\int M dx + \frac{dC(y)}{dy} = N(x, y) \tag{8-17}$$

故

$$C(y) = \int \left[N - \frac{\partial}{\partial y}\int M\,dx\right] dy \tag{8-18}$$

因此將上式（8-18）代入式（8-16）得

$$F(x, y) = \int M\,dx + \int \left[N - \frac{\partial}{\partial y}\int M\,dx\right] dy = C \tag{8-19}$$

同理依上述的過程，式（8-19）亦可寫為

$$F(x, y) = \int N\,dy + \int \left[M - \frac{\partial}{\partial x}\int N\,dy\right] dx = C \tag{8-20}$$

若已經證實式（8-8）為正合方程式，其解為 $F(x, y) = C$。因此式（8-8）可改寫為 $F(x, y) = C$ 函數的全微分形式，即

$$\begin{aligned} M(x, y)\,dx + N(x, y)dy &= \frac{\partial F}{\partial x}dx + \frac{\partial F}{\partial y}dy \\ &= dF(x, y) \end{aligned}$$

式（8-8）的正合方程式也可稱為全微分方程式。

例 8-4　$(2xy + 3)dx + (x^2 + 5y)dy = 0$

解　首先注意原式中的變數是否可分離。很顯然的，我們可迅速地發現式中的變數分離是無法成立。因此我們再檢查它，是否能符合於正合的條件。

因　$M(x, y) = 2xy + 3$，$N(x, y) = x^2 + 5y$，故

$\frac{\partial M}{\partial y} = \frac{\partial N}{\partial x} = 2x$，因此原式符合正合條件，則必有一函數 $F(x, y) = C$ 存在，而其

$$\frac{\partial F}{\partial x} = M = 2xy + 3, \qquad \frac{\partial F}{\partial y} = N = x^2 + 5y$$

依式（8-16）得

$$\begin{aligned} F(x, y) &= \int (2xy + 3)dx + C(y) \\ &= x^2y + 3x + C(y) \end{aligned}$$

而

$$\frac{\partial F}{\partial y} = x^2 + \frac{dC(y)}{dy} = N = x^2 + 5y$$

$$\therefore \frac{dC(y)}{dy} = 5y$$

故

$$C(y)=\frac{5}{2}y^2+C'$$

代入 F(x, y)，得

$$F(x, y)=x^2y+3x+\frac{5}{2}y^2+C'=C$$

或

$$x^2y+3x+\frac{5}{2}y^2=C$$

為原式之解

原式為正合方程式或全微分方程式，就可直接改寫為其解的全微分式，即

$$\begin{aligned}&(2xy+3)dx+(x^2+5y)dy\\&=2xydx+x^2dy+d(3x)+d\left(\frac{5}{2}y^2\right)\\&=d(x^2y)+d(3x)+d\left(\frac{5}{2}y^2\right)\\&=d\left(x^2y+3x+\frac{5}{2}y^2\right)\\&=0\end{aligned}$$

因此方程式的解為

$$x^2y+3x+\frac{5}{2}y^2=C$$

習題 8-3

試解下列正合微分方式程。（註 $y'=dy/dx$）

1. $(3x^2y+4)dx+(x^3+5y)dy=0$
2. $(3x^2+y^2-y)dx+(2xy-x+3)dy=0$

3. $(3x^2 + y \cos x)dx + (\sin x - 4y^3)\,dy = 0$

4. $(y - x - 1)y' = y - x$

5. $2xy\,dx + (x^2 + y^2)\,dy = 0$

6. $(ye^x - e^{-y})\,dx + (xe^{-y} + e^x)\,dy = 0$

7. $(3x^2y^2 - 4xy)y' + 2xy^3 - 2y^2 = 0$

8. $3x^2 - 2y^2 + (1 - 4xy)y' = 0$

3. 積分因素

一般微分方程式若無法符合於正合條件，我們可以尋找一個因素，稱為**積分因素**（integrating factor）。將使此因素乘上方程式每一項，使之成為正合方程式，而後就式（8-16）之方法解之。

設令一非正合微分方程式為

$$M(x, y)dx + N(x, y)dy = 0 \qquad (8\text{-}21)$$

其解可寫為 $F(x, y) = C$，因此 $dF = 0$，則

$$\frac{\partial F}{\partial x} + \frac{\partial F}{\partial y}\frac{dy}{dx} = 0 \qquad (8\text{-}22)$$

將式（8-21）改寫為下式

$$M + N\frac{dy}{dx} = 0 \qquad (8\text{-}23)$$

而後由式（8-22）和式（8-23）中消去 dy/dx，即可得下列關係式

$$\frac{\partial F/\partial x}{M} = \frac{\partial F/\partial y}{N} = \rho(x, y) \qquad (8\text{-}24)$$

式中 $\rho(x, y)$ 為共同比例函數，又式（8-24）可化為

$$\frac{\partial F}{\partial x} = \rho(x, y)M(x, y)\text{，}\frac{\partial F}{\partial y} = \rho(x, y)N(x, y) \qquad (8\text{-}25)$$

由於 $dF=\frac{\partial F}{\partial x}dx+\frac{\partial F}{\partial y}dy=0$，故式（8-25）的$\frac{\partial F}{\partial x}$，$\frac{\partial F}{\partial y}$等項代入 dF $=0$，得

$$dF = \rho(x, y)M(x, y)dx + \rho(x, y)N(x, y)dy = 0 \qquad (8\text{-}26)$$

因此式（8-26）變成為正合方程式，而函數 $\rho(x, y)$ 稱為**積分因素**；換言之，積分因素迫使非正合方程式變成正合方程式。

積分因素的求法如下：

①若$\left(\frac{\partial M}{\partial y}-\frac{\partial N}{\partial x}\right)/N$ 是唯一變數 x 的函數，即 $f_1(x)$，則式（8-21）的積分因素為

$$\rho = e^{\int f_1(x)dx} \qquad (8\text{-}27)$$

證明：

由式（8-25）可得知下式

$$\frac{\partial}{\partial y}\left(\frac{\partial F}{\partial x}\right) = \frac{\partial}{\partial y}(\rho M) = \frac{\partial}{\partial x}\left(\frac{\partial F}{\partial y}\right) = \frac{\partial}{\partial x}(\rho N) \qquad (1)$$

或

$$\frac{\partial}{\partial y}(\rho M) = \frac{\partial}{\partial x}(\rho N) \qquad (2)$$

上式化簡為

$$\left(\frac{\partial M}{\partial y}-\frac{\partial N}{\partial x}\right)/N = \frac{1}{\rho}\left[\frac{\partial \rho}{\partial x}-\frac{\partial \rho}{\partial y}\frac{M}{N}\right] \qquad (3)$$

又因由式（8-23）得知

$$M/N = -dy/dx \qquad (4)$$

以及

$$d\rho = \frac{\partial \rho}{\partial x}dx + \frac{\partial \rho}{\partial y}dy \tag{5}$$

或

$$\frac{d\rho}{dx} = \frac{\partial \rho}{\partial x} + \frac{\partial \rho}{\partial y}\frac{dy}{dx} \tag{6}$$

將這些結果式 (4) 或 (6) 代入式 (3) 得

$$\left(\frac{\partial M}{\partial y} - \frac{\partial N}{\partial x}\right)/N = \frac{1}{\rho}\frac{d\rho}{dx} \tag{7}$$

或

$$\int \frac{1}{\rho}d\rho = \int \left(\frac{\partial M}{\partial y} - \frac{\partial N}{\partial x}\right)/N\,dx = \int f_1(x)dx \tag{8}$$

即

$$\rho = e^{\int f_1(x)dx}$$

故得證。

②若$\left(\frac{\partial M}{\partial y} - \frac{\partial N}{\partial x}\right)/M = f_2(y)$，則式（8-21）的積分因素為

$$\rho = e^{-\int f_2(y)dy} \tag{8-28}$$

③若方程式除了一階一次外，而又是線性，則式（8-21）可改寫為下列的標準式

$$\frac{dy}{dx} + P(x)y = Q(x) \tag{8-29}$$

則上式的積分因數為

$$\rho = e^{\int P(x)dx} \tag{8-30}$$

例 8-5 $(x^2+y^2+x)dx+\frac{1}{2}xy\,dy=0$

解 首先我們檢查原式是否可以以變數分離法解之，或是否屬於正合微分方程式。若上述兩種皆不是，則應另設法找出積分因素。因 $M=x^2+y^2+x$，$N=\frac{1}{2}xy$，則 $\frac{\partial M}{\partial y}\neq\frac{\partial N}{\partial x}$，故原式不合正合方程式。積分因素為

$\rho=e^{\int f_1(x)dx}=e^{\int\left(\frac{\partial M}{\partial y}-\frac{\partial N}{\partial x}\right)/N\,dx}=e^{\int\frac{3}{x}dx}=e^{3\ln x}=x^3$

將 $\rho=x^3$ 乘以原式的每一項，得

$$(x^5+x^3y^2+x^4)\,dx+\frac{1}{2}x^4ydy=0$$

而後依式（8-14）或（8-17）方法解之。上式經化簡得

$$(x^5+x^4)\,dx+\left(x^3y^2dx+\frac{1}{2}x^4ydy\right)=0$$

或

$$d\left(\frac{1}{6}x^6+\frac{1}{5}x^5\right)+d\left(\frac{1}{4}x^4y^2\right)=0$$

因此原式之一般解為

$$\frac{1}{6}x^6+\frac{1}{5}x^5+\frac{1}{4}x^4y^2=C$$

習題 8-4

試以積分因數方法解下列方程式

1. $y\,dx - x\,dy + 3x^2\,dx = 0$
2. $(4y - x^2)\,dx + x\,dy = 0$
3. $(x^2 - y^2)\,dy = 2xy\,dx$
4. $y\,dx - (x + y^3)\,dy = 0$
5. $2y\,dx - x\,dy = 0$
6. $x^2 + y^2 - 2xy\dfrac{dy}{dx} = 0$
7. $(2x^2 + 3y^2)\dfrac{dy}{dx} + xy = 0$
8. $(1 - xy)\dfrac{dy}{dx} + y^2 + 3xy^3 = 0$

4. 一階線性微分方程

若將式（8-6）的 n 令為 1，則式（8-6）變成為

$$\frac{dy}{dx} + P(x)y = Q(x) \qquad (8\text{-}31)$$

這種微分方程式，稱為**一階線性微分方程式**。P(x)、Q(x) 為已知函數。因為式（8-31）為非正合方程式，因此，我們設法找出一積分因素乘上式（8-31）使之成為正合方程式。若令 $\rho(x)$ 為積分因素，則

$$\rho(x)[dy + P(x)ydx] = \rho(x)Q(x)dx \qquad (8\text{-}32)$$

必為正合。式（8-32）的合正條件為

$$\frac{d\rho(x)}{dx} = \rho(x)P(x) \qquad (8\text{-}33)$$

則

$$\rho = e^{\int P(x)dx} \qquad (8\text{-}34)$$

因此式（8-34）即為所求之積分因素。

今將式（8-34）之 $\rho(x)$ 乘上式（8-31），而再經化簡得

$$\frac{d}{dx}[y\rho(x)] = \rho(x)Q(x) \qquad (8\text{-}35)$$

或積分結果為

$$y\rho(x)=\int \rho(x)Q(x)dx+C \qquad (8\text{-}36)$$

或

$$y=e^{-\int P(x)dx}\left[\int Q(x)e^{\int P(x)dx}\,dx+C\right] \qquad (8\text{-}37)$$

式（8-37）即為式（8-31）的一般解。

例 8-6 $2x\,dy=(2x^3-y)dx$

解 將原式化簡，得

$$\frac{dy}{dx}+\frac{1}{2x}y=x^2$$

此式是一階線性微分方程式，故其積分因數為

$$\rho=e^{\int P(x)dx}=e^{\int \frac{1}{2x}dx}=e^{\frac{1}{2}\ln x}=x^{\frac{1}{2}}$$

則原式的一般解為

$$y\cdot x^{1/2}=\int x^2\cdot x^{1/2}\,dx+C$$

或

$$y=\frac{2}{7}x^3+\frac{C}{x^{1/2}}$$

通常有些微分方程表面上不太像一階線性方程式，但是可以一適當的變數變換，將原式演化為線性方程式。一個有實用的例子就是**白努利方程式**（Bernoulli equation）：

$$\frac{dy}{dx}+P(x)y=Q(x)y^n，n\neq 0.1 \qquad (8\text{-}38)$$

其處理方法如下，以 y^n 除上式每一項得

$$y^{-n}\frac{dy}{dx}+P(x)y^{-n+1}=Q(x) \qquad (8\text{-}39)$$

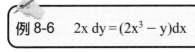

再令設一新變數 $z=y^{1-n}$，則 $z'=\frac{dz}{dx}=(1-n)y^{-n}\frac{dy}{dx}$，代入式（8-38）後化簡為

$$\frac{dz}{dx}+(1-n)P(x)z=(1-n)Q(x) \qquad (8\text{-}40)$$

結果白努利方程式變成為線性方程式，故可按前述方法解之。

習題 8-5

試解下列微分方程式

1. $x^3\frac{dy}{dx}=2x^2y+y^3$
2. $\frac{dy}{dx}+xy=xy^3$
3. $\frac{dy}{dx}=\frac{y}{x}+\frac{y^2}{x^2}$
4. $x^2\frac{dy}{dx}+2xy=x-1$
5. $\frac{dy}{dx}=x^2y^6-\frac{y}{x}$
6. $\frac{dy}{dx}+2xy=x^3+x$
7. $x\frac{dy}{dx}+(1+x)=e^x$
8. $(x+1)\frac{dy}{dx}-y=x$
9. $x\frac{dy}{dx}+(x-2)=3x^3e^{-x}$
10. $\frac{dy}{dx}+(\cot x)y=3\sin x\cos x$

5. 一階微分方程式的應用

一物體在地球重力場中，落向地面的現象是最近似於等加速度運動。若它在自由落向地面的過程中，而無空氣阻力時，所有物體不論其大小、重量或成分如何均以相同的加速度下落，這種加速度稱為**重力加速度**，以 g 表示之。g 值的大小約為 32 呎／秒^2，9.8 米／秒^2，或 980 厘米／秒^2，並指向著地心。自由落體的運動方程式為

$$m\frac{dv}{dt} = mg \qquad (8\text{-}41)$$

式中 v 為自由落體的速度，t 為時間變數。上式（8-41）為一階一次，非齊次，線性，常係數微分方程式，其解法如下：

①變數分離法：

將式（8-41）改寫為 $dv - gdt = 0$。結果成為變數分離式，因此直接積分得

$$v - gt = C \qquad (8\text{-}42)$$

②正合方程式法：

令 $v = ut$，則

$$dv = udt + tdu = gdt$$

或

$$tdu + (u - g)dt = 0 \qquad (8\text{-}43)$$

式（8-43）成為正合微分方程式，其解為

$$t(u - g) = C$$

或

$$v - gt = C \qquad (8\text{-}42)$$

③線性微分方程式法：

原式為一階線性方程式的特殊例子。因

$$P(t) = 0，Q(t) = g$$

故

$$v = e^{-\int P(x)dx}\left[\int Q(t)\, e^{\int P(t)dt}\, dt + C\right]$$

$$= \int g\,dt + C = gt + C$$

或

$$v - gt = C \qquad (8\text{-}42)$$

若自由落體在落下過程中，有空氣阻力效應存在，而其阻力與其落下速度一次方成正比，則落體的運動方程式為

$$m\frac{dv}{dt} = mg - kv \qquad (8\text{-}44)$$

或

$$\frac{dv}{dt} + \frac{k}{m}v = g \qquad (8\text{-}45)$$

上式為一階線性方程式，因此依式（8-37）得

$$v = e^{-\int \frac{k}{m}dt}\left[\int g\,e^{\int \frac{k}{m}dt}dt + v_0\right]$$

$$= \frac{mg}{k} + \left(v_0 - \frac{mg}{k}\right)e^{-kt/m} \qquad (8\text{-}46)$$

v_0 為積分常數，一般屬於物體之初速度。

在式（8-46）中，若時間 t 趨於無窮大時，則速度不會無限增加，但趨近於一極限速度，此速度稱為**終速**（terminal velocity）v_e，即

$$v_e = \lim_{t\to\infty} v = \frac{k}{m}g \qquad (8\text{-}47)$$

若 $v_e < mg/k$，則速度會增加到終速；另一方面，若 $v_e > \frac{mg}{k}$，則速度為減低到終速。又若 $v = mg/k$ 時，則速度將維持等速。這些結果與現象由圖 8-1 得知。

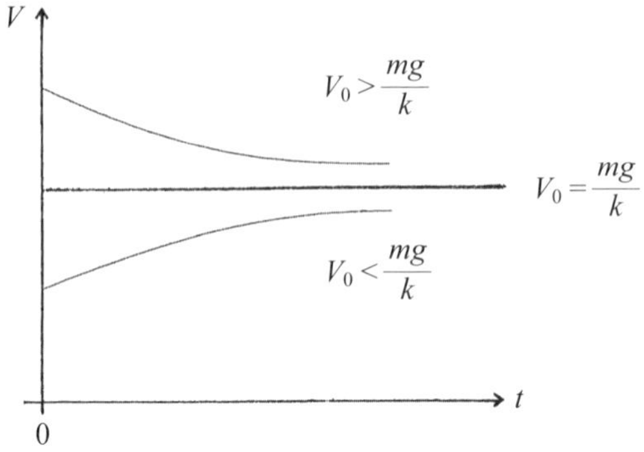

圖 8-1

8-3 高階線性微分方程式

如上節所述式中（8-6）為 n 階微分方程式，其中 $P_0, P_1, \cdots\cdots, P_n$ 及 Q 均為自變數 x 的函數，或為常數。今若設 $Q(x)=0$，則式（8-6）稱為齊次線性微分方程式，它的解有非常特殊且有重要的性質，那就是若 $y_1(x)$ 是解，換句話說 $P_0\frac{d^n y_1(x)}{dx^n}+P_1\frac{d^{n-1}y_1(x)}{dx^{n-1}}+P_2\frac{d^{n-2}y_1(x)}{dx^{n-2}}+\cdots\cdots+P_{n-1}\frac{dy_1(x)}{dx}+P_n y_1(x)=0$，那麼 $C_1y_1(x)$ 一定也能符合這方程式，其中 C_1 是任意常緻。不但如此，若 $y_1(x)$ 和 $y_2(x)$ 都是解，那麼不但 $C_1y_1(x)$ 和 $C_2y_2(x)$ 也是解，而且 $C_1y_1(x)+C_2y_2(x)$ 也是解，其中 C_1 和 C_2 都是任意常數，所以從上述的性質看來，會有 $y_1, y_2, \cdots\cdots y_n$ 個不同的解，而其一般的解應該是 $C_1y_1+C_2y_2+\cdots\cdots+C_ny_n$，其中 $C_1, C_2\cdots\cdots C_n$ 都是任意常數。但是這樣又有點問題，以三階方程式為例，若 y_1，y_2 都是解，那麼 Ay_1+By_2 也是解，而且和 y_1，y_2 不同，我們想是不是可以命 $y_3=Ay_1+By_2$，而使此三階方程式的解可以寫為 $C_1y_1+C_2y_2+C_3(Ay_1+$

$By_2)$ 呢？大家一看就知道上式可以改寫成 $(C_1+C_3A)y_1+(C_2+C_3B)y_2$ 而 C_1+C_3A，C_2+C_3B 也不過是常數中的一個，這樣看來實際上還是只有兩個任意常數而已。所以這說法顯然不夠完整。

那麼，要怎樣才行呢？很顯然的，我們必須要求 $y_3(x)$ 不能寫成 $C_1y_1+C_2y_2$ 的才行，數學上就是說 y_3 和 y_1, y_2 是**線性獨立**（linear independent）。廣義一點來說，如果 $y_1, y_2, \cdots\cdots y_n$，n 個函數，每個都不可能寫成其他 $n-1$ 個的線性和（也就是 $C_1y_1+C_2y_2+\cdots\cdots\cdots\cdots$ 的形式），那麼這 n 個函數便被稱為線性獨立。另外一個意思是一樣的定義是：

若 n 個函數 $y_1, y_2 \cdots\cdots y_n$，只有在 $C_1=0$，$C_2=0$，$\cdots\cdots C_n=0$ 的情況下才能使

$$C_1y_1+C_2y_2+\cdots\cdots C_ny_n=0 \tag{8-48}$$

那麼 $y_1, y_2 \cdots\cdots y_n$ 就是線性獨立函數。反之，如果有一組不全為零的 C 能使（8-48）成立，那麼 $y_1, y_2 \cdots\cdots y_n$ 就是線性相關函數。

假使上述的定義，一個要函數本身就不是線性獨立的函數。另外，$y_1, y_2 \cdots\cdots y_n$ 中要是有一個函數能寫成其他函數的線性和，即

$$\begin{aligned} y_i = &\left(\frac{-C_1}{C_i}\right)y_1+\left(\frac{-C_2}{C_i}\right)y_2+\cdots\cdots+\left(\frac{-C_{i-1}}{C_i}\right)y_{i-1} \\ &+\left(\frac{-C_i}{C_i}\right)y_{i+1}+\cdots\cdots+\left(\frac{-C_n}{C_i}\right)y_n \end{aligned} \tag{8-49}$$

則此組函數就不是線性獨立，大家可以看出這正就是前面所提的要求。

依據代數的方程式論：一組函數 $y_1, y_2 \cdots\cdots y_n$ 是線性獨立的充分必要條件是，它的**郎斯基行列式**（Wronskian determinant）

$$W(y_1, y_2 \cdots\cdots y_n) = \begin{vmatrix} y_1(x) & y_2(x)\cdots\cdots & y_n(x) \\ y_1'(x) & y_2'(x)\cdots\cdots & y'_n(x) \\ y_1^{n-1}(x) & y_2^{n-1}(x)\cdots\cdots & y_n^{n-1}(x) \end{vmatrix} \qquad (8\text{-}50)$$

不恆等於零。其實這道理也不難看出，因為若

$$C_1y_1 + C_2y_2 + \cdots\cdots C_ny_n = 0 \qquad (8\text{-}51)$$

則微分 1 次至 n − 1 次會得到

$$C_1y' + C_2y_2' + \cdots\cdots C_ny_n' = 0$$

$$\cdots\cdots\cdots\cdots\cdots\cdots\cdots\cdots\cdots\cdots$$

$$\cdots\cdots\cdots\cdots\cdots\cdots\cdots\cdots\cdots\cdots$$

$$C_1y_1^{n-1} + C_2y_2^{n-1} + \cdots\cdots C_ny_n^{n-1} = 0 \qquad (8\text{-}52)$$

把（8-51）和（8-52）看成是 $C_1, C_2, \cdots\cdots C_n$ 的聯立方程式。

就某 $x = x_0$ 值，解 $C_1, C_2, \cdots\cdots C_n$ 等解時，其分母的行列式就是這些函數 $y_1, y_2, \cdots\cdots y_n$ 的郎斯基行列式 $W(y_1, y_2, \cdots\cdots y_n)$。若 $W(y_1, y_2, \cdots\cdots y_n) = 0$ 時，$C_1, C_2, \cdots\cdots C_n$ 的聯立方程式無解，即表示 $C_1, C_2, \cdots\cdots C_n$ 不全為零，因此這些函數 $y_1, y_2, \cdots\cdots y_n$ 為線性相關函數；若 $W(y_1, y_2, \cdots\cdots y_n) \neq 0$ 時，$C_1, C_2, \cdots\cdots C_n$ 等值皆為零，所以這些函數 $y_1, y_2, \cdots\cdots y_n$ 成為線性獨立函數（即線性不相關函數）。

例 8-7 已知一對函數 $y_1(x) = 4x^3$，$y_2(x) = 4x$ 等。若

$$C_1y_1(x) + C_2y_2(x) = 0$$

則將其微分得

$$C_1y'_1(x) + C_2y'_2(x) = 0$$

因此 C_1 與 C_2 的聯立方程式為

$4C_1x^3+C_2x=0$

$12C_1x^2+C_2=0$

這聯立方程式的行列式為

$4x^3-12x^3=-8x^3$

上式剛好是 $y(x)=4x^3$ 與 $y_2(x)=x$ 的郎斯基行列式，即

$$\begin{vmatrix} y_1(x) & y_2(x) \\ y'_1(x) & y'_2(x) \end{vmatrix}=\begin{vmatrix} 4x^3 & x \\ 12x^2 & 1 \end{vmatrix}=4x^3-12x^3=-8x^3$$

當 $x=1$ 時（或 $x=$任意值，$x=0$ 除外），C_1 與 C_2 皆為零值，因此 $y_1(x)=4x^3$ 與 $y^2(x)=x$ 必為線性獨立函數。

例 8-8 試證 $y_1(x)=x-\sin 2x$，$y_2(x)=5x-5\sin 2x$ 是線性相關函數。

證 $y_1(x), y_2(x)$ 的郎斯基行列式為

$$\begin{aligned} W(y_1, y_2)&=\begin{vmatrix} x-\sin 2x & 5x-5\sin 2x \\ 1-2\cos 2x & 5-10\sin 2x \end{vmatrix} \\ &=(x-\sin 2x)(5-10\cos 2x) \\ &\quad-(1-2\cos 2x)(5x-5\sin 2x) \\ &=0 \end{aligned}$$

依例 8-8 所設

$$\begin{aligned} C_1y_1(x)+C_2y_2(x) &= C_1(x-\sin 2x)+C_2(5x-5\sin 2x) \\ &= 0 \end{aligned}$$

則 $C_1=-1$，$C_2=\frac{1}{5}$，或 $\frac{C_1}{C_2}=-\frac{5}{1}$，因此 C_1 與 C_2 皆不為零，同時亦

表示 $y_1(x)$ 與 $y_2(x)$ 為線性相關函數。

所以 n 階線性齊次微分方程式，會有 n 個獨立解 $y_1, y_2 \cdots\cdots y_n$，其一般解為

$$y(x) = C_1y_1(x) + C_2y_2(x) + \cdots\cdots C_ny_n(x) \qquad (8\text{-}53)$$

其中 $C_1, C_2 \cdots\cdots C_n$ 為任意常數。如果是非齊次的，即 $Q(x) \neq 0$ 時，那麼，若有某個特殊的 $y_p(x)$ 能使它適合

$$P_0(x)\frac{d^ny_p(x)}{dx^n} + P_1(x)\frac{d^{n-1}y_p(x)}{dx^{n-1}} + P_2(x)\frac{d^{n-2}y_p(x)}{dx^{n-2}} + \cdots\cdots + P_n(x)y_p(x) = Q(x) \qquad (8\text{-}54)$$

的話，這非齊次方程式的一般解可以寫成

$$y(x) = C_1y_1(x) + C_2y_2(x) + \cdots\cdots + C_ny_n(x) + y_p(x) \qquad (8\text{-}55)$$

其中 $y_1(x), y_2(x), \cdots\cdots y_n(x)$ 是（8-6）中 $Q(x) = 0$ 的 n 個獨立解，$C_1, C_2 \cdots\cdots C_n$ 為任意常數，而 $C_1y_1(x) + C_2y_2(x) + \cdots\cdots + C_ny_n(x)$ 稱為式（8-6）的**補助解**（complementary solution）y_c，y_p 稱為**特別解**（particular solution），式（8-53）因為有 n 個任意常數，而且代入式（8-6）中又符合，所以它的一般解的確是式（8-53）。

習題 8-6

檢視下列一群函數是否線性相關函數。

1. x，x^2，x^3
2. $x^2 + 2x$，$x^3 + x$，$2x^3 - x^2$
3. 1，$\sin x$，$\cos x$
4. e^x，xe^x，x^2e^x
5. $e^x + x$，$\cos x + 1$，0
6. $\cos x$，$\sin x$，x

7. x^2-x，x^2+x，x^2　　8. $x+1$，$x+2$，$x+3$

8-4 二階線性常係數微分方程式

因為在物理應用方面，二階線性常係數微分方程式是相當普遍地碰到的。這種方程式，通常在處理波動或振動問題的時候，是常常會遇到。同時這種方程式可分為兩大類型，每一種類型方程式的解法，均有其特殊解法，今分別敘述於下。

1. 二階齊次線性常係數方程式

二階齊次線性常係數方程式的標準式為

$$\frac{d^2y}{dx^2}+A\frac{dy}{dx}+By=0 \qquad (8\text{-}56)$$

A、B 為已知常數。

若設 $y=e^{\alpha x}$ 為式（8-56）之解，代入式（8-56），則 α 必滿足

$$\alpha^2+A\alpha+B=0 \qquad (8\text{-}57)$$

上式 α 有兩個根，因此就有下列情況發生：

①若兩根為不相等實根，即 $\alpha_1\neq\alpha_2$。即 $y_1=e^{\alpha_1 x}$，$y_2=e^{\alpha_2 x}$ 皆為式（8-56）之解。根據線性方程式，則其一般解為

$$y=C_1e^{\alpha_1 x}+C_2e^{\alpha_2 x} \qquad (8\text{-}58)$$

②若兩根為相等的實根，即 $\alpha_1=\alpha_2$，即 $y_1=e^{\alpha_1 x}$，$y_2=e^{\alpha_2 x}$ 皆為式（8-56）之解，因此一般解為

$$y=C_1e^{\alpha_1 x}+C_2xe^{\alpha_2 x} \qquad (8\text{-}59)$$

證明：因$\alpha_1 = \alpha_2$，則式（8-57）中的A, B等係數與α_1的關係為：

$$A = -2\alpha_1 \quad B = \alpha_1^2 \tag{1}$$

則式（8-56）應寫為

$$\frac{d^2y}{dx^2} - 2\alpha_1 \frac{dy}{dx} + \alpha_1^2 y = 0 \tag{2}$$

或

$$\left(\frac{d}{dx} - \alpha_1\right)\left(\frac{d}{dx} - \alpha_1\right) y = 0 \tag{3}$$

令

$$\frac{dy}{dx} - \alpha_1 y = u \tag{4}$$

則 (3) 變為

$$\frac{du}{dx} - \alpha_1 u = 0 \tag{5}$$

或

$$u = C_2 e^{\alpha_1 x} \tag{6}$$

代入式 (4)

$$\frac{dy}{dx} - \alpha_1 y = C_2 e^{\alpha_1 x}$$

或由式（8-31）得

$$\begin{aligned} y &= e^{\alpha_1 x}\left[\int e^{-\alpha_1 x} C_2 e^{\alpha_1 x}\, dx + C_1\right] \\ &= (C_1 + C_2 x)e^{\alpha_1 x} \end{aligned} \tag{7}$$

此即所求之式（8-59）

③若兩根為共扼複數根，即 a + bi 與 a − bi，則

$$y_1 = e^{(a+bi)x} = e^{ax}(\cos bx + i\sin bx)$$

$$y_2 = e^{(a-bi)x} = e^{ax}(\cos bx - i\sin bx)，$$

因此一般解為

$$y = e^{ax}(C_1\cos bx + C_2\sin bx) \qquad (8\text{-}60)$$

例 8-9 解 $\frac{d^2y}{dx^2} + 4y = 0$

解 設 $y = e^{\alpha x}$，代入原式得

$\alpha^2 + 4 = 0$

這個代數方程式的根為 $\pm 2i$，因此依式（8-60），得原式的一般解為

$y = C_1\cos 2x + C_2\sin 2x$

例 8-10 解 $\frac{d^2y}{dx^2} - 3\frac{dy}{dx} + 2y = 0$

解 令 $y = e^{\alpha x}$ 代入原式得

$$\alpha^2 - 3\alpha + 2 = 0$$

或

$$(\alpha - 2)(\alpha - 1) = 0$$

因此 $\alpha = 1$ 及 2 兩相異實根，原方程式的一般解為

$$y = C_1 e^x + C_2 e^{2x}$$

例 8-11 解 $\frac{d^2y}{dx^2}+6\frac{dy}{dx}+9y=0$

解 令 $y=e^{\alpha x}$，因此 α 滿足下式

$$\alpha^2+6\alpha+9=(\alpha+3)^2=0$$

$\alpha=-3$，-3 為兩相等實根，則方程式的解為

$$y=(C_1+C_2x)e^{-3x}$$

2. 二階非齊次線性常係數方程式

若式（8-56）右邊式為 Q(x)，即

$$\frac{d^2y}{dx^2}+A\frac{dy}{dx}+By=Q(x) \tag{8-61}$$

為二階非齊次線性常係數方程式。式（8-61）的補助函數解，仍然維持如前述（8-56）的一般解，但其特別解另尋方法求之。因非齊次方程式之解為補助函數解與特別解之和，即 $y=y_c+y_p$。

今我們主要地討論兩個比較常用，而又聞名的方法來解非齊次方程式的特別解，下面將分別敘述之。

(1) 未定係數法（method of undetermined coefficients）：

這種方法是最簡便，但它不能應用於所有的情況。它應用於當 Q(x) 只包含一些有限數目的線性自變數及導數。例如，x^k, e^{mx}, sin mx, cos mx，或這些項的和，乘積等聯合。今將 Q(x) 所含函數的種類分別敘述。

① Q(x) 為 x 的 m 次多項式函數，其特別解為

$$y_p = A_0 x^m + A_1 x^{m-1} + \cdots\cdots + A_{n-1} x + A_n \qquad (8\text{-}62)$$

將式（8-62）代入式（8-61），然後比較兩邊 x 的同次數，決定 A_i 等值。

例 8-12 解 $\frac{d^2y}{dx^2} - 4\frac{dy}{dx} - 5y = x^2$ 的特別解

解 設 $y_p = A_0x^2 + A_1x + A_2$，$A_0$、$A_1$ 及 A_2 為特定之常數。

代入原式化簡得

$$(2A_0 - 4A_1 - 5A_2) + (-8A_0 - 5A_1)x - 5A_0x^2 = x^2$$

因此，比較兩邊 x 的同次數的係數，得

$$A_0 = -\frac{1}{5}$$

$$A_1 = -\frac{8}{5}A_0 = \frac{8}{25}$$

$$A_2 = \frac{1}{5}(2A_0 - 4A_1) = -\frac{42}{125}$$

則方程式的解為

$$y_p = -\frac{1}{5}x^2 + \frac{8}{25}x - \frac{42}{125}$$

② Q(x) 為指數函數，如 be^{mx}，則其特別解亦設為指數函數，即

$$y_p = Ae^{mx} \qquad (8\text{-}63)$$

將 y_p 代入原式，而後依前法求出 A 值。

例 8-13 解 $\frac{d^2y}{dx^2} - 4\frac{dy}{dx} - 5y = 2e^{3x}$ 的特別解

解 設 $y_p = Ae^{3x}$，依上述方法得

$$(9A - 12A - 5A)e^{3x} = 2e^{3x}$$

$$-8Ae^{3x} = 2e^{3x}$$

故 $A = -\frac{1}{4}$。因此 $y_p = -\frac{1}{4}e^{3x}$

③ Q(x) 為三角函數，如 $b_0 \sin mx + b_1 \cos mx$。其特別解亦設為

$$y_p = A \sin mx + B \cos mx \qquad (8\text{-}64)$$

將 y_p 代入原式而後求出 A、B 等值。

例 8-14 解 $\frac{d^2y}{dx^2} + 10\frac{dy}{dx} + 25y = 20 \cos 2x$ 的特別解。

解 設 $y_p = A \cos 2x + B \sin 2x$。將 y_p 代入原式，經化簡得

$$(21A + 20B)\cos 2x + (21B - 20A)\sin 2x = 20 \cos 2x$$

比較兩邊 cos 2x, sin 2x 的係數得

$$21A + 20B = 20, \qquad 21B - 20A = 0$$

因此得 $A = \frac{420}{841}$，$B = \frac{400}{841}$，原式之特別解為

$$y_p = \frac{420}{841}\cos 2x + \frac{400}{841}\sin 2x$$

④若 Q(x) 為上述一些函數之和，如 $Q(x) = f_1(x) + f_2(x) + f_3(x)$，$f_1(x)$ 為 x 的多項式，$f_2(x)$ 為指數函數，$f_3(x)$ 為三角函數。因此原方程式的 y_p 為每一對應函數 $f_i(x)$（$i = 1$、2、3）的特別解之和，這是依疊加原理得之，而只能應用於線性微分方程式，不能應用於非線性方程式。

例 8-15 解 $\frac{d^2y}{dx^2}+4y=x^2+e^{2x}+\cos x$ 的特別解。

解 因為 $Q(x)=x^2+e^{2x}+\cos x$，即 $f_1(x)=x^2$，$f_2(x)=e^{2x}$，$f_3(x)=\cos x$，故設特別解為

$y_p=(A_1x^2+A_2x+A_3)+A_4e^{2x}+(A_5\sin x+A_6\cos x)$

將上式代入原式得

$4A_1x^2+4A_2x+(4A_3+2A_1)+8A_4e^{2x}+3A_6\cos x+3A_5\sin x$

$=x^2+e^{2x}+\cos x$

比較兩邊同次數的係數，得

$A_1=\frac{1}{4}$，$A_2=0$，$A_3=-\frac{1}{8}$，$A_4=\frac{1}{8}$，$A_5=0$，$A_6=\frac{1}{3}$

故原式的特別解為

$y_p=\frac{1}{4}x^2-\frac{1}{8}+\frac{1}{8}e^{2x}+\frac{1}{3}\cos x$

(2) 參數變動法

關於非齊次線性常係數微分方程式的特別解，除了 (1) 節所用方法外，尚可用**拉格郎日的參數變動法**（Lagrange's method of variation of parameters）方法求之。一般上這個方法比較複雜。此方法是將齊次方程式的補助函數解 y_c 的常係數，變為自變數的未知函數，結果補助解 y_c 變成為非齊次方程式的特別解 y_p。

今將此方法的步驟扼要敘述於下：

①首先將方程式的齊次部分的補助解 y_c 求出，即

$$y_c=C_1y_2(x)+C_2y_2(x) \qquad (8\text{-}65)$$

式中 y_1, y_2 符合 $L(y_1)=L(y_2)=0$

此處 $L(y)$ 的定義為

$$L(y) = \frac{d^2y}{dx^2}+A\frac{dy}{dx}+By \tag{8-66}$$

②將式（8-65）中的 C_1, C_2 轉變為 $v_1(x), v_2(x)$，則 $y_c \to y_p$，即

$$y_p = v_1(x)y_1(x)+v_2(x)y_2(x) \tag{8-67}$$

③將式（8-67）代入原方程式，而後迫使其導數部分成為兩個條件，以形成聯立方程式，而求出 $v_1(x)$ 及 $v_2(x)$ 函數。

將式（8-67）微分一次，得

$$y'_p = (v_1y'_1+v_2y'_2)+(v'_1y_1+v'_2y_2)$$

現在我們為了需要迫使

$$v'_1y_1+v'_2y_2 = 0 \tag{8-68}$$

因此簡化了 y_p 的第一階導數為

$$y'_p = v_1y'_1+v_2y'_2 \tag{8-69}$$

接下來想再獲得另一個條件，以滿足符合於 $v_1(x)$ 與 $v_2(x)$，因此再次微分上式，得

$$y''_p = (v_1y''_1+v_2y''_2)+(v'_1y'_1+v'_2y'_2) \tag{8-70}$$

將式（8-69），（8-70）代入非齊次方程式

$$(v_1y''_1+v_2y''_2)+(v'_1y'_1+v'_2y'_2)+A(v_1y'_1+v_2y'_2)+B(v_1y_1+v_2y_2)$$
$$= Q(x)$$

或

$$(v_1y''_1+Av_1y'_1+Bv_1y_1)+(v_2y''_2+Av_2y'_2+Bv_2y_2)+v'_1y'_1+v'_2y'_2$$
$$= Q(x)$$

或

$$v_1L(y_1)+v_2L(y_2)+v'_1y'_1+v'_2y'_2=Q(x)$$

因 $L(y_1)=L(y_2)=0$，因此

$$v'_1y'_1+v'_2y'_2=Q(x) \qquad (8\text{-}71)$$

由此將式（8-68）與式（8-71）成為 $v'_1(x)$ 與 $v'_2(x)$ 的聯立方程式，而求出 $v'_1(x)$ 與 $v'_2(x)$ 如下：

$$v'_1(x)=\frac{\begin{vmatrix}0 & y_2\\ Q(x) & y'_2\end{vmatrix}}{\begin{vmatrix}y_1 & y_2\\ y'_1 & y'_2\end{vmatrix}},\qquad v'_2(x)=\frac{\begin{vmatrix}y_1 & 0\\ y'_1 & Q(x)\end{vmatrix}}{\begin{vmatrix}y_1 & y_2\\ y'_1 & y'_2\end{vmatrix}} \qquad (8\text{-}72)$$

上式（8-72）中的分母為齊次方程式的補助函數解 $y_1(x), y_2(x)$ 所形成的郎斯基行列式，即 $W(y_1, y_2)$。最後再由式（8-72）解之得 $v_1(x)=C_1$，$v_2(x)=C_2$，就可獲得 $y_p(x)$ 函數。

例 8-16 試以參數變動法解 $\frac{d^2y}{dx^2}+y=\sec x$

解 原式的補助解為

$y_c=C_1\cos x+C_2\sin x$

今令 $C_1=v_1(x)$，$C_2=v_2(x)$，因此特別解 y_p 為

$$y_p=v_1(x)y_1(x)+v_2(x)y_2(x)$$
$$=v_1(x)\cos x+v_2(x)\sin x$$

因此依式（8-72），得

$$v'_1(x) = \frac{\begin{vmatrix} 0 & \sin x \\ \sec x & \cos x \end{vmatrix}}{\begin{vmatrix} \cos x & \sin x \\ -\sin x & \cos x \end{vmatrix}} = -\sin x \sec x = -\frac{\sin x}{\cos x}$$

$$v'_2(x) = \frac{\begin{vmatrix} \cos x & 0 \\ -\sin x & \sec x \end{vmatrix}}{\begin{vmatrix} \cos x & \sin x \\ -\sin x & \cos x \end{vmatrix}} = 1$$

解 $v'_1(x)$ 與 $v'_2(x)$ 分別如下

$$v_1(x) = -\int \frac{\sin x}{\cos x} dx = \ln \cos x + C_3$$

$$v_2(x) = \int dx = x + C_4$$

故特別解 $y_p(x)$ 為

$$y_p(x) = (\ln \cos x + C_3) \cos x + (x + C_4) \sin x$$

而一般解為

$$y = y_c + y_p = C_5 \cos x + C_6 \sin x + (\ln \cos x)\cos x + x \sin x$$

習題 8-7

試以未定係數法或參數變動法解下列微分方程式

1. $4\frac{d^2y}{dx^2} - 4\frac{dy}{dx} + y = 0$
2. $3\frac{d^2y}{dx^2} + 14\frac{dy}{dx} + 8y = 0$
3. $\frac{d^2y}{dx^2} - 4\frac{dy}{dx} - 5y = 0$
4. $\frac{d^2y}{dx^2} + 4\frac{dy}{dx} + 4y = 0$

5. $\frac{d^2y}{dx^2}+2\frac{dy}{dx}+5y=0$

6. $\frac{d^2y}{dx^2}-3\frac{dy}{dx}+2y=e^{3x}$

7. $\frac{d^2y}{dx^2}+\frac{dy}{dx}-2y=2x-40\cos 2x$

8. $\frac{d^2y}{dx^2}+4y=x^2+\cos x$

9. $\frac{d^2y}{dx^2}-5\frac{dy}{dx}+4y=1+2e^x$

10. $\frac{d^2y}{dx^2}+y=\tan x$

11. $\frac{d^2y}{dx^2}-2\frac{dy}{dx}+y=2xe^{2x}-\sin^2 x$

12. $\frac{d^2y}{dx^2}-2\frac{dy}{dx}+2y=e^x\sec x$

8-5　二階線性變數係數微分方程式

二階線性變數係數微分方程式為

$$P_1(x)\frac{d^2y}{dx^2}+P_2(x)\frac{dy}{dx}+P_3(x)y = Q(x) \tag{8-73}$$

這一種微分方程式沒有如同第 8-4 節所敘述的方法解之。然而，有其特殊形態可直接地解此方程式。茲將其方法分別敘述於下。

1. 科希線性方程式（The Cauchy linear equation）

科希線性方程式的形態為：

$$a_0x^n\frac{d^ny}{dx^n}+a_1x^{n-1}\frac{d^{n-1}y}{dx^{n-1}}+\cdots\cdots+a_{n-1}x\frac{dy}{dx}+a_n y = Q(x) \tag{8-74}$$

因我們所討論者是二階方程式，因此於式（8-74）取 $n=2$

科希方程式的解法是將自變數變換，使原方程式變成第 8-4 節所敘述的常係數方程式，再解之。其自變數變換法為 $x=e^v$，則 $dx=e^v dv$，或 $\frac{dv}{dx}=e^{-v}=x^{-1}$。

故

$$x\frac{dy}{dx}=x\frac{dy}{dv}\left(\frac{dv}{dx}\right)=\frac{dy}{dv},$$

$$x^2\frac{d^2y}{dx^2}=\frac{d^2y}{dv^2}-\frac{dy}{dv}$$

利用這些轉換導數代入 $n=2$ 的式（8-74），得

$$a_0\left(\frac{d^2y}{dv^2}-\frac{dy}{dv}\right)+a_1\frac{dy}{dv}+a_2y=Q(v)$$

或

$$a_0\frac{d^2y}{dv^2}+(a_1-a_0)\frac{dy}{dv}+a_2y=Q(v) \qquad (8\text{-}75)$$

因此式（8-75）為二階線性常係數方程式，故可依第 8-4 節方法解之。

例 8-17 解 $x^2\frac{d^2y}{dx^2}-3x\frac{dy}{dx}-5y=0$

解 設 $x=e^v$，則原式經變換後的新方程式為

$$\frac{d^2y}{dv^2}-4\frac{dy}{dv}-5y=0$$

因此上式的解為

$$y=c_1e^{5v}+c_2e^{-v}$$

而原式解為

$$y=c_1x^5+\frac{c_2}{x}$$

2. 歐勒方程式（Euler's equation）

歐勒方程式為

$$x^2 \frac{d^2y}{dx^2} + px\frac{dy}{dx} + qy = Q(x) \qquad (8\text{-}76)$$

式中 p、q 為常數。式（8-73）的解有 y_c 與 y_p。y_p 的解可依第 8-4 節所述方法解之，而 y_c 可利用本節 (1) 之方法解之。但是在此我們解 y_c 不以 (1) 之方法解它，而另令 $y = x^m$，即不另找變數變換，m 為常數。將 $y = x^m$ 代入式（8-76）之齊次方程式得

$$x^m[m^2 + (p-1)m + q] = 0$$

或

$$m^2 + (p-1)m + q = 0 \qquad (8\text{-}77)$$

式（8-77）為 m 的二次方程式，稱之為**指示方程式**（indicial equation）。上式 m 的根有三種情況會產生，而需由其判別式決定之，其判別式為

$$\Delta = (p-1)^2 - 4q \qquad (8\text{-}78)$$

第一種情況八 $\Delta > 0$：式（8-77）有兩不相等實根，即 m_1 與 m_2，因此

$$y_c = c_1x^{m1} + c_2x^{m2} \qquad (8\text{-}79)$$

第二種情況 $\Delta = 0$。式（8-77）有兩相等實根，即 $m_1 = m_2 = \frac{1}{2}(1-p)$，因此我們的方法只能產生一個解，$y = x^{m_1}$。第二個解可以以參數變換法求之，即將 $y = ux^{m_1}$ 代入式（8-76）的齊次方程式，經化簡得

$$x\frac{d^2u}{dx^2} + \frac{du}{dx} = 0$$

令 $v = \frac{du}{dx}$，則

$$x\frac{dv}{dx}+v=0$$

因此 $v=\frac{c_1}{x}$，或

$$u=\int v\,dx=c_1\ln x+c_2$$

結果原式的 y_c 為

$$y_c=x^{m_1}(c_1\ln x+c_2) \qquad (8\text{-}80)$$

第三種情況Δ<0：式（8-77）為兩共軛複數根，即

$m_1=a+ib$，$m_2=a-ib$，因此

$$y_c=x^a(c_1x^{ib}+c_2x^{-ib}) \qquad (8\text{-}81)$$

又因

$$x^{ib}=e^{ib\ln x}=\cos(b\ln x)+i\sin(b\ln x)$$

故

$$y_c=x^a[c_1\cos(b\ln x)+c_2\sin(b\ln x)] \qquad (8\text{-}82)$$

例 8-18 試以上述方法解例 8-17

解 設 $y=x^m$，則 m 的指示方程式為

$$m^2-4m-5=0$$

上式的 m 根為 $m_1=-1$，$m_2=5$，故一般解為

$$y=c_1x^5+c_2x^{-1}$$

結果一樣。因此碰到這一種歐勒方程式時，應以此方法解它，較為方便。

習題 8-8

試解下列微分方程式

1. $x^2\dfrac{d^2y}{dx^2}-6x\dfrac{dy}{dx}+6y=0$

2. $x^2\dfrac{d^2y}{dx^2}+x\dfrac{dy}{dx}+y=x$

3. $2x^2\dfrac{d^2y}{dx^2}+x\dfrac{dy}{dx}-y=0$

4. $x^2\dfrac{d^2y}{dx^2}+2x\dfrac{dy}{dx}-2y=4x^2$

5. $x^2\dfrac{d^2y}{dx^2}-6y=6x^4$

6. $x^2\dfrac{d^2y}{dx^2}-x\dfrac{dy}{dx}=-4$

7. $x^2\dfrac{d^2y}{dx^2}-2x\dfrac{dy}{dx}+2y=6\ln x$

（提示：1.變數轉換 $x=e^t$，2.利用參數變動法）

8. $x^2\dfrac{d^2y}{dx^2}-x\dfrac{dy}{dx}+y=6x\ln x$

8-6 二階線性微分方程式的應用

1. 彈簧的自由振動（free vibration of motion）

設一質量為 m 的物體懸垂於質量甚小，彈簧力常數為 k 的彈簧上。若今將物體往下拉（或往上壓縮）一距離，然後釋放，將會發現該物體上下振動，其振動的運動方程式可依虎克定律與牛頓定律得知，即

$$F(y)=-ky=m\frac{d^2y}{dt^2} \tag{8-83}$$

或

$$\frac{d^2y}{dt^2}+\omega_0^2y=0 \tag{8-84}$$

此為二階線性，常係數，齊次方程式，$\omega_0^2=\dfrac{k}{m}$，上式（8-84）的解為

$$y = c_1 \cos \omega_0 t + c_2 \sin \omega_0 t \qquad (8\text{-}85)$$

其物理意義如下：將上式（8-85）改寫為

$$y = A \sin(\omega_0 t + \delta) \qquad (8\text{-}86)$$

① A 稱為**振幅**（Amplitude）

②δ稱為**相角**（Phase angle）

③$\omega_0 t+\delta$稱為**相**（Phase）

④角頻率ω_0與週期 T：$\omega_0=\sqrt{\dfrac{k}{m}}$，$T=\dfrac{2\pi}{\omega_0}=2\pi\sqrt{\dfrac{m}{k}}$　　（8-87）

式（8-86）稱為物體的**自由振動方程式**，其振動頻率為$\omega_0=\sqrt{\dfrac{k}{m}}$

2. 阻尼運動（damped motion）

式（8-83）為振動體所承受之彈簧力（有時稱為恢復力），除此之外，尚有其他阻力，如空氣阻力，則振動體會呈現**阻尼運動**現象。若設阻力與其運動速度 v 成正比，即

$$F_s = -bv = -b\frac{dy}{dt} \qquad (8\text{-}88)$$

因此阻尼運動方程式為

$$m\frac{d^2y}{dt^2} = -ky - b\frac{dy}{dt}$$

或

$$\frac{d^2y}{dt^2}+\frac{b}{m}\frac{dy}{dt}+\frac{k}{m}y = 0 \qquad (8\text{-}89)$$

為二階線性常係數齊次方程式。今若令 $2\alpha=\dfrac{b}{m}$，α稱為**阻尼參數**

（damping parameter），$\omega_0=\left(\dfrac{k}{m}\right)^{1/2}$，則式（8-89）的方程式的解可依式（8-56）與式（8-57）處理，即

$$\lambda^2+2\alpha\lambda+\omega_0^2=0$$

$$\lambda=-\alpha\pm\sqrt{\alpha^2-\omega_0^2}$$

由於λ的根會因$\alpha^2-\omega_0^2$的三種情況，而產生一些運動不同的狀態。

第一種狀態：高阻尼運動（heavy damping）——$\alpha>\omega_0$

$$\lambda_1=-\alpha+\beta，\lambda_2=-\alpha-\beta，\beta^2=\alpha^2-\omega_0^2$$

$$y=e^{-\alpha t}(c_1e^{\beta t}+c_2e^{-\beta t}) \qquad （8\text{-}90）$$

物理意義：

① 因$\alpha>\omega_0$表示彈簧力小於阻力。

② 不是振動，而是非週期性衰減運動，如圖 8-2 所示。

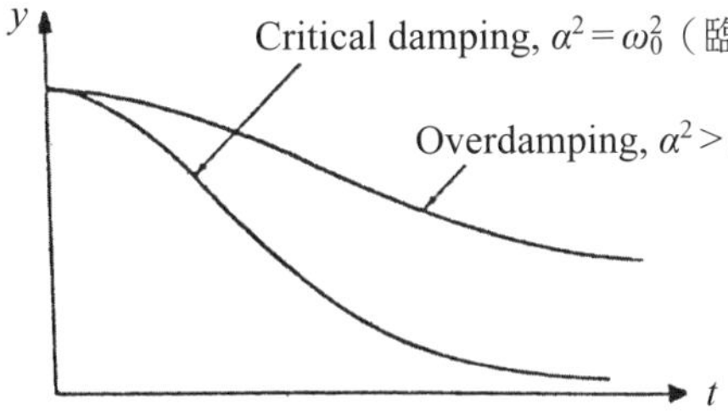

圖 8-2

第二程狀態：臨界阻尼運動（critical damping）——$\alpha=\omega_0$

$$\lambda_1=\lambda_2=\alpha；y=(c_1+c_2t)e^{-\alpha t} \qquad （8\text{-}91）$$

物理意義：

① 因 $a=\omega_0$，表示彈簧力等於阻力。

② 這種運動隨時間之增加而漸漸減小，同時亦不是週期運動；而其變化沒有比高阻尼情況厲害，如圖 8-2 所示。

第三種狀態：低阻尼運動（light damping）——$\alpha < \omega_0$

令 $\omega^2 = \alpha^2 - \omega_0^2$，因此

$$\lambda_1 = -\alpha + i\omega，\lambda_2 = -\alpha - i\omega$$

$$\begin{aligned} y &= e^{-\alpha t}(c_1 \cos \omega t + c_2 \sin \omega t) \\ &= Ae^{-\alpha t} \cos (\omega t + \delta) \end{aligned} \quad (8\text{-}92)$$

物理意義：

① 因 $\alpha < \omega_0$，表示彈簧力（恢復力）大於阻力。

② 類似週期振動衰減運動，如圖 8-3 所示。

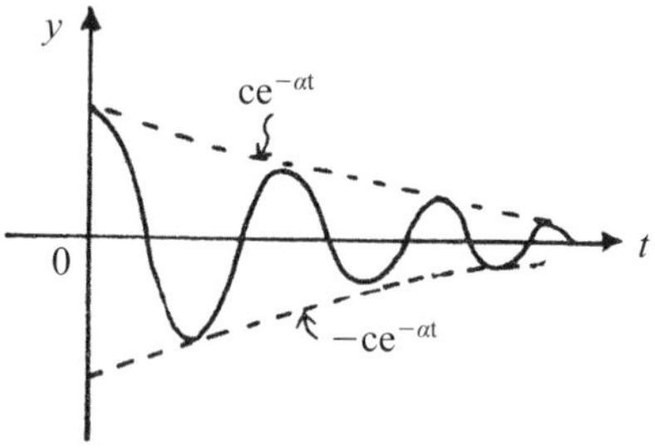

圖 8-3

③ 振幅 $Ae^{-\alpha t}$ 隨時間而指數地遞減。

④ 式（8-92）不是週期函數，$\tau = \dfrac{2\pi}{\omega} = \dfrac{2\pi}{(\alpha^2 - \omega_0^2)^{1/2}}$

稱為**類似週期**（quasi-period），其定義於相鄰兩個 y(t) 的極值之時距，如上圖所示。

3. 驅動振動運動（forced vibrational motion）

自由振動會永不停息運動下去，阻尼運動經過一段時間就會逐漸衰減停止下來，此因阻力的關係，因此若欲使振動再繼續振動下去，必須於外界加以一驅動力於振動系統，此稱為**驅動振動運動**。

假設外力 f(t) 作用於振動體系統，其運動方程式為

$$F = -ky - b\,dy/dt + f(t)$$

或

$$\frac{d^2y}{dt^2} + 2\alpha\frac{dy}{dt} + \omega_0\,y = F(t) \qquad (8\text{-}93)$$

式中 $\alpha = \dfrac{b}{2m}$，$\omega_0 = \sqrt{\dfrac{k}{m}}$，$F(t) = \dfrac{f(t)}{m}$。式（8-93）為二階線性非齊次方程式，此式之解為 $y = y_c + y_p$。y_c 解如前述之阻尼運動。y_p 解視外力時間函數而定，可依未定係數法或參數變動法定之。

物理現象：

① y_c 解稱為**瞬變解**（transient solution），或**過渡解**，此項會因在足夠長時間後，逐漸趨於零，即

$$\lim_{t\to\infty} y_c(t) = 0$$

② y_p 解為**穩態解**（steady-state solution），或**對應解**。此項會因外力 $F(t) = F_0 \cos\omega t$ 或 $F_0 \sin\omega t$ 使得振動體會繼續振動下去。因此

$$\lim_{t\to\infty} y(t) = y_p$$

③ 若就 $F(t) = F_0 \cos\omega t$ 與沒有阻力之系統，則系統的運動方程式為

$$\frac{d^2y}{dt^2} + \omega_0^2 y = F_0 \cos\omega t$$

因此，具有週期之外力的頻率 ω 會與自由振動的頻率 ω_0 產生**相近值**或**等值**情形。

④ **共振**（Resonance）

這種外力驅動振動會有共振的情況產生。若於式（8-93）中，令驅動力為 $F_0\ \cos\omega t$，則式（8-93）的解為

$$y(t)=e^{-\alpha t}\left[A_1e^{\sqrt{\alpha^2-\omega_0^2}t}+A_2e^{-\sqrt{\alpha^2-\omega_0^2}t}\right] \\ +\frac{F_0}{\sqrt{(\omega_0^2-\omega)^2+4\omega^2\alpha^2}}\cos(\omega t-\delta) \qquad (8\text{-}94) \\ =y_c+y_p$$

式中 $$\delta=\tan^{-1}\left(\frac{2\alpha\omega}{\omega_0^2-\omega^2}\right) \qquad (8\text{-}95)$$

又 A_1 與 A_2 為常數，應由起始條件定之，同時式（8-94）中於 $t\to\infty$（即 $t\gg\frac{1}{\alpha}$），y_c 將會衰減，第二項 y_p 為繼續振動之因素，因此

$$y\left(t\gg\frac{1}{\alpha}\right)=y_p$$

或

$$y=\frac{F_0}{\sqrt{(\omega_0^2-\omega^2)^2+4\alpha^2\omega^2}}\cos(\omega t-\delta) \\ =g(\omega)\cos(\omega t-\delta) \qquad (8\text{-}96)$$

式中

$$g(\omega)=\frac{F_0}{\sqrt{(\omega_0^2-\omega^2)^2+4\alpha^2\omega^2}} \qquad (8\text{-}97)$$

為後繼續振動的振幅，而且與外力的頻率 ω 有關。今我們尋找於某頻率時，其後續振動的振幅為最大值，此一現象我們稱之為**振**

幅共振（amplitude resonance），此時的頻率 ω_R 稱為**振幅共振頻率**（amplitude resonance frequency），即

$$\left.\frac{dg(\omega)}{d\omega}\right|_{\omega=\omega_R} = 0 \tag{8-98}$$

因此
$$\omega_R = \sqrt{\omega_0^2 - 2\alpha^2} \tag{8-99}$$

綜合上面所敘述的三種振動頻率作比較，即

①自由振動——無阻尼振動現象　$\omega_0^2 = \frac{k}{m}$

②自由振動——阻尼振動現象　$\omega_d^2 = \omega_0^2 - \alpha^2$

③驅動振動——阻尼振動現象，且共振振動　$\omega_R^2 = \omega_0^2 - 2\alpha^2$

由此可知

$$\omega_0 > \omega_d > \omega_R$$

8-7　線性偏微分方程式

一般在方程式中，至少有兩個自變數所形成函數的偏導數存在時，這種微分方程式，稱為偏微分方程式。例如

$$\frac{\partial^2 f}{\partial x^2} + \frac{1}{2} f \frac{\partial f}{\partial y} = x^2 y + 5f \tag{8-100-1}$$

$$\frac{\partial^2 f}{\partial x^2} + \frac{1}{2} \frac{\partial f}{\partial y} = x^2 y + 5f \tag{8-100-2}$$

$$x \frac{\partial^2 f}{\partial x^2} + \frac{1}{2} \frac{\partial f}{\partial y} = x^2 y + 5f^2 \tag{8-100-3}$$

$$\frac{\partial^2 f}{\partial x^2} + \frac{\partial^2 f}{\partial y^2} + \frac{\partial^2 f}{\partial z^2} = 0 \tag{8-100-4}$$

有關方程式中的**階次**（order），**因次**（degree）、**齊次**或**非齊次**

及線性的定義與常微分方程式的定義一樣。但一般在線性偏微方程式中，因變數為一次並不是必要因素，而其偏導數應為一次。例如式（8-100）例子中，除了式（8-100-1）外，其餘皆為線性方程式。式（8-100-1）中，因 $\frac{1}{2}f\frac{\partial f}{\partial y}=\frac{1}{2}\frac{\partial f^2}{\partial y}$，故式（8-100-1）應非線性方程式。又甚至在式（8-100-3）中，有 f^2 項存在，但它仍然是線性方程式。

一般線性齊次偏微分方程式為

$$A\frac{\partial^2 f}{\partial x^2}+C\frac{\partial^2 f}{\partial y^2}+D\frac{\partial f}{\partial x}+E\frac{\partial f}{\partial y}+Ff=0 \qquad (8\text{-}101)$$

其解法大部分以變數分離法處理之，而上式 A、D 至少為 x 的函數，C 和 E 為 y 的函數，同時 F 可分成一個 x 的函數和另外 y 的函數，即 $F=F_1(x)+F_2(x)$。

變數分離法是將式（8-101）的 f(x, y) 變成各個自變數函數的乘積，即

$$f(x, y)=X(x)Y(y) \qquad (8\text{-}102)$$

將上式代入式（8-101），經化簡得

$$\left(\frac{A}{X}\frac{d^2X}{dx^2}+\frac{D}{X}\frac{dX}{dx}+F_1\right)+\left(\frac{C}{Y}\frac{d^2Y}{dy^2}+\frac{E}{Y}\frac{dY}{dy}+F_2\right)=0 \qquad (8\text{-}103)$$

因為第一個括弧內是 x 的函數，第二個為 y 的函數，所以每一個括弧內的變化與另一個無關。因此使這兩個無關係的括弧項的和為零之唯一方法，即令一個為 k^2，另一個為 $-k^2$，k 為分離常數，即

$$\frac{A}{X}\frac{d^2X}{dx^2}+\frac{D}{X}\frac{dX}{dx}+F_1=k^2$$

$$\frac{C}{Y}\frac{d^2Y}{dy^2}+\frac{E}{Y}\frac{dY}{dy}+F_2=-k^2 \qquad (8\text{-}104)$$

因此式（8-104）成為常微分方程式，則以由前節方法解之。

同理，若偏微分方程式所含的變數為三個自變數 x、y 與 z，則式（8-102）可寫為

$$f(x, y, z) = X(x)Y(y)Z(z) \tag{8-105}$$

一般以變數分離法解偏微分方程式，應依下列三步驟進行之。

第一，將式（8-102）的形式，代入已知齊次線性方程式，而後解式（8-104）的常微分方程式，列下可能解及分離常數 k。

第二，引進境界條件（boundary condition）或起始條件，以確定可能解及常數 k，然後利用重疊原理，寫下能滿足原方程式及它的境界條件或起始條件之一般解。

第三，最後利用剩餘的境界條件以及函數正交性質，來計算一般解的未知數。

一般我們常見到的線性偏微分方程式是，物理上的波動方程式，即

$$\nabla^2 f - \frac{1}{c^2}\frac{\partial^2 f}{\partial t^2} = 0 \tag{8-106}$$

式中 ∇^2 為拉普拉斯算符，c 為波速，t 為時間，f 為波位移。波位移 f 代表性依各種問題而不同，今取薄膜的橫波式振動來討論。

例 8-19 一矩形薄膜的橫披式振動。

解 在此我們先忽略薄膜的運動方程式的導出過程，其運動方程式為

$$\frac{\partial^2 f}{\partial x^2}+\frac{\partial^2 f}{\partial y^2}=\frac{1}{c^2}\frac{\partial^2 f}{\partial t^2} \qquad (8\text{-}107)$$

式中 $c=\sqrt{\frac{\tau}{\sigma}}$ 為波速，τ 為薄膜表面張力，σ 為薄膜單位面積質量。

今我們引進薄膜振動的境界條件或起始條件，以規定薄膜運動範圍，如圖 8-4 所示。

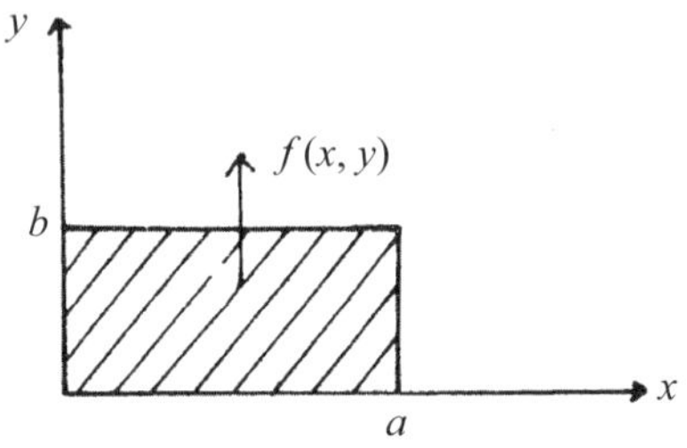

圖 8-4

境界條件與起始條件如下：

(1) $f(o, y, t)=f(a, y, t)$

$=f(x, o, t)$

$=f(x, b, t)$

$=0$

(2) $f(x, y, o)=h(x, y)$

(3) $v(x, y, o)=\left.\frac{\partial f}{\partial t}\right|_{t=o}=g(x, y)$

第一步，以變數分離法設 $f(x, y, t)=X(x)Y(y)T(t)$，而後代入式（8-107）得

$$c^2\left(\frac{1}{X}\frac{d^2X}{dx^2}+\frac{1}{Y}\frac{d^2Y}{dy^2}\right)=\frac{1}{T}\frac{d^2T}{dt^2}=-\omega^2 \qquad (8\text{-}108)$$

式中 ω 為第一個分離常數（角頻率）。因變數已被分離，而每一項的變化均各自獨立，因此每一項各可設為一常數，即

$$\frac{1}{X}\frac{d^2X}{dx^2}=-p^2, \qquad \frac{1}{Y}\frac{d^2Y}{dy^2}=-q^2, \qquad \frac{1}{T}\frac{d^2T}{dt^2}=-\omega^2 \qquad (8\text{-}109)$$

式中

$$c^2(p^2+q^2)=\omega^2\text{，或}\omega=c\sqrt{p^2+q^2} \qquad (8\text{-}110)$$

第二步，引進境界條件或起始條件。解 $\frac{d^2X}{dx^2}+p^2X=0$，得 $X\sim\sin px$，$p=m\pi/a$，（$m=1, 2, 3, \cdots\cdots$）。同理，$Y\sim\sin qx$，$q=n\pi/b$，（$n=1, 2, 3, \cdots\cdots$）。因此 ω 為

$$\omega=\omega_{mn}=\pi c\sqrt{\left(\frac{m}{a}\right)^2+\left(\frac{n}{b}\right)^2} \qquad (8\text{-}111)$$

又於式（8-109）中第三式，我們可解得 $T(t)$ 為

$$T=A_{mn}\cos\omega_{mn}t+B_{mn}\sin\omega_{mn}t \qquad (8\text{-}112)$$

因此本例子的可能解為

$$f_{mn}(x, y, t)=(A_{mn}\cos\omega_{mn}t+B_{mn}\sin\omega_{mn}t)\sin\frac{m\omega x}{a}\sin\frac{n\omega y}{b} \qquad (8\text{-}113)$$

根據方程式解的重疊原理（因方程式屬於線性方程式），其一般解為

$$f(x, y, t)=\sum_{m,n}f_{mn}(x, y, t)$$
$$=\sum_{m,n}(A_{mn}\cos\omega_{mn}t+B_{mn}\sin\omega_{mn}t)\sin\frac{m\pi x}{a}\sin\frac{n\pi y}{b} \qquad (8\text{-}114)$$

最後步驟是計算出式（8-114）的係數 A_{mn} 和 B_{mn}。首先利用位移的起始條件

$$f(x, y, o)=h(x, y)=\sum_{m,n}A_{mn}\sin\frac{m\pi x}{a}\sin\frac{n\pi y}{b} \qquad (8\text{-}115)$$

$$v(x, y, o)=\left.\frac{\partial f}{\partial t}\right|_{t=o}=g(x, y)$$
$$=\sum_{m,n}B_{mn}\omega_{mn}\sin\frac{m\pi x}{a}\sin\frac{n\pi y}{b} \qquad (8\text{-}116)$$

上用式 $h(x, y)$ 及 $g(x, y)$ 為**雙重傅立葉級數**（Double Fourier Series），利用一般三角函數的正交特性，可得 A_{mn} 和 B_{mn}，分別為

$$A_{mn} = \frac{4}{ab}\int_0^a \int_0^b h(x, y)\sin\frac{m\pi x}{a}\sin\frac{n\pi y}{b}dxdy \tag{8-117}$$

$$B_{mn} = \frac{4}{ab\omega_{mn}}\int_0^a \int_0^b g(x, y)\sin\frac{m\pi x}{a}\sin\frac{n\pi y}{b}dxdy \tag{8-118}$$

若上兩式的 h(x, y) 及 g(x, y) 為已知函數形式，則就可計算出 A_{mn} 及 B_{mn} 兩係數。

國家圖書館出版品預行編目資料

基礎數學／林雲海著. -- 二版. -- 臺北市：
五南，2019.01
面；　公分
ISBN 978-957-763-215-9（平裝）

1.數學

310　　　　　　　　107022403

5BG7

基礎數學

作　　者 — 林雲海（133.5）
二版校訂 — 黃學亮
發 行 人 — 楊榮川
總 經 理 — 楊士清
主　　編 — 王正華
責任編輯 — 金明芬
封面設計 — 簡愷立、王麗娟
出 版 者 — 五南圖書出版股份有限公司
地　　址：106台北市大安區和平東路二段339號4樓
電　　話：(02)2705-5066　　傳　　真：(02)2706-6100
網　　址：http://www.wunan.com.tw
電子郵件：wunan@wunan.com.tw
劃撥帳號：01068953
戶　　名：五南圖書出版股份有限公司司

法律顧問　林勝安律師事務所　林勝安律師司

出版日期　2013年7月初版一刷
　　　　　2019年1月二版一刷
定　　價　新臺幣380元